住房城乡建设部土建类学科专业"十三五"规划教材

全国高校园林与风景园林专业规划推荐教材

LANDSCAPE ARCHITECTURAL DESIGN BASIS

风景园林设计初步

LANDSCAPE

刘晓明　薛晓飞　谢明洋　刘毅娟　编著

中国建筑工业出版社

图书在版编目（CIP）数据

风景园林设计初步 / 刘晓明等编著. —北京：中国建筑工业出版社，2018.12（2024.12重印）
住房城乡建设部土建类学科专业"十三五"规划教材.全国高校园林与风景
园林专业规划推荐教材
ISBN 978-7-112-23160-7

Ⅰ.①风…　Ⅱ.①刘…　Ⅲ.①园林设计—高等学校—教材　Ⅳ.①TU986.2

中国版本图书馆CIP数据核字（2019）第005378号

本教材可供风景园林本科专业一年级学生使用，学期1年，每学期64课时，总课时128。其中具体安排如下：一年级上学期：第1~5章。一年级下学期：第6~11章。本教材共11章，主要涉及以下内容：风景园林行业的概况，风景园林设计实践的流程以及所需要掌握的基本知识技能，风景园林设计的学习思路；设计表达能力，包括识图的方法和要点、徒手绘图、电脑绘图和实体模型的制作方法；现场调研的方法；概念的形成；空间营造；不同元素的组织、设计与运用，包括软质的植物素材和硬质的铺装、小品和小型园林建筑的设计；场地的综合设计。

责任编辑：杨　琪　陈　桦
责任校对：赵　颖

为了更好地支持相应课程的教学，我们向采用本书作为教材的教师提供课件，
有需要者可与出版社联系。
建工书院：http://edu.cabplink.com
邮箱：jckj@cabp.com.cn　电话：（010）58337285
教师QQ群：778390907

住房城乡建设部土建类学科专业"十三五"规划教材
全国高校园林与风景园林专业规划推荐教材

风景园林设计初步

刘晓明　薛晓飞　谢明洋　刘毅娟　编著
*
中国建筑工业出版社出版、发行（北京海淀三里河路9号）
各地新华书店、建筑书店经销
北京雅盈中佳图文设计公司制版
建工社（河北）印刷有限公司印刷
*
开本：880×1230毫米　1/16　印张：21　字数：524千字
2019年8月第一版　2024年12月第七次印刷
定价：59.00元（赠教师课件）
ISBN 978-7-112-23160-7
（33232）

序

心手相印　化意为象

　　风景园林规划设计的核心工作是将设计实践与理论循时代发展，不断满足人们对自然生态环境在物质和精神方面的综合要求。千里之行始于足下，积步成千里，任重而道远。本科为学科基本之科，是为攻读硕士、博士学位的根基。设计人才涵文才、画才及口才，皆用于表达设计思想与成果。在争取设计方案胜选方面有举足轻重的力量。风景园林设计是科学的艺术，艺术就是一种感发，有所感而发。感是意，意要化为具体的形象供人游览休憩。从抽象移为具象是从精神化为物质的飞跃过程。必藉迁想。亦即风景园林的主要理法"借景"取得成功的效益，所谓"迁想妙得"之谓。巧于因借是巧于以用地之宜为因，加以彰化而成果。意为志所辖，"诗言志"，故立诗意以寓志和表达观点都可概括为意。化意为象必借助于匠心手法和手段。风景园林设计就是解决的主要手段之一。古今中外莫不皆然。但民族各有特色，中国以独特优秀的中华民族园林自立于世界民族之林。

　　如前所述，风景园林学是通过科学与艺术相结合的手段来规划、设计、保护、管理自然和人工环境的学科，其中风景园林设计是核心内容之一。如何紧跟新时代的步伐，让风景园林专业本科生快速而有效地找到学习风景园林设计的敲门砖，一直是风景园林设计初步课教学的难点。刘晓明教授和薛晓飞、谢明洋、刘毅娟副教授编著的这一教材，在总结前人成果的基础上，闯开了一条传承而有所创新的道路，这既是他们多年教学经验的全面总结，更是一次大胆而又谨慎的教学探索，值得褒扬。

　　本教材针对国内农林类以及建工类院校风景园林设计初步教学的现状问题，要求学生从一开始就要了解中国风景园林实践的理念，同时也要借鉴当今国外风景园林设计诸多成功的探索，在扎实提高学生手绘、模型制作和电脑设计表达能力的基础上，以风景园林设计实践中的问题为导向，作为设计训练的内容，循序渐进地培养本科生的专业设计思维方式，同时激发其设计的想象力和创造力，帮助其树立正确的设计价值观和学科的社会责任感。

　　这是一部目前国内类似教材中最具全面性、整体性和系统性的教材。也会是一本让广大师生非常受益且很受欢迎的风景园林设计的入门书。通过本课程的学习，初学者可以提高在三维的时空领域中去感受、体验、思考和设计的表达能力，同时为今后进一步学习风景园林规划设计课程打下扎实的设计基础。

　　本教材在"以中为体，以外为用"方面下了很大的功夫。在此基础上还要继续百尺竿头。中国"道法自然"，讲究阴阳相谐。中国传统绘画的基础是书法。书画同源，金石亦然。中国风景园林设计当汲取涵于其中的布局和细部处理的精华，诸如"因白守黑""宽可跑马，密不容针"和"勾、皴、擦、点、染"等山水画法等。印刷体的仿宋字亦应该是风景园林设计初步的内容之一。我们研究中国传统书画的目的是探索深藏其间的共性，应用于"心手相印，化意为象"的风景园林设计服务。"外师造化，中得心源"是我们创造和表达风景园林之路。愿与同道们共勉！

孟兆祯

北京林业大学园林学院教授、博士生导师

中国工程院院士

中国风景园林学会名誉理事长

2018 年 5 月

前　言

　　风景园林（Landscape Architecture）是保护、规划、设计和可持续性管理自然与人工环境的学科和行业。它涉及自然、生态、社会、经济、科学、文化、生产、生活等诸多层面，具有实践性很强、多学科交叉的特点，是我国生态文明建设的基础和改善人居环境的保障。继承和发扬中国传统园林精华，建设有中国特色的风景园林学科和行业，既是我们学科和行业人士当前的重要任务之一，也是众多朝气蓬勃学子们未来的共同担当。

　　对高校园林专业和风景园林专业的本科生而言，风景园林设计课是最为重要的学习内容之一。而如何在本科生刚入学的时候，就可以有效地提高他们的设计水平，并帮助他们学会掌握综合处理各类设计问题的能力，一直是担任风景园林设计初步课的老师们探索的议题，也是教学的难点之一。

　　目前，我国一些高校园林专业和风景园林专业一、二年级学生的课程设置较为杂乱。有些农林类院校的园林专业和风景园林专业学生的设计课要到二年级才开始上。有些理工类院校的风景园林专业学生在一、二年级往往和建筑学专业、城乡规划专业的学生共享统一平台的设计课程。实践证明，上述两种情况都存在一定的弊端。

　　基于上述认识、加之近 30 年先后执教本科生和研究生园林设计初步课、园林设计课、风景园林设计课的思考以及在美国哈佛大学设计学院风景园林系访学的经历，本人领衔编著了这本教材，目的就在于采取循序渐进的方法来激发学生热爱生活、热爱自然、热爱风景园林事业的热情，努力创新，积极探索，从而扎实地提高其设计能力，并努力培养学生强烈的社会责任感和良好的风景园林行业职业道德意识。本教材为本科生风景园林设计的入门课程，从一年级第一学期开始引导学生进入风景园林设计的领域。本教材的主要思路就是以设计实践为主，理论为辅，避免过多地表现技巧训练，通过结合国内外最新著名的案例分析，达到强化学生设计能力的目的。通过多个设计作业的安排，使学生逐步理解和掌握场地分析、功能分区、景观结构、交通组织、竖向、建筑、地形、植物、水体等诸多方面的设计基本原则和方法。

　　毋庸讳言，本课程与风景园林制图、美术课、风景园林艺术、风景园林工程、风景园林建筑、风景园林植物等课程息息相关。特别是风景园林制图、美术课、风景园林植物课程应该与本课程同步进行为妥。此外，建议学生在课外对于风景园林工程、风景园林建筑、风景园林艺术和中外园林历史等相关知识进行广泛的了解，因为这些内容在对于培养学生的设计能力方面起到了重要的作用。当然，这对于执教本课程的教师的能力和水平也提出了更高的要求，因为对于大一的同学来讲，有关风景园林专业的设计知识体系和表达手段几乎是空白性的，所以教师既要引导并传输正确的设计价值观、设计过程和设计方法，又要教授如何通过专业的方式把相应的设计思想表达出来，教师在具体使用教材时可以平行交叉地参差讲授。建议任课教师在使用这本教材时，从多方位、多角度启发学生，发挥团队精神，积极开展实地考察和课堂评图工作，要求学生的每个作业都必须通过手工模型，手工绘图结合运用计算机信息和技术来表达设计理念，提高设计水平，同时任课教师也要充分相信当今大学生具有良好的生态、文化、环保等知识结构和通过多种途径迅速掌握相关知识的能力，还要特别注意不能让美术基础较差的学生产生自卑感，相反，应该树立他们能做好设计的信心和决心，公平对待每个同学，注重互帮互学，让全班同学的设计水平都有高质量的提升。

　　本教材为园林专业和风景园林专业本科一年级学生第一个学年使用，每学期 64 课时，共 128 课时。其中具体安排建议如下：一年级上学期：第1~5 章。一年级下学期：第 6~11 章。本教材共 11 章，主要涉及以下内容：风景园林行业的概况，风景园林设计实践的流程以及所需要掌握的基本知识技能，风景园林设计的学习思路；设计表达能力，包括识图的方法和要点、徒手绘图、电脑绘图和实体模型的制作方法；现场调研的方法；概念的形成；空间营造；不同元素的组织、设计与运用，包括软质的植物素材和硬质的铺装、小品和小型园林建筑的设计；场地的综合设计。关于设计知识部分，最重要的是让学生树立正确的价值观，并开始理解设计行为中整体与各要素之间的深刻关系。本书中对于专业表达的部分，主要包括专业制图、绘图和模型表达的基本技能，应兼顾专业性和艺术性平行传输。第 4 章场地调研、第 5 章概念生成、第 6 章创造空间连同第 1 章风景园林学及风景园林设计应该属于设计整体性属性的论述，而第 7 章园林植物设计、第 8 章铺装、台阶、坡道、护坡、挡墙设计，第 9 章小品设计和第 10 章小型园林建筑设计都属于要素式章节，是学生较易理解的部分，第 11 章综合场地设计实际上是私家花园、建筑中庭、小型公共广场、儿童游戏场、水景园和雨水园 6 种类型的设计阐释，对此学生可能会产生一定困惑，建议教师梳理整体性的设计理论和方法，引导学生进入良好的创作状态。由于本教材纸质篇幅有限，因此附有数据包，内含使用相关电脑和手机绘图软件的技巧，我国常用园林植物的介绍以及一些课程设计作业范例。

本人由衷感激并铭记北京林业大学园林学院孟兆祯院士、杨赉丽教授30 余年来对我的谆谆教诲和深切关怀！真诚感谢孟兆祯教授、杨赉丽教授、梁永基教授、白日新教授和唐学山教授对我从事风景园林设计课和设计初步课教学工作的耐心指导！真诚感谢清华大学建筑学院景观学系主任、全国高等学校风景园林专业指导委员会主任委员杨锐教授对于本教材撰写工作的肯定和支持。真诚感谢清华大学建筑学院景观学系朱育帆教授和东南大学建筑学院景观学系王晓俊教授参加了本教材的审定工作并提出了肯定和宝贵的意见。此外，还要真诚感谢原北京林业大学副校长张启翔教授、北京林业大学李雄副校长、北京林业大学园林学院王向荣院长、刘燕副院长、董丽副院长、郑曦副院长、杨晓东副院长对于设计初步教学工作的关心和帮助！真诚感谢和我一起承担过设计课教学的刘志成教授、林箐教授、张凯莉副教授、薛晓飞副教授、张晋石副教授、张媛副教授、王思元副教授、叶郁讲师、匡纬讲师、许晓明讲师等和一起承担过设计初步课教学的石宏义教授的大力支持！真诚感谢参加过我主讲园林设计初步课和园林设计课的同学们的积极建议！真诚感谢薛晓飞副教授、刘毅娟副教授和首都师范大学谢明洋副教授对本教材的重要贡献和智慧。此外，我的博士生梁怀月、张炜、张司晗、沈超然、严雯琪和硕士生董莎莎、高琪、陈飞列、戈祎迎、顾怡华、赵琦、张浩鹏认真参与了本教材部分的资料和初稿整理工作，我的硕士生栾河淞和首都示范大学本科生康颖、潘雅婷、魏一、邓儒思认真制作了部分课程作业示范，在此一并表示诚挚的谢意！

由于编著这一教材是一种新的探索，其中定有不尽完善之处，敬请任课老师和同学予以斧正，以便再版时加以完善。本人在此谨代表编著团队向所有关心和支持本教材的同行、教师和学生致以崇高的敬意！

目　录

第1章 风景园林学及风景园林设计

1.1 风景园林学的概念

当前，在全球范围内，人类正面临着前所未有的挑战，包括气候变化，全球化负面影响，生物多样性丧失，环境污染，人口增长，快速城市化，水土资源开发和改变造成的压力。风景园林正是回应上述挑战、解决这些问题的、不可替代的学科和行业。风景园林学科和行业的价值在于保障人类安全、福利、健康和生命力，提升精神价值，促进社会可持续发展。

按照《高等学校风景园林专业本科指导性专业规范》的定义，风景园林学科是综合运用科学与艺术的手段，研究、规划、设计、管理自然和建成环境的应用型学科，以协调人与自然之间的关系为宗旨，保护和恢复自然环境，营造健康优美的人居环境。它是我国生态文明建设的重要基础，也是保证社会、经济、环境健康发展和民众福祉的关键因素。目前，我国高校的风景园林学科与建筑学和城乡规划学同属于一级学科。风景园林学研究的主要内容有：风景园林历史与理论（History and Theory of Landscape Architecture）、园林与景观设计（Landscape Design）、地景规划与生态修复（Landscape Planning and Ecological Remediation）、风景园林遗产保护（Landscape Conservation）、风景园林植物应用（Plants and Planting）、风景园林技术科学（Landscape Technology）。

风景园林设计（landscape architectural design）是风景园林学科的重要组成部分，也是风景园林实践的主战场。风景园林设计是在一定的地域范围内，运用风景园林艺术和工程技术手段，通过改造地形、种植植物、营造建筑和布置园路等途径创造美的自然环境和生活、游憩环境的过程。通过风景园林设计，可以使人居环境具有美学欣赏价值、日常使用的功能，并能保证生态可持续性发展，并在很大程度上，体现人类文明的发展程度、价值取向和审美观念。

1.2 风景园林师的责任

作为中国的风景园林师（landscape architect），首先要以社会主义核心价值观为指导，即"富强、民主、文明、和谐、自由、平等、公正、法治、爱国、敬业、诚信、友善"，要具有为人民服务的意识和强烈的社会责任感，这是成为一名合格风景园林师的必要条件。此外，还要遵守国内外风景园林行业的职业道德规范。作为我国风景园林行业的一级学会，中国风景园林学会（Chinese Society of Landscape Architecure（CHSLA））的宗旨：组织和团结风景园林工作者，遵守国家法律和法规，遵守社会公德，继承发扬祖国优秀的风景园林传统，吸收世界先进风景园林科学技术，发展风景园林事业，建立并不断完善具有中国特色的风景园林学科体系，提高风景园林行业的科学技术、文化和艺术水平，保护自然和人文遗产资源，建设生态健全、景观优美的人居环境，促进生态文明和人类社会可持续发展。国际风景园林师联合会道德规范（IFLA Code of Ethics）提出风景园林师应该遵守的道德规范主要包括以下几个方面：

1.2.1　社会责任

履行职业责任与义务，正直诚信，不断促进行业服务质量与标准的提升。

维护风景园林行业的持续发展。

职业活动中遵守相关国家制定的政策法规。

对业主一视同仁，对项目公正、公平。

与工程项目和服务相关的财经和利益对业主完全公开透明。

为所在地提供公共服务，提升公众对风景园林行业和环境的理解力与欣赏水平。

1.2.2　同行合作

正直从业，任何虚夸、误导和欺骗行为都是可耻的。

在异国从业时，须和异国同行合作以确保对当地文化和场所精神的准确认知和把握。

在工作中与其他风景园林师和不同学科背景的同行互相支持。当得知他人已承担某项工作任务时，在接受业主对同一项目委托前，履行"同行告知"义务。

遵守各国风景园林行业取费标准。

参加竞赛规则得到国际风景园林师联合会或其他在各国成员组织认可或相一致的规划、设计竞赛。

1.2.3　风景园林与环境

风景园林规划、设计与管护项目成果充分体现对场地文脉与生态系统的认知与保护。

研发和应用有利于风景园林可持续管护和再生的新材料、新产品和新方法。

树立有益人类健康、环境保护和生物多样性的环境伦理价值取向。

1.3　风景园林设计的国内外动态

从全球范围来看，风景园林行业已成为当今世界上增长速度最快的行业之一。风景园林的工作领域已由19世纪中期的私人花园和城市公园，扩大到了整个城市绿地系统的规划建设、城市开敞空间的构建、国家公园的管理和保护以及生态修复等方面。特别是20世纪70年代以来，风景园林师的工作已越来越多地涉足地域性景观生态规划、区域性开敞空间的建设、城乡工业遗址和废弃地整治、水系及流域的风景建设和生态保护、人类游憩空间的开发、自然文化遗产与文化景观的保护、生物多样性保护、重大自然灾害后的生态和景观重建等方面。

当前，在《世界文化遗产保护公约》的积极影响下，全球范围内已有一大批历史园林被列为世界文化遗产，如我国的颐和园、承德避暑山庄、苏州的拙政园、留园、网师园、狮子林；法国的凡尔赛宫，英国的斯驼园，意大利的埃斯特庄园，日本的桂离宫庭院，韩国的雁鸭池等，如图1-1~图1-7所示。这些历史园林是人类思想、智慧和技术的结晶，是我们必须学习的经典范例。

就当代风景园林设计和管理而言，美国在教育、实践和研究方面都是处于领先地位的国家之一。如美国风景园林师彼得·沃克（Peter Walker）的纽约9·11国家纪念碑是近年来设计和建成的重要作品，保持了一贯的简洁、高雅，堪称极简主义的又一力作，如图1-8所示。

此外，还有美国风景园林师劳瑞·奥林（Laurie Olin）。奥林长期在宾夕法尼亚大学任教并担任过哈佛大学风景园林系主任，2012年获得美国国家艺术勋章，这表明他在美国风景园林行业中的地位。奥林的作品，如纽约哥伦布环岛（Columbus Circle）、华

图 1-1　北京颐和园

图 1-2　苏州拙政园

图 1-3　法国凡尔赛宫

图 1-4　英国的斯驼园

图 1-5　意大利埃斯特庄园

图 1-6　日本桂离宫庭院

图 1-7　韩国雁鸭池

图 1-8　美国纽约 9 · 11 国家纪念广场

盛顿纪念碑景观（Washington Monument）、如图 1-9 所示宾大考古学与人类学博物馆庭院（University of Pennsylvania Museum of Archaeology and Anthropology Stoner Courtyard Garden）、费城的巴内斯基金会（Barnes Foundation），场地环境各不相同，建筑风格从新古典主义到工艺美术风格到现代主义，他都能运用恰当的艺术语言巧妙地处理城市、建筑和场地之间的关系，展现了一位修养深厚的风景园林师处理各种环境的娴熟手法。

2009 年夏，纽约高线公园（High Line）第一期开放，美国风景园林师詹姆斯·科纳（James Corner）所设计的高线公园（如图 1-10 所示）将生态理念与独特的艺术形式完美结合，已成为新的经典案例。

德国在欧洲是风景园林方面的领导者之一，拥有上千年的园林设计历史以及经验，涌现出非常多的优秀园林作品，也形成了独特的设计思想。德国人克劳斯维兹（Hans Carl von Carlowitz，1645—1714），针对森林恢复和持续利用的问题，最早提出了可持续（Nachhaltigkeit）一词。德国在 19 世纪末 20 世纪初现代主义运动探索、形成与发展时期，扮演着非常重要的角色。德国影响深远的园林实践作品包括德绍（Dessau）园林群，慕尼黑"英国园"

图1-9 华盛顿纪念碑景观

图1-10 美国纽约高线公园

（Englischer Garten），柏林和波茨坦的城市绿地系统，以及棕地改造景观等。最著名的风景园林师当属彼得·拉茨（Peter Latz）教授，他用生态主义的思想和特有的艺术语言进行设计，在当今风景园林设计领域产生了广泛的影响。他设计的北杜伊斯堡公园（如图1-11所示）已经成为棕地改造的经典案例，在全球范围内产生了积极的影响。

伴随着大量移民的引入，法国城市迅速扩张，新城建设如火如荼，随之带来大量风景园林的实践机会。法国的米歇尔·高哈汝（Michel Corajoud）和他同时代的风景园林师阿兰·普罗沃（Allain Provost）、克莱蒙（G.Clément）、亚历山大·谢梅道夫（Alexandre Chemetoff）、瑞士的贝尔纳·屈米（Bernard Tschumi）等人探索将法国优秀的园林传统与现代城市生活联系起来的新风格。在这样一种背景下，法国出现了苏塞公园（Parc du Sausset）、狄德罗公园（Parc Diderot）、雪铁龙公园（Parc André-Citron）、大西洋花园（JardinAtlantique）、拉·维莱特公园（Parc de La Villette）（图1-12）、贝尔西公园（Parc de Bercy）等优秀作品，获得广泛的好评和关注。

以荷兰风景园林师阿德里安·高伊策（Adriaan Geuze）为首的West 8事务所已成为全球化的

图 1-11　德国鲁尔地区北杜伊斯堡公园

图 1-12　法国巴黎拉·维莱特公园

景观和城市设计公司，陆续在世界各地建成了众多大型项目，如马德里曼萨纳雷斯河岸景观更新（Madrid Rio），多伦多中央滨水区（Toronto Central Waterfront），迈阿密海滩声景公园（Miami Beach Soundscape Park）。北欧国家的整体设计水平很高，丹麦的安德森（Stig Lennart Andersson）领衔的SLA事务所是当下北欧最为国际化的景观设计公司。SLA的作品秉承了北欧设计亲切、细腻、关注自然等特征，又具有很强的艺术表现力，完成了一系列优秀的作品。如菲德烈堡（Frederiksberg）新城市中心的风格各异又紧密联系的5个公共空间，由混凝土缓坡和不规则种植区交织的被称作城市沙丘（The City Dune）SEB的银行环境（图 1-13），以及Novo Nordisk自然公园等，都是极具北欧特色的城市景观。

东亚各国拥有迥异于西方的文化和历史，园林传统深厚。在小尺度庭院设计中，一些风景园林师在探索日本传统园林的当代表达方面有较成功的尝试，如枡野俊明的现代禅宗园林。韩国的代表性项目包括仙游岛公园和西首尔湖公园等。这两个公园都是利用废弃的水厂而建，在工业遗址再利用的景观设计方面有不同于欧美的独到之处。

经过数十年的发展，中国已经成为国际风景园林

图 1-13 SEB 银行城市设计

行业的制高点之一。国际风景园林师联合会杰里科奖获得者孙晓翔教授和汪菊渊院士、刘敦桢院士、陈俊愉院士、孟兆祯院士、吴良镛院士、周干峙院士、齐康院士、张锦秋院士、何镜堂院士、戴复东院士、彭一刚院士、王建国院士、崔恺院士、吴志强院士以及童隽、陈植、程绪珂、朱有玠、陈从周、周维权、刘家麒、潘谷西、郦芷若、施奠东、刘少宗、檀馨、刘秀晨、冯纪忠、李铮生、白日新、梁永基、吴振千、胡运骅、严玲璋、周在春、吴肇钊、佟裕哲、李正、金柏苓、吴惠良、吴劲章、王秉洛、黄光宇、王其亨、郭黛姮、马秉坚、张家骥、詹永伟、王绍增等大师级的领军人物在继承和发扬中国传统园林精华的基础上指导或创造的一大批作品已经成为本行业新的标杆，代表了国际一流水平，也为祖国年轻后代留下了珍贵的风景园林遗产。近来，中国风景园林师的作品越来越多地引起国际的关注，并经常获得各种国际荣誉，一批高水平的中青年优秀风景园林师已成长起来。但是，我们不能因为近年获国际奖的项目，而忽视我国老一辈专家无与伦比的巨大贡献，我们必须树立正确的世界观和道德观来促进我国风景园林行业健康而蓬勃的发展。

虽然中国当代风景园林事业已经取得了巨大进步，但仍然面临着许多挑战。我们面对未来需要更多的思考和更多的独创性。中国的风景园林必须构建自己的思想体系、价值体系和语言体系，这些体系应当建立在中国的历史、文化、自然和城市化特征之上，并为公众带来更美好的生活和艺术享受。

1.4 风景园林设计项目的流程

作为未来风景园林行业的从业者，首先应该对风景园林设计实践的整个过程有初步的认识和了解，其整个过程如图 1-14 所示。

1.4.1 项目立项

项目立项是开展风景园林设计工作的第一步。在设计工作开展之前，应办理好项目的前期手续，包括取得土地使用权，获得建设许可等。

1.4.2 接受设计任务

作为一个建设项目的业主（俗称"甲方"）会邀请一家或几家设计单位进行方案设计。作为设计方（俗称"乙方"）在与业主初步接触时，要了解整个项目的

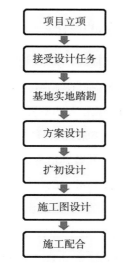

图 1-14　风景园林项目设计流程图

概况，包括建设规模、投资规模、可持续发展等方面，确定设计的目标、目的、范围及服务对象（图 1-14）。

1.4.3　收集有关资料，进行基地实地踏勘

通常业主会选派熟悉基地情况的人员，陪同风景园林师至基地现场踏勘，风景园林师需要结合业主提供的基地现状图（又称"红线图"），对基地进行总体了解。收集规划设计前必须掌握的原始资料，包括：①所处地区的气候条件，气温、光照、季风风向、水文、地质、土壤；②周围环境，主要道路，车流、人流方向；③基地内环境，湖泊、河流、水渠分布状况，各处地形标高、走向等。④当地和基地的历史文化、风俗人情等资料。

1.4.4　初步的总体构思及修改

设计方在基地现场收集资料后，对其进行整理、归纳，认真阅读业主提供的"设计任务书"（或"设计招标书"）。在设计任务书中详细列出了业主对建设项目的各方面要求：总体定位性质、内容、投资规模，技术经济相符控制及设计周期等。必须重视对设计任务书的阅读和理解。

广泛收集可供参考的案例资料，并进行探索性的研究。从概念性设计逐步发展为明确的设计方案。此步骤是作为初学者务必花费最多精力学习和反复练习的过程，具体过程会在本书后文详述。

1.4.5　方案的后期修改及文本的制作包装

经过初次修改后的构思，还并不是成熟的方案。风景园林师此时应该虚心好学、集思广益，多渠道、多层次、多次数地听取各方面的批评建议，不断修改完善设计。最终方案确定下来后，运用电脑绘图、渲染效果图等技术，力求全面表现出设计成果的优势特点。最后，将设计方案的说明、投资框（估）算、主要节点设计，汇编成文字部分；将总平面图、功能分区图、交通分析图、绿化种植图、小品设计图、全景透视图、局部景点透视图，汇编成图纸部分。文字部分与图纸部分结合形成一套完整的设计方案文本。

1.4.6　业主的信息反馈

业主拿到方案文本后，一般会在较短时间内给予一个答复。答复中会提出一些调整意见：包括修改、添删项目内容，投资规模的增减，用地范围的变动等。针对这些反馈信息，风景园林师要在相应时间内对方案进行调整、修改和补充。通常此过程也会反复多次，可能会进行大幅度的改动。

1.4.7　方案设计评审会

由有关部门组织的专家评审组，会集中一天或几天时间，举行专家评审（论证）会。出席会议的人员，除了各方面专家外，还有业主和建设方领导，市、区、县有关部门的领导，以及项目负责人和主要设计人员。作为设计方，项目负责人一定要结合项目的总体设计情况，在有限的一段时间内，将项目概况、总体设计

定位、设计原则、设计内容、技术经济指标、总投资估算等诸多方面内容，向领导和专家们作一个全方位汇报，力求透彻、直观、有针对性。

方案评审会结束后几天，设计方会收到打印成文的专家组评审意见。设计负责人必须认真阅读，对每条意见都应该有一个明确答复，对于特别有意义的专家意见要积极听取，立即落实到方案修改稿中。

1.4.8 扩初设计评审会

风景园林师结合专家组方案评审意见，进一步的扩大初步设计（简称"扩初设计"）。在扩初文本中，应该有更详细、更深入的总平面图、总体竖向设计平面、总体绿化设计平面、建筑小品的平、立、剖面（标注主要尺寸）。在地形特别复杂的地段，应该绘制详细的剖面图。在剖面图中，必须标明几个主要空间地面的标高（路面标高、地坪标高、室内地坪标高）、湖面标高（水面标高、池底标高）。在扩初文本中，还应该有详细的水、电气设计说明，如有较大用电、用水设施，要绘制给排水、电气设计平面图。一般情况下，经过方案设计评审会和扩初设计评审会后，总平面和具体设计内容都能顺利通过评审，这就为施工图设计打下了良好的基础。总的来说，扩初设计越详细，施工图设计越省力。

1.4.9 基地的再次踏勘

基地的再次踏勘，至少有 3 点与前一次不同：①参加人员范围的扩大，前一次是设计项目负责人和主要设计人，这一次必须增加建筑、结构、水、电等各专业的设计人员；②踏勘深度的不同，前一次是粗勘，这一次是精勘；③掌握最新、变化了的基地情况，前一次与这一次踏勘相隔较长一段时间，现场情况必定有了变化，必须找出对今后设计影响较大的变化因素，加以研究，然后调整随后进行的施工图设计。

1.4.10 施工图的设计

一般来讲，大型项目的施工图文件包括：①设计说明，材料表；②总平面放样定位图（俗称方格网图）；③竖向设计图（俗称土方地形图）；④道路广场设计图；⑤种植设计图；⑥节点大样图；⑥给排水设计图；⑦电力电信设计图。要做到各专业图纸之间相互一致，而且专业图纸之间要有准确的衔接和连续关系。另外，还要进行各个单体建筑小品的设计，其中包括建筑、结构、水、电的各专业施工图设计，并做好施工图预算编制。该预算涵盖了施工图中所有设计项目的工程费用，其中包括：土方地形工程总造价，建筑小品工程总造价，道路、广场工程总造价，绿化工程总造价，安装工程总造价等。

不可回避的是，很多重点工程的施工周期都相当紧促。往往需要先确定竣工期，然后据此倒排施工进度。这有时会要求风景园林师打破常规的出图程序，在总体设计确定之后，实行"先要先出图"的出图方式。先期完成某一部分施工图，以便及时开工。

1.4.11 施工图的交底

业主拿到施工设计图纸后，会联系监理方、施工方对施工图进行看图和读图。看图属于总体上的把握，读图属于对具体设计节点、详图的理解。之后，由业主牵头，组织设计方、监理方、施工方进行施工图设计交底会。在交底会上，业主、监理、施工各方提出看图后所发现的各专业方面的问题，各专业设计人员将对口进行答疑，一般情况下，业主方的问题多涉及总体上的协调、衔接；监理方、施工方的问题常提及设计节点、大样的具体实施。双方侧重点不同。由于上述三方是有备而来，并且有些问题往往是施工中的关键节点，因而设计方在交底会前要充分准备，会上要尽量结合设计图纸当场答复，现场不能回答的，回去考虑后尽快作出答复。

1.4.12　风景园林师的施工配合

设计的施工配合环节对风景园林师、对工程项目本身是相当重要的。业主对工程项目质量的精益求精，对施工周期的一再缩短，都要求风景园林师在工程项目施工过程中，经常亲临建设中的工地，解决施工现场暴露出来的设计问题、设计与施工相配合的问题。如有些重大工程项目，整个建设周期就已经相当紧迫，业主普遍采用"边设计、边施工"的方法。针对这种工程，风景园林师更要勤下工地，结合现场客观地形、地质、地表情况，做出最合理、最迅捷的调整设计。

1.5　风景园林设计依据

风景园林设计是与城市设计、建筑设计并列的一类重要的工程设计，在设计过程中必须遵循国家及地区关于风景园林设计以及城市规划和建筑设计相关的政策法规规定。

国外发达国家一直以来都十分重视风景园林行业的技术发展，风景园林标准化的工作也备受关注，以美国、日本和欧盟国家为代表。美国、日本等先进国家已有一百多年制定风景园林管理相关法规的历史，英国更是从四百多年前就有了第一部关于"禁止乱伐森林"的绿化管理规定。经过长期的发展，在城市绿化管理的法律法规方面，技术标准已经成为技术性贸易壁垒的基础和核心。作为各个国家制定技术法规的主要依据，标准的制定和发展取决于该国的标准化管理制度和体制。在市场化原则的指引下，近年来国际上发达国家已基本上形成了以政府为主导，委托行业协会学会负责，专业机构起草制定，广泛征求社会意见的标准化工作模式。我国也不例外，在风景园林技术标准建设上实行政府监管，住房城乡建设部委托标

准委员会负责的运行机制，这样不仅提高了风景园林标准化工作的效率，同时也有效保障了标准制定的清晰透明，鼓励公众参与。

美国风景园林行业的法律法规制定可以追溯到150 年前，19 世纪中叶林肯总统签署了首部关于风景园林绿化管理的法令，之后建立了第一个国家公园——黄石公园，19 世纪内务部设立国家公园体系，截止到目前美国公园体系的面积已达 34 万平方千米，包括国家公园、历史地段、纪念地、休闲地、风景路、海岸和湖岸公园等 20 类内容，占国土面积的 3.6%，国家公园本身也是权威的执法机构。美国大力推动城市建设的同时，相关法律制度也在不断地完善，相继颁布了很多风景园林绿化建设相关的法律法规和标准条例。

美国风景园林行业颁布的相关法律有《国家公园基本法》《黄石公园保护法》《森林管理法》《原野地区法》《公共用地多目的利用法》《国家风景和历史游路法》《联邦补助道路法》《原生自然与风景河流法》和《森林和牧地可更新资源法》等。

英国在风景园林法规建设方面成效显著，也是对园林绿地实行法治管理的先行者。作为世界上第一个实现城市化的国家（高珮义，2004），英国早在 1872年就颁布了《公园管理法》，之后陆续颁布了《绿带法》《国家公园及乡村利用法》《绿地法》和《城乡规划法》等相关法律。英国的风景园林标准由英国标准协会（简称 BSI）制定，协会成立至今已有百年的历史，在政府的认可下从事标准化相关工作。风景园林方向的技术标准主要集中在园林植物和园林工程施工等方面，如《通用草皮推荐规范》（标准号：BS 3969—1998）《一般园林经营管理的实用规程（不包括硬质地面）》（标准号 BS 4428—1989）等。

德国的风景园林事业有着悠久的历史，实行风景园林技术法规和技术标准体系共同运作的方式。德

国关于风景园林建设的技术法规有《森林法》《国土整治法实施条例》《进一步空间规划法》《自然保护法》《北威州风景园林法》《环境保护法》和《种苗法》等法律。德国的风景园林技术标准体系主要由德国标准学会（Deutsches Institutfur Normung，简称DIN）制定。目前学会下属部门分支庞大，包括 123个标准委员会和 3655 个工作委员会，DIN 所颁布的风景园林标准在法律效力上分为三类：联邦德国标准（DeutscheNorm）、标准草案（Entwurf）和暂行标准（Vomorm）；在内容上分为两类：规定风景园林技术要求途径和方法的强制性标准，以及规定勘察设计和施工管理的推荐性标准。

在日本，关于风景园林行业的立法建设也是由来已久，1987 年建立了城市公园行政管理机构，1889年颁布了《东京城市改造条例》，1920 年制定《城市规划法》，1933 年制定《公园规划标准》，1956 年制定《城市公园法》。之后日本又多次颁布法令，制定法律法规推进城市风景园林绿化工作，包括《城市公园等建设紧急措施法》《城市绿地保护法》《首都圈近郊绿地保护法》《自然公园》《生产绿地法》《工厂绿地法》《关于维护城市景观的保护树木法》《新都市规划法》《城市计画法》《景观法》和《观光立国推进基本法》等相关法律，内容涵盖了公园建设、绿地保护、风景区建设、生产绿地、工厂绿地、树木保护、城市规划和古都风貌保护等方面。

我国现行的风景园林标准体系分为三个层次：第一层为基础标准，是指在风景园林专业范围内，作为其他标准的基础，具有广泛指导意义的标准，包括风景园林术语、分类、制图和标志标准（王磐岩，2003）；第二层为通用标准，是指针对某一类标准化对象制定的共同性标准，根据风景园林实际需要可分为"城镇园林""风景名胜区""园林综合性"三大类；第三层为专用标准，是指针对某一具体化对象制定的个性标准，延续上一层次划分，包括城镇园林专用标准、风景名胜区专用标准、园林综合性专用标准。

下列为我国从事风景园林设计需要掌握的最基础的设计规范，风景园林师有必要将这些规范烂熟于心，并作为设计的最基本的原则体现在自己的设计之中。在正式的设计工作中还要依据具体的设计内容依据相关的国家及地方设计规范、办法，及当地的相关地方法规。

（1）《城市绿地设计规范》GB 50420—2007

该标准原为上海市地区标准，我国建设部于 2007年将其批准为国家标准，该标准于 2007 年 10 月 1日开始实施。该标准的目的是促进城市绿地建设，改善生态和景观，保证城市绿地符合适用、经济、安全、健康、环保、美观、防护等基本要求，确保设计质量。该规范适用于城市绿地设计，适用的范围包括：公园绿地、生产绿地、防护绿地、附属绿地及其他绿地。

（2）《公园设计规范》GB 51192—2016

该规范由北京园林绿化局主编，中华人民共和国住房和城乡建设部批准实施，自 2017 年 1 月 1 日起实施，原行业标准《公园设计规范》CJJ 48—92 同时废止。本规范适用于城乡各类公园的新建、扩建、改建和修复的设计，为全面发挥公园的游憩、生态、景观、文化传承、科普教育、应急避险等功能，确保公园设计质量，在主要工程技术方面制定了该规范，其中规范中以黑体字标志的条文为强制性条文，必须严格执行。

（3）《城市居住区规划设计规范》GB 50180—1993（2002 年版）

该规范最初施行于 1994 年，后于 2002 年，经中国城市规划设计研究院以及相关单位进行局部修订，并由建设部批准进行实施。该规范的目的是确保居民基本的居住生活环境，经济、合理、有效地使用土地和空间，提高居住区的规划设计质量。本规范适用于城市居住区的规划设计。

（4）《民用建筑设计通则》GB 50352—2005

初版《民用建筑设计通则》于 1987 年编制完成，并由城乡建设环境保护部批准颁布实施，编号为《民用建筑设计通则》（JGJ 37—87）（试行），该通则在标准规范编制、工程设计、标准设计等方面发挥了重大作用。通则于 2005 年进行修订。其主要技术内容包括：1. 总则；2. 术语；3. 基本规定；4. 城市规划对建筑的限定；5. 场地设计；6. 建筑物设计；7. 室内环境；8. 建筑设备八个部分。

（5）《无障碍设计规范》GB 50763—2012

该规范由北京市建筑设计研究院主编，中华人民共和国住房和城乡建设部批准实施，于 2012 年 3 月 30 日发布，自 2012 年 9 月 1 日起实施，同时将原《城市道路和建筑物无障碍设计规范》JGJ 50—2001 废止。该规范主要内容包括无障碍具体设计要求、城市道路、城市广场、城市绿地、居住区及居住建筑、公共建筑、历史文物保护建筑无障碍建设与改造七个方面，以方便残障人士出行等活动。

（6）《风景名胜区规划规范》GB 50298—1999

《风景名胜区规划规范》由建设部主编和批准，于 2000 年 1 月 1 日起开始施行。规范的目的是为了适应风景名胜区保护、利用、管理、发展的需要，优化风景区用地布局，全面发挥风景区的功能和作用，提高风景区的规划设计水平和规范化程度。本规范适用于国务院和地方各级政府审定公布的各类风景区的规划。

（7）《城市道路绿化规划与设计规范》CJJ 75—97

《城市道路绿化规划与设计规范》由中国城市规划设计研究院主编，并由建设部批准为行业标准，自 1998 年 5 月 1 日开始实施。该规范的目的是：发挥道路绿化在改善城市生态环境和丰富城市景观中的作用，避免绿化影响交通安全，保证绿化植物的生存环境，使道路绿化规划设计规范化，以及提高道路绿化规划设计水平等。本规范适用于城市的主干路、次干路、支路、广场和社会停车场的绿地规划与设计。

（8）《城市公共厕所设计标准》CJJ 14—2016

规范由北京市环境卫生设计科学研究所主编，中华人民共和国住房和城乡建设部批准实施，自 2016 年 12 月 1 日起实施，同时将原《城市公共厕所设计标准》CJJ 14—2005 废止。该规范主要内容包括基础设施本规定及设计要求、固定式公共厕所、活动式公共厕所以及公共厕所无障碍等方面。

（9）《城市规划制图标准》CJJ/T 97—2003

《城市规划制图标准》由建设部批准，并于 2003 年 12 月 01 日开始施行。其目的是规范城市规划的制图，提高城市规划制图的质量，正确表达城市规划图的信息等。本标准适用于城市总体规划、城市分区规划。城市详细规划可参照使用。

（10）《房屋建筑制图统一标准》GB/T 50001—2017

《房屋建筑制图统一标准》于 2017 年进行修订，其由住房城乡建设部进行管理，中国建筑标准设计研究院负责标准的解释工作。该标准的目的是为了统一房屋建筑制图规则保证制图质量提高制图效率做到图面清晰简明符合设计施工存档的要求适应工程建设的需要。本标准是房屋建筑制图的基本规定适用于总图建筑结构给水排水暖通空调电气等各专业制图。本标准适用于手工制图和计算机制图。

（11）《风景园林图例图示标准》CJJ 67—2015

规范由中国城市建设研究院有限公司、同济大学主编，中华人民共和国住房和城乡建设部批准实施，自 2015 年 9 月 1 日起实施，同时将原《风景园林图例图示标准》CJJ 67—95 废止。该规范主要制定了风景园林规划制图及风景园林设计制图等方面的规范，促进了统一风景园林行业制图规范。

（12）《国家建筑标准设计图集》（11J930）

《国家建筑标准设计图集11J930（替代03J930—1）》是对03J930—1版标准的全面修编。修编后的图集内容顺应了建筑发展的需要，在符合国家相关规范、规程、标准的基础上结合近年来新材料、新技术、新工艺的发展，为住宅建筑设计、施工、监理提供了更多的技术资料。

（13）《建筑构造通用图集》88J1—1（2005）

该图集是由华北地区建筑设计标准化办公室编制的建筑构造标准图集，是建筑设计文件的一部分。早期的标准设计文件曾以蓝图形式出现。随着建筑规模的扩大，使用量的增多，这种方式及图版规格不能满足使用需要，逐渐形成现在全国普遍采用的标准设计文件形态，但其功能性质不变，仍是设计文件的一部分。该图集《庭院·小品·绿化》分册由北京市园林古建设计研究院所编制，适用于庭院、居住区以及街头、小广场、小公园等设计。

1.6　学习风景园林设计所需的专业知识

风景园林设计是协调人与自然关系的重要手段，因此需要从业者综合地掌握各相关学科知识。在进行本书学习的同时，需要初学者逐步了解以下内容：

①美学基础：包括素描、色彩、平面构成、造型基础、阴影透视、画法几何、风景写生等课程。要求学生能够理解透视的基本原理，能够快速准确地画出眼前所见的实物，建立基本的审美观，能够绘制出抽象的美的图案，能够用图示语言表达自己的观点想法。

②自然科学相关知识：尤其包括植物学、树木学、地理学、气象学、地质学、林学、花卉学、生态学、土壤学、园林植物栽培养护等。

③规划设计知识：包括城市规划学、城市绿地系统规划、测绘学等。

④工程结构知识：建筑工程、园林工程的相关知识。

⑤历史学知识：中国历史、中西园林史、中西建筑史、中西美学史。认真学习历史上优秀案例，总结历史发展中的规律原理，才能设计出符合当今社会要求的作品。要求学生了解相关历史的基本脉络，熟记重要的园林实例图纸。

⑥社会学知识：社会学、大众心理学、管理学等。风景园林设计终究是服务于人的设计，有必要掌握基本的社会学知识，以便清楚地了解设计的服务群体，与其他部门良好地协调进行设计实践工作。

1.7　风景园林设计的学习思路

风景园林设计的学习首先要了解和确定项目设计的基本原则和方法，场地使用者的要求，同时要进行相关案例的实地考察。在此基础上多学习国内外的优秀案例。这个学习的过程不止限于翻阅书籍杂志，更有用的方法是动笔将自己认为好的方案临摹下来，在此过程中既领会了方案的设计构思，对设计的形式进行了加深记忆，又练习了绘图的基本技巧。此外，要明确设计过程中多次大幅修改或重做是十分正常的，尤其是设计初学者必须经历的痛苦过程。在设计练习以及今后的设计工作过程中，要不断地向老师及前辈虚心请教，投入到公众参与活动一遍又一遍耐心地修改完善自己的设计方案，设计能力才会有质的飞跃。

总体而言，风景园林设计的成果体系可分成六大块。包括背景研究，设计理念，设计解答，描述表达，落地实现以及规范标准。这六部分相互关联影响，脱离其他部分单论任何一个部分都是不成体系的。有关什么是生活、价值、生态、艺术、创造、空间、时间、场所精神等这些最本真的问题是每个风景园林师应该时常思考探讨的。

【课程作业】

1. 感知园林

实地考察 1~2 处大型公园，进行图像和文字记录，观察场地及游客的活动情况，用 3000~5000 字简要描述自己对于该场地的观察感受。

2. 概览法规

查阅本章提及的规范标准，通读全文，并配合今后的学习不断回顾。

参考书目：

[1] IFLACodeofEthics：http：//www.iflaonline.org

[2] 林箐. 当代国际风景园林印象 [J]. 风景园林，2015（4）.

[3] 王光华，刘晓明，李梅丹. 我国城镇园林标准建设概况研究 [J]. 中国园林，2014（2）：78-81.

[4] 王光华. 我国城镇园林标准研究初探 [D]. 北京林业大学，2014.

[5] 城市绿地设计规范 GB 50420—2007

[6] 公园设计规范 GB 51192—2016

[7] 城市居住区规划设计规范 GB 50180—1993（2002 年版）

[8] 民用建筑设计通则 GB 50352—2005

[9] 无障碍设计规范 GB 50763—2012

[10] 风景名胜区规划规范 GB 50298—1999

[11] 城市道路绿化规划与设计规范 CJJ 75—97

[12] 城市公共厕所设计标准 CJJ 14—2016

[13] 城市规划制图标准 CJJ/T 97—2003

[14] 房屋建筑制图统一标准 GB 50001—2017

[15] 风景园林图例图示标准 CJJ/T 67—2015

[16] 国家建筑标准设计图集（11J930）

[17] 建筑构造通用图集 88J1—1（2005）

第2章 绘图与模型制作

对于设计工作而言，二维的绘图和三维的模型是表达设计概念、理解功能与空间的最直接的、最重要的途径。无疑，掌握好二维的图示语言和三维模型的制作方法，是每一位学生走向成功的基础。

2.1 识图

首先需要明确的是，图纸绘制的目的是明确地表达整个设计，与单纯的绘画有着很大的区别，一份设计的多张图纸不是独立的几张图画，而是对同一座立体的风景园林设计作品的多方面表达。

风景园林设计中最常用的图纸主要有平面图、立面图、剖（立）面图、透视效果图和节点大样图。这些图纸综合表达了同一座三维立体的风景园林设计（如图2-1所示）。

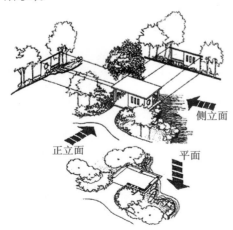

图2-1 园景的平面、立面图

2.1.1 图纸类型

（1）平面图

平面图是园林作品在水平面上的正投影图。相当于从无穷远的高度向下观察整个设计区域。平面图纸中能够准确且清晰地反映设计区域与周边环境的关系、地形起伏、道路系统布置、山石水体、植物的种植位置、建筑物位置等重要信息，因而是设计中最为关键的图纸（图2-2）。

平面图中单棵的树木用两个同心圆表示，大圆表示树木的冠幅，小圆示意树干的位置。通常城市公园广场种植的乔木冠幅为5m左右，自行设计时务必保证尺度准确。无法分清种植点的植物则需要画出其外轮廓范围。在此基础上对于植物种类的区分、质感的描绘上存在多种表达方式。

平面图上会让人一目了然地看到硬质铺装地面和软质的草丛绿地之间的划分。在此基础上硬质铺装应示意出铺装的纹样形式，植物部分适当表达出质感。大型树木的轮廓线与此铺装的边界线应当是相互叠加的关系，自己绘图时不可因过度表现植物而模糊了道路广场的边界。

地形在平面图上用等高线和标高的方式标注。等高线是一系列等距离的假想水平面切割地形后得到的交线的水平正投影。等高线上的数字是该线所表示的相对或绝对高程。等高线越密集说明坡度越陡，间距越大表示地势越平缓。等高线多用于表示软质绿地部分的自然地形起伏，对于硬质的道路广场而言，则采用高程标注的方式，直接标出一些重要点的高程数值，如建筑转角、出入口、道路转角处、变坡点等，并用箭头标出平整地面的坡度变化。在设计后期会采用单独的竖向设计图来表示地形变化，该图中略去了植物设计，底图只有铺装与绿地间的交界线、水体范围、建筑轮廓，在此之上绘制出准确详细的等高线、标高及坡度变化。

水体是风景园林设计中重要的组成部分，在平面上用最粗的线条明确标出其范围位置。在此基础上可绘制水下等深线表示水下坡度情况，用波纹等方式适当示意水的动感及小水景喷泉的设置情况。

平面的建筑需准确表达出其所在位置及其外轮廓线，通常有表示屋顶范围和绘出首层平面图两种表达方式。即使是只标出外轮廓的简单表达也应当用三角号注明建筑出入口的位置，以便明确室内外的衔接方式。

园林中的雕塑、花架、景石等小品元素则需同样表示出其外轮廓，可用影子大小表示出物体的高低布置情况。具体图示表示内容可参看《风景园林图例图示标准》进行学习。

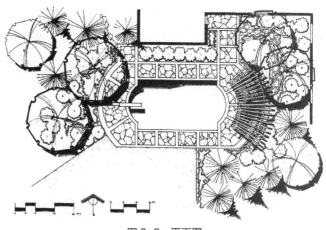

图 2-2 平面图

（2）剖（立）面图

剖面图是指园景被假想的铅垂面剖切后，沿某一剖切方向投影所得的视图，能够最清楚地反映设计中的高度变化、尺度和空间。因为风景园林设计不像建筑有明确的几个立面，通常是整个区块的设计，因而剖面图在表达风景园林设计时更为常用。

剖面图中最粗的线条是剖断线，即这一剖切面经过的地形及构筑物。在对应的平面图上由剖切符号标记出剖切位置和剖视方向（图 2-3）。

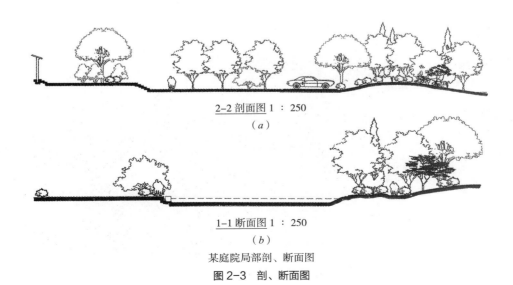

2-2 剖面图 1：250
（a）

1-1 断面图 1：250
（b）

某庭院局部剖、断面图
图 2-3 剖、断面图

（3）风景园林小品大样详图

风景园林设计尺度较大，很多细节，例如景墙的装饰、铺装的纹样、灯具的设计等，是相对独立和精致的，需要用专门的细节大样图来表现（图2-4、图2-5）。

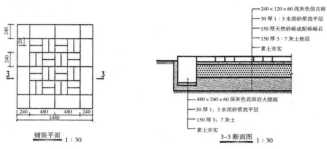

图2-4　铺装详图

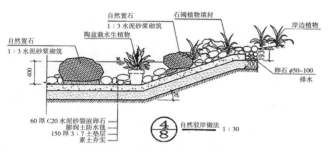

图2-5　自然驳岸构造材料做法

（4）透视效果图

效果图是风景园林设计中非常重要的图纸，最能直接地体现设计的构思、意图，以及设计效果。虽然不像平面图和剖面图能够精确地反映设计内容，但却因为其直观简明的表达，最容易被甲方以及其他非专业人士理解。目前设初阶段对应的效果图多交给效果图公司制作，以呈现更绚丽精彩的效果。不过风景园林师本人还是应当熟练掌握透视效果图的绘画技巧，不断提高自身的美学修养，才能做出更好的设计。并且在设计之初的概念设计阶段，就应该多画透视效果草图，辅助构思最终的设计空间效果（图2-6）。

2.1.2　图纸比例

设计中，因为不能够把设计的物体按实际大小表现在图纸上，所以图上需要按一定的比例进行放大或缩小的绘制。图纸上所标出的"比例尺"就表示了图纸所放大或缩小的程度。例如，1：100的图纸的意思是指，图上绘制的1m长度物体，实际在空间中是100m长，也就是说，实际中的物体的尺寸缩小了100倍以后，绘制在图纸上了。可以用下面的公式来说明和计算比例。

图2-6　园林透视效果图

$$比例尺 = \frac{图上距离}{实际距离}$$

园林中最常用的比例主要为 1 : 1000，1 : 500，1 : 400，1 : 300，1 : 200，1 : 100。表示更大范围的区域图通常比例为 1 : 10000，1 : 5000，1 : 2000。节点详图多为 1 : 100，1 : 50，1 : 20，1 : 10。也有些情况下图纸比例不是准确的整数，无法用数值准确表达，在此情况下要绘制图示比例尺表明比例。透视效果图仅为表现效果的图纸，因而没有比例。

2.1.3 图幅

制图通常采用国际通用的 A 系列幅面规格的图纸。A0 幅面的图纸称为零号图纸（0#），A1 幅面的称为一号图纸（1#），以此类推。相邻幅面的图纸对应边之比符合 $\sqrt{2}$ 的关系。

当图过长或图纸内容过多时，A0~A3 号图纸可沿其长边，以原图纸长边 1/8 的倍数进行加长。

通常一项工程的图纸应以一种规格的幅面为主，不宜超过两种，以免图幅混杂不便于管理交流。

图纸有横版和竖版之分，横版装订边在左，竖版装订边在上侧。换而言之，就是图纸的下端和右端必然朝外，上端或左端其中短的一边为装订边。这样便于将横竖版图纸统一装订，便于翻阅和观看。

图框是完整图纸中重要的一部分，施工阶段的图纸的图框尺寸有着明确的规定，即使是以徒手绘图方式表现的完整图纸，也需要绘制图框。标准图框装订边图框线距图纸边缘应保留 25mm 的距离，非装订边 10mm，A3、A4 类小幅图纸非装订边图框也可为 5mm。

标准的施工阶段图纸除图框外还需要绘制标题栏和会签栏。标题栏用来简要说明图纸内容，应包含设计单位名称、工程项目名称、设计者、审核者、描图员、图名、图例、日期和图纸标号等内容，位于图纸右下角。

标题栏的尺寸应符合 GB/T 50001—2017 规范规定，长边为 180mm，短边为 30mm、40mm 或 50mm。标题栏的具体内容可因需要进行变动。会签栏是为一些需要除设计绘图人员外其他企业各部门或项目合同的各方共同签字确认而留出的地方。一般位于图纸右上方，尺寸通常为 75mm×20mm，栏内写会签人员所代表的专业、姓名和日期。不需要会签的图纸不必设会签栏。通常许多设计单位为使图纸标准化，已设计有固定的图框、标题栏和会签栏，直接用于施工图出图时使用。对于设计扩初阶段的图纸也可依据美观、简明的原则自行设计布置图框和标题栏。

标准的图框、标题栏和会签栏还有线条宽度等级的区分：图框线、标题栏外框线、标题栏和会签栏分割线分别为粗实线、中粗实线和细实线（表 2-1、表 2-2、图 2-7）。

幅面和图框尺寸表（单位 mm） 表 2-1

尺寸代号 \ 幅面代号	A0	A1	A2	A3	A4
$b \times l$	841 × 1189	594 × 841	420 × 594	294 × 420	210 × 297
c	10			5	
a	25				

注：表中 b 为幅面短边尺寸，l 为幅面长边尺寸，e 为图框线与幅面线间宽度，a 为图框线与装订边间宽度。

图纸边加长尺寸表 表 2-2

幅面代号	长边尺寸	图纸长边加长尺寸（mm）
A0	1189	1486（A_0+1/4 l）1635（A_0+3/8 l）1783（A_0+1/2 l）1932（A_0+5/8 l）2080（A_0+3/4 l）2230（A_0+7/8 l）2378（A_0+1 l）
A1	841	1051（A_1+1/4 l）1261（A_1+1/2 l）1471（A_1+3/4 l）1682（A_1+1 l）1892（A_1+5/4 l）2102（A_1+3/2 l）
A2	594	743（A_2+1/4 l）891（A_2+1/2 l）1041（A_2+3/4 l）1189（A_2+1 l）1338（A_2+5/4 l）1486（A_2+3/2 l）1635（A_2+7/4 l）1783（A_2+2 l）1932（A_2+9/4 l）2080（A_2+5/2 l）
A3	420	630（A_3+1/2 l）841（A_3+1 l）1051（A_3+3/2 l）1261（A_3+2 l）1471（A_3+5/2 l）1682（A_3+3 l）1892（A_3+7/2 l）

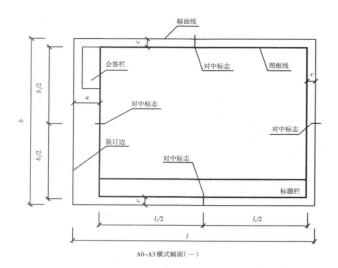

A0~A3横式幅面（一）

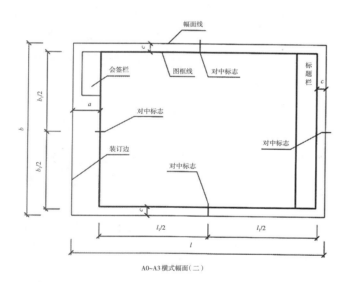

A0~A3横式幅面（二）

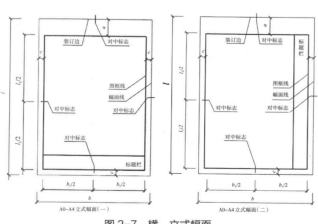

A0~A4立式幅面（一）　　　　A0~A4立式幅面（二）

图2-7　横、立式幅面

2.1.4　线条类型

风景园林的主要线型按粗细有细、中、粗三种。一般来说，表示轮廓、地面线、剖切面等实际景物中比较重要的部分用粗线；一般物体的结构、形态等用中粗线，这是实际使用得最多的一种线型；物体的肌理与纹样，以及尺寸和文字说明等抽象概念用细线。实线一般表现真实的物体，虚线一般表示轴线、参照线、图面以外的但是又对图纸中的内容产生重要影响的物体等（表2-3）。

风景园林设计制图主要线条　　　　表2-3

名称	线型	线宽	用途
粗实线	——————	b	1. 面图和剖面图中被剖切的主要建筑构造（包括构配件）的轮廓线 2. 筑立面图或室内立面图的外轮廓线 3. 筑构造详图中被剖切的主要部分轮廓线和外轮廓线 4. 筑构配件详图中的构配件的外轮廓线 5. 平、立、剖面图的剖切符号
中实线	——————	0.5b	1. 平、剖面图中被剖切的次要建筑构造（包括构配件）的轮廓线 2. 建筑平、立、剖面图中建筑构配件的轮廓线 3. 建筑构造详图及建筑构配件详图中的一般轮廓线
细实线	——————	0.25b	小于0.5b的图形线、尺寸线、尺寸界线、图例线、索引符号、引出线、标高符号、较小图形中的中心线等
中虚线	— — — —	0.5b	1. 不可见的上方或下方构造的轮廓线 2. 拟扩建的建筑物轮廓线
细虚线	- - - - -	0.25b	小于0.5b的不可见轮廓线
粗单点长划线	— · — · —	b	起重机（吊车）轨道线
细单点长划线	— · — · —	0.25b	中心线、对称线、定位轴线
折断线	——∿——	0.25b	不需要画全的断开界线
波浪线	∿∿∿∿	0.25b	不需要画全的断开界线 构造层次的断开界线

来源：李素英，刘丹丹. 风景园林制图 [M]. 中国林业出版社，2014.

2.1.5　图纸深度

风景园林设计流程中的不同步骤对应着不同要求、不同精细程度的图纸，整体上来说是从概括模糊到精确细致的过程。

1）概念性设计：最初的概念性设计绘制的是"泡泡图"，仅在整理现状图纸基础上进行粗略的规划构思，圈出计划设计的不同内容所在的范围。

2）初步设计：将粗略的概念设计转化为明确清晰的初步设计图纸，这时的图纸就已明确标出了硬质广场铺装、道路、水体和绿地间的区域划分，用等高线标出主要的地形变化，标出主要的园林建筑物和小品构筑物，简要划分出植物设计的乔木、灌木与地被植物的范围，并示意所设计的地块与周围环境的关系。

3）扩初设计：确定方案到扩初阶段（扩大初步设计）时，所绘制的图纸更为精确具体，多采用计算机软件制图（CAD）将设计明确地表达出来，明确广场道路的铺装具体设计和植物配置的具体布置，精确地标注出地形变化，并运用软件制作精确美观的平面图和效果图（运用软件 Photoshop、Sketch Up、3DMax 等），并将文字与图纸共同编排成册。

4）施工图：施工图设计是在扩初图纸的基础上进一步绘制的最详细的图纸，需准确标出使用的材料、植物种类、小品样式，并绘制图纸表明每处施工时涉及的材料之间的结构关系。

2.2　绘图

风景园林设计的基本制图依照上述的设计流程，根据所使用工具和要求精确程度的不同，分为徒手绘图和尺规作图两种方法。

徒手绘图主要用于设计初期阶段，从场地分析到初步设计的成形阶段，用以直接表达梳理设计者的构思和对场地的理解。

尺规制图是在设计基本敲定之后使用的制图方法，要求运用尺规仪器或计算机辅助软件准确无误地绘制出能够用于进一步详细设计及施工的图纸，着重强调设计的精确性。

运用尺规绘图方法绘制出的图纸线条更准确清晰，表达内容更全面细致，但是，在尺规制图的过程中，因为每一步都需要量取精确的数值，所以修改设计是十分困难而且痛苦的。尽管设计最终大部分都要求用尺规方式出图，但在设计过程中切不可操之过急，务必在使用手绘草图基本敲定方案之后方可进行进一步的尺规作图。尽管如今计算机技术已经非常普及，而且设计公司呈现给甲方的扩初设计表现图纸和施工图大多都采用电脑绘图，但徒手绘图始终是设计之初必须经历的过程，是风景园林师必须掌握的基本功。

2.2.1　用品

1）纸张的选择

对比尺规绘图而言，徒手绘图选用的纸张更多样，要求并不严格，以能够随时随地记录设计构思为主要目的，笔记纸、草稿纸，甚至报纸均可以作为徒手绘图的纸张选择。而以利于进一步发展设计为目的，徒手绘图的纸张主要包括：透明的草图纸、硫酸纸，不透明的复印纸、制图纸、水彩纸或水粉纸。

而尺规制图则主要采用硫酸纸、制图纸、水彩纸或水粉纸。

（1）草图纸

草图纸半透明、可随意折叠、不易破损、价格低廉，是设计初期用于方案推导的绝佳选择。可以多层叠加，一遍一遍地推导、修改设计方案。

需要注意草图之上需要使用针管笔、水彩笔、马克笔等直接出水的笔进行绘画，走珠的中性笔、圆珠笔是无法进行绘画的。另外在草图上尽量少用铅笔橡皮，容易划破纸张，因为草图纸的透明特性，建议在最下层垫上不透明的复印纸或制图纸，在这一层稍作铅笔稿之后，直接于草图纸上进行墨线的绘画。

（2）硫酸纸

硫酸纸可以看做是草图纸的正规版，比草图纸更厚实、更透明，但不能折叠，容易因汗液、水渍的污染而变形。因而是正式表现图纸所选用的纸张。可用于方案成形后的徒手或尺规的绘图表达。也可以将电脑制图直接印于硫酸纸上，之后还能在其上再稍加手工上色处理（用彩铅或马克笔）。注意硫酸纸与草图纸同样无法使用走珠的中性笔或圆珠笔，需要用针管笔、马克笔或彩色铅笔进行绘图。绘图时尽量减少手掌与硫酸纸的接触，绘图时可在手掌下垫上一小块干净的纸，以保持图面的整洁。另外因为硫酸纸上的笔触会因进一步的上色而"化开"，所以建议在硫酸纸的正面绘制好线稿，晾干之后，在其背面进行下一步的上色处理。

（3）复印纸

复印纸纸张较薄，纸张细腻白皙，价格低廉，能够适用于大多数绘图工具，包括各种绘图笔（铅笔、彩色铅笔、钢笔、中性笔、圆珠笔、针管笔、水彩笔、马克笔、油画棒等），而且其图幅规范，不需要另外进行裁纸，是徒手绘图的最常用纸张，小图幅的尺规制图也可选用，最常用的图幅为 A4、A3。近些年一些高校的考研用纸也均为复印纸。

需要留意的是复印纸纸张较薄，无法承受多次修改，因而徒手绘图时要养成良好的习惯，不要反复涂改。大图幅的尺规制图（A2、A1、A0）还是最好选择制图纸或水彩纸。另外复写纸不适用于沾水的毛笔绘图，如需要用水粉、水彩或国画颜料，则需另选用适合纸张。

（4）制图纸

制图纸质地紧密而强韧，半透，无光泽，尘埃度小。具有优良的耐擦性、耐磨性、耐折性，适于铅笔、墨汁笔等书写，是专为标准的建筑工程制图而存在的纸张类型。适用于标准尺规制图。

购买的制图纸通常并不是标准的 A0、A1 或 A2大小，需要在绘图前首先进行裁纸的工作。借助图版丁字尺，从纸的一条平整的长边量起，按规格量取出相互垂直的另三条边，用铅笔记录位置，之后，用裁纸刀靠丁字尺的无刻度一侧裁掉多余部分。制图纸不可折叠，大型纸张宜图面朝向外侧卷起，以便之后读图或进一步修改。虽然制图纸较厚耐擦改，但为保证图面整洁，仍尽量减少涂改次数，铅笔稿尽量绘制得轻而简洁，墨线应整洁干脆，无涂抹痕迹。

（5）水彩纸 / 水粉纸

此类纸张专门用于水彩或水粉颜料的表现，纸张厚实，耐磨，吸水性好。

为保证绘图后纸张仍然平整，需在绘制之前进行裱纸。具体做法是用板刷蘸清水均匀涂抹在画纸正反两面，待画纸湿透，将其四边用水胶带或乳白胶粘在画板上，吸去纸上淤积的多余水分，待画纸完全干透，便可进行绘画了。也因此所选用的水彩纸需要大于所要求的图幅，并在绘制之后再进行裁纸。通常水彩纸上的绘画步骤为先铅笔稿，再上色，之后按需要加墨线绘出细节。通常画纸正面粗糙，背面细腻，如果需要用墨线绘出细节，建议用纹理较细的纸背面。

2）笔

（1）针管笔

针管笔是建筑及园林行业绘图最主要的工具，专为绘制墨线线条而设计。金属笔管内部有引出墨水的芯，以管的内壁直径为型号，从 0.1~1.2mm等不同的粗细。至少要准备粗、中、细三种不同管径的针管笔（图 2-8、图 2-10）。

过去的设计工作者习惯使用灌墨水的针管笔，比较环保。如今大家更习惯使用一次性针管笔，出水更流畅，而且省去了保养、拆卸、清洗针管笔的麻烦。

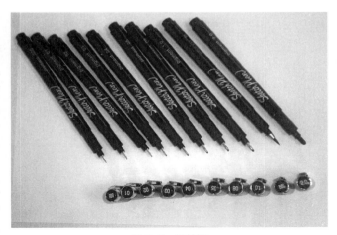

图 2-8 针管笔

图 2-9 圆珠笔

自动铅笔是绘制成图时很好的新一代工具，笔尖能保持纤细，线条粗细一致，又免去了削铅笔的麻烦。但绘制草图时，还是应该选用原始的木杆铅笔，选铅芯较软的 4B 或 2B，概括地绘出基本构想（图 2-11、图 2-12）。

（2）中性笔/圆珠笔

这类笔并不是专业的绘图用笔，但在设计初期及徒手绘画方面，有着出水流畅，随意性大，价格低廉的优势。适于在复印纸、普通笔记纸，以及制图纸上进行徒手绘画时使用（图 2-9）。

（3）铅笔

主要用于设计最初的草图构思和绘制成图的草稿。其中绘制草图用 4B、2B、HB，正图用 3H、2H、H。

图 2-11 铅笔

图 2-10 针管笔手绘

图 2-12　铅笔手绘

图 2-15　马克手绘 2

（4）马克笔

马克笔近些年受到了广大风景园林师的偏爱。因为其笔触大胆率性，颜色明快，非常适合快速表现，笔与笔之间的叠加更会呈现出水彩般的透明效果。选好色彩型号是画好马克笔的基础（图 2-13~ 图 2-15）。

（5）彩色铅笔

彩色铅笔是快速表现的另一种常用绘图工具，优点在于可以画出色彩绚丽的彩图，清楚勾画出硬朗的外轮廓，然后通过类似素描的排线勾画手法，表现不同的环境事物色彩。也可以在马克笔绘制的基础上作为辅助上色使用（图 2-16、图 2-17）。

图 2-13　马克笔

图 2-16　彩铅

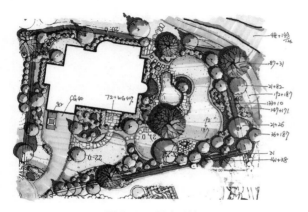

图 2-14　马克手绘

图 2-17　彩铅手绘

（6）毛笔、扁刷及颜料

水彩、水粉画法所必备的工具，较马克笔和彩铅而言绘制所花费的时间更长，更体现艺术基本功。需根据所进行的绘画种类的不同，选用适合于水彩或水粉的合适画笔。水彩和水粉都是以水为媒介进行调和，区别是水彩透明，水粉不透明。水彩画面通透明亮，要求绘制过程中一气呵成。水粉则因为颜料粉质厚重，适合初学者进行反复修改，色彩饱和度高，十分适合表现厚重有力量感的场景（图2-18）。

图 2-18　毛笔手绘

（7）高光笔

与修正液近似，能够在画好的彩色色块上勾勒出白色的光感（图2-19）。

（8）油画棒和色粉笔

属于另类的着色工具，可以呈现色彩斑斓、朦胧梦境的效果。

3）画板及固定图纸工具

画板是制图的基本工具，主要有零号、一号、二号三种规格。由框架和图板组成，其短边成为工作边，板面成为工作面。为了尺规制图的需要，选择画板时一定要挑选工作边平直的绘图板。在使用保存过程中避免乱刻乱画、加压重物或阳光暴晒。对于要求不严格的徒手绘画而言，可以选择 A3 或 A4 大小坚硬的板子即可。

图纸可用胶粘、钉子、夹子等方式固定于画板上。对于一般的图纸绘制，建议使用纸胶带，能将各类图纸稳固地粘在画板上，又容易撕断，画好后也容易揭下。对于需要裱纸的水彩或水粉类画法，则宜使用乳白胶或水胶带进行固定。不推荐使用图钉，会损伤画板表面，影响正常的制图工作。

4）常用尺类

（1）比例尺

比例尺是非常便捷的设计工具，即使徒手绘图也应该常备手边。用来按照指定比例，直接将实际尺寸换算成图上尺寸。比例尺上标出的长度即为按此比例绘出后的实际长度。通常为三棱形尺，有 6 种比例。不同的比例尺，其 6 种比例会有不同的选择。常用的 6 种比例为 1 ∶ 100、1 ∶ 200、1 ∶ 300、1 ∶ 400、1 ∶ 500、1 ∶ 600（图2-20）。

图 2-19　高光笔

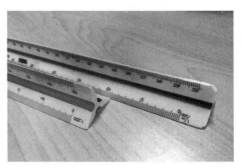

图 2-20　比例尺

（2）丁字尺

丁字尺又称 T 字尺，由互相垂直的尺头和尺身组成，尺身上有刻度的一边成为丁字尺的工作边。分为 1200、900、600mm 三种规格，要根据图幅及画板规格选择合适长度的丁字尺。主要用尺头卡住画板的工作边，绘制出水平线，及配合三角板画出不同角度的平行线，也用于绘制较长的斜线。

（3）三角板

三角板分 45°和 60°两种，配合丁字尺使用，或在小图幅上，作为长尺（图 2-21）。

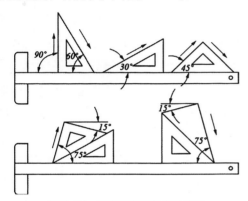

图 2-21　丁字尺和三角板的应用

（4）圆规

是用来作圆或圆弧的工具，常用的有圆规、分规、点划规等。主件圆规用于画圆或圆弧，分规用来量取距离，点划规专门用以绘制小圆。当作同心圆时要注意保护圆心，应先作小圆，再画大圆，以免圆心扩大后影响精度（图 2-22）。

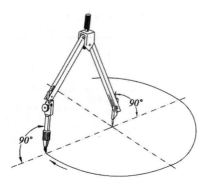

图 2-22　圆规的应用

（5）曲线板

尺规制图过程中所有的曲线都不可直接徒手绘制，需要依靠曲线板或蛇形尺进行绘制。曲线板上有多种不同弧度的曲线，绘图时应依据草稿上所绘制的弧线大概形状选取合适的曲线段（图 2-23）。

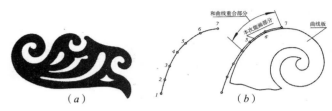

图 2-23　曲线板的应用

（6）蛇形尺

蛇形尺是塑料或橡胶制品，中间有金属丝，可随意弯曲，以绘制较长的曲线。

（7）模板

模板在尺规制图过程中可用以辅助作图，提高工作效率。有圆形、椭圆形模板，也有拉丁字母及数字模板，还有专业模板，如工程结构模板、家具制图模板等。做墨线图时要避免墨水渗到模板下弄脏图纸。

徒手绘图过程中不建议使用圆规、曲线板、蛇形尺及各种模板，应练习在没有辅助工具的前提下绘制出流畅的圆形及曲线。

5）其他

（1）刀具

用裁纸刀进行裁纸，用小刀或单面刀片削木杆铅笔，还可用双面刀片或手术刀片配合擦图片刮除少量的错误墨线。

（2）擦图片

擦图片为不锈钢材质，类似于小号的模板，上面有多种形状的孔洞，擦除墨线条时，用擦图片上合适的孔洞对准需擦除的部分，遮盖住不需要改动的区域，用刀片轻轻刮除，之后可再用橡皮擦掉毛躁的痕迹。注意此修改方法只适用于绘图工作基本结束后，遗留的极少量错误修改，一般一幅图面上不应超过两处，擦除部分因破坏了纸的表面，继续在此区域作图墨线会晕开，影响整体效果。

（3）橡皮

橡皮推荐使用市面上常见的柔软的 4B 橡皮，需要能将铅笔线条擦除干净，又不会弄糙弄脏纸面，留下痕迹。使用橡皮前，务必先把橡皮弄干净，避免擦脏纸面。需要做比较细致精确的擦除时，可用小刀削尖橡皮一角，也可配合擦图片使用。

2.2.2　手绘图

1）目的与意义

在设计的初步阶段，形体、材质和彩色等要素需要保持一种"大约"的状态。这种"似是而非"给风景园林师留下了限定下的想象空间，也给后续的设计提供了微妙的灰色地带。设计的过程是一步步推进的，绝无可能一锤定音、一步到位，所以，用手绘的方式，是最为契合这种剥丝抽茧、循序渐进的工作方式。手绘，仅仅是纸和笔，完全排除了其他素材的干扰，是设计前期思考方案的最优方式。

手绘表现图是具有唯一性的，不能像电脑表现经常来回调用素材。优秀的手绘表现作品往往包含着更多的原创精神，源源不断的想象力和创造力，也有着更强烈的感染力。在追求"令人感动的视觉"方面，手绘图蕴含着浓郁的人情味，还原风景园林师心目中最初的形象画面，忠实地记录设计的过程，往往能令观者读到更多，而被更深刻地触动。特别是在分析和记录设计的阶段，手绘图可以不受任何束缚，体现出完全自由、简洁的描述客观物体的特点，这也是电脑表现无法取代的。

而且手绘图相对于尺规制图而言更放松、随意，可以一定的图面文字、尺度来注释说明风景园林师的创作意图、设计特点。各种线框，色块，文字等都可

以出现在图面中，这些符号帮助设计者整理思路，同时易于阅读者理解，也是构成画面的一部分。

2）要点

持之以恒不断练习，这是提高手绘技巧的唯一途径。最初开始手绘练习时，要注意握笔姿势，在握稳笔的同时，握笔位置尽可能距离笔尖远些，手掌要能够离开纸面，不可以将手掌作为划线的支点。画线时靠肩膀和手肘的运动，以上臂带动小臂和手部。绘出的线条要两端肯定，中间部分放松（"放松"指不用力使笔与纸接触），不宜出现钉头线、鼠尾线。

绘画速度不宜过快，应平稳缓慢地按需要绘出线条。

绘制直线时，可以有小范围的左右波动，但整条线的大方向必须保持平直，如果绘制过长的线段，有偏离的倾向，无法一笔完成时，可以在中途停顿，之后间隔 1~2mm 再继续画线。

曲线绘制时，较直线更需要缓慢、沉稳地绘出想要的图案，绘出的作品不可让人产生草率随意之感。

3）线条练习

在注意握笔姿势的前提下，进行不同方向的长直线的练习。注意要使绘出的线条不交叉，不重叠，排列均匀整齐（图 2-24）。

4）材质表现

临摹现有的不同材质的表现方法，注意总结如何用墨线条绘出现实生活中所见的纹理图案。尤其注意把握水纹、砖石纹理、木材、金属等的画法。

5）字体练习

文字是设计图纸中必不可少的内容，主要包括汉字、阿拉伯数字和汉字拼音字母，也包括一些罗马数字和希腊字母。设计字体主要有工程字和美术字两大类，在正式的施工图等工程图纸中必须使用工程字，在概念设计的图纸中的标题等非说明性的部分可以使用美术字，来增加图纸的表现力和强化设计风格特征。

图 2-24 钢笔画基础练习之———线条的组合

园林设计图常用长仿宋字

风景园林设计城市环境规划掇山理水建筑
植物树木观赏花卉绿地草丛峰峦丘壑崖岭
湖池河溪涧泉沟渠自然写意布局道路交通
空间序列街巷房屋楼阁别墅庭院轩亭舫榭
廊桥方案选址结构工程基础梁柱墙身顶篷
门窗台阶栅栏隔断挑檐家具匾联装饰雕塑
汀步小品声光电气照明给暖管线色彩质感
标准材料砖瓦灰沙岩石金属玻璃功能要素
概况总体介绍模型透视平立剖图封闭开敞
过渡引伸呼应形式法则比例尺度对称均衡
节奏韵律层次和谐骨架分析重复渐变特异
虚实疏密高低曲直粗细面积东南西北纵横

图 2-25 常用长仿宋字

《技术制图比例》GB/T 14690—1993 要求："图样和技术文件中书写的汉字、数字、字母都必须做到：字体端正，笔划清楚，排列整齐，间隔均匀。"这是写工程字的基本要求。国标对工程字的字体做了统一要求和实例：工程体汉字以长仿宋体为依据。长仿宋体的笔划纤细，形体修长，便于用硬笔徒手书写，又能与数字和字母配合。工程体的数字和字母有别于一般的印刷体和书写体，其特点是笔划粗细一致，易于书写（图 2-25、图 2-26）。

图样及说明中的汉字，宜采用长仿宋体，宽度与高度的关系应符合表 2-4 的规定。

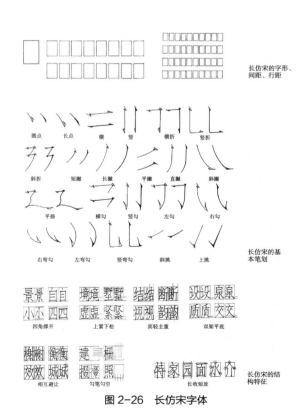

图 2-26 长仿宋字体

长仿宋体字高宽关系（mm） 表 2-4

字高	20	14	10	7	5	3.5
字宽	14	10	7	5	3.5	2.5

6）树的造型

树是风景园林设计中最频繁出现的设计要素，而且形态多样，是设计者最需要掌握的绘画基本功。首先临摹几棵自己觉得姿态优雅的单体树木母本，在此基础上进行照片改绘，观察照片中的树木，总结概括并用墨线图表现出树的形态、轮廓和明暗关系变化。照片改绘进行一段时间，能够熟练进行绘画之后，可进行户外写生，摹写大自然中的真实树木（图 2-27~ 图 2-30）。

7）平面图、剖面图、透视图表现

（1）平面图、剖面图

在学习树木立面及平面画法的基础上，可进行综合的平面图、立面图练习，首先参照表现优美的平面和剖面进行临摹练习。之后练习参照园林透视图、景物照片，将其还原为平面图和剖面图。同时可对周边小型园林场地进行简单的测绘，依据数据绘制出平面图和剖面图（图 2-31~ 图 2-34）。

图 2-27　手绘树

图 2-28　真实树木

图 2-29　手绘树木平面图 1

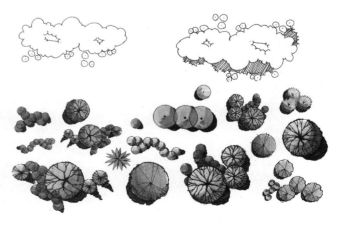

图 2-30　手绘树木平面图 2

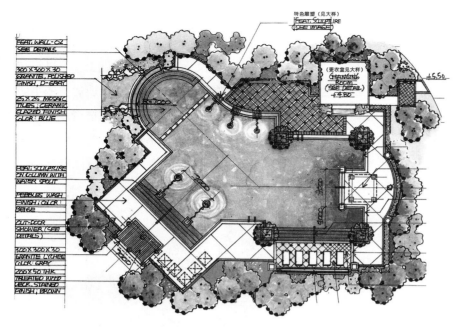

图2-31 平面图

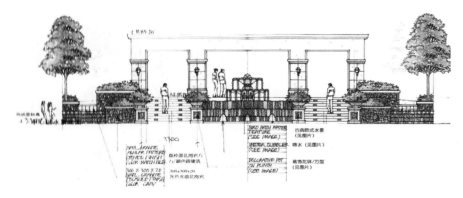

图2-32 剖面图

图2-33 透视图1

图2-34 透视图2

（2）透视图

在掌握了材质和树木绘制方法的基础上，可开始进行整篇幅透视图的绘画。透视图练习过程中可不断对学过的画法几何与阴影透视的课程内容进行复习，熟记绘画原理。收集自己认为优秀的手绘稿进行反复的临摹练习，之后可对构图美观的景观照片进行改绘练习，同时兼顾户外写生练习。练习时采用走珠的黑色中性笔或出水流畅的针管笔均可。图幅不必过大，A4 或 A4 半幅大小即可。注意透视关系的真实表现方法。

2.2.3　尺规图

尺规作图是指整个绘图过程中每一条线都是在尺、圆规以及曲线板等绘图工具的辅助下完成的。线条应粗细均匀、平滑整洁、边缘圆整、交接清楚。

尺规制图对于其中的标注与符号都有明确的规定，以下要求同样适用于精确的手绘制图。

1）符号

（1）索引符号

图中的某一局部或构件，如需另见详图，应以索引符号索引。索引符号是由直径为 10mm 的圆和水平直径组成，圆及水平直径均应以细实线绘制（图 2-35）。

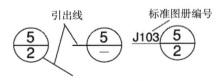

图 2-35　索引符号

注释：上面的数字为详图编号，下为详图所在图纸编号，细短线表示详图在本页，J103 为标准图册编号

索引符号如用于索引剖视详图，应在被剖切的部位绘制剖切位置线，并以引出线引出索引符号，引出线所在的一侧应为投射方向（图 2-36）。

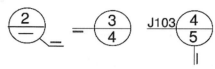

图 2-36　用于索引剖面详图的索引符号

注释：被剖切部位画剖切位置置粗实线，引出线引出索引符号，引出细线一侧为投射方向。

（2）详图符号

详图的位置和编号，应以详图符号表示。详图符号的圆应以直径为 14mm 粗实线绘制（图 2-37）。

图 2-37　详图符号

注释：左边符号表示被索引图纸在本页；右边符号上数字为详图编号，下数字为详图被索引的图纸编号

（3）引出线

引出线应以细实线绘制，宜采用水平方向的直线、与水平方向成 30°、45°、60°、90° 的直线，或经上述角度再折为水平线（图 2-38）。

图 2-38　引出线

多层构造引出线，应通过被引出的各层。文字说明宜注写在水平线的上方，或注写在水平线的端部，说明的顺序应由上至下，并应与被说明的层次相互一致；如层次为横向排序，则由上至下的说明顺序应与左至右的层次相互一致（图 2-39）。

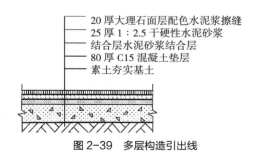

图 2-39　多层构造引出线

（4）对称符号

对称符号由对称线和两端的两对平行线组成。对称线用细点画线绘制，平行线用细实线绘制（图 2-40）。

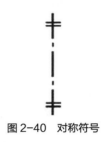

图 2-40　对称符号

（5）连接符号

连接符号应以折断线表示需连接的部位。两部位相距过远时，折断线两端靠图样一侧应标注大写拉丁字母表示连接编号。两个被连接的图样必须用相同的字母编号（图 2-41）。

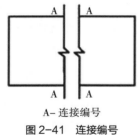

A- 连接编号

图 2-41　连接编号

（6）指北针

指北针的形状如图所示，其圆的直径宜为 24mm，用细实线绘制；指针尾部的宽度宜为 3mm，指针头部应注"北"或"N"字。

北

图 2-42　指北针

（7）轴线符号

园林中的轴线主要是小品构筑物以及周边主要建筑的轴线。

定位轴线应用细点画线绘制，端部的圆用细实线绘制，直径为 8 ~ 10mm。平面图上定位轴线的编号，宜标注在图样的下方与左侧。横向编号应用阿拉伯数字，从左至右顺序编写；竖向编号应用大写拉丁字母，从下至上顺序编写。拉丁字母的 I、O、Z 不得用做轴线编号。如字母数量不够使用，可增用双字母或单字母加数字注脚，如 AA、BA…YA 或 A1、B1…Y1。

组合较复杂的平面图中定位轴线也可采用分区编号，编号的注写形式应为"分区号——该分区编号"（图 2-43）。

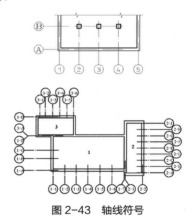

图 2-43　轴线符号

2）标注方法

（1）尺寸标注

尺寸界线应用细实线绘制，一般与被注长度垂直，图样轮廓线可用作尺寸界线。尺寸线用细实线绘制，应与被注长度平行，图样本身的任何图线均不得用作尺寸线。尺寸起止符号一般用中粗斜短线绘制，其倾斜方向应与尺寸界线成顺时针 45° 角，长度宜为 2 ~ 3mm。尺寸数字一般应依据其方向注写在靠近尺寸线的上方中部。如没有足够的注写位置，最外边的尺寸数字可注写在尺寸界线的外侧，中间相邻的尺寸数字可错开注写（图 2-44）。

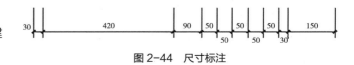

图 2-44　尺寸标注

图样轮廓线以外的尺寸界线，距图样最外轮廓之间的距离，不宜小于 10mm。平行排列的尺寸线的间距，宜为 7 ~ 10mm，并应保持一致。总尺寸的尺寸界线应靠近所指部位，中间的分尺寸的尺寸界线可稍短，但其长度应相等。

（2）标高

标高符号应以直角等腰三角形表示（图 2-45），用细实线绘制，如标注位置不够，也可按图（b）所示形式绘制。标高符号的尖端应指至被注高度的位置，尖端一般应向下，也可向上。

标高数字应以米为单位，注写到小数点以后第三位。在总平面图中，可注写到小数点以后第二位，零点标高应注写成 ±0.000，正数标高不注"＋"，负数标高应注"－"，例如 3.000、−0.600。标高数字应注写在标高符号的左侧或右侧。在图样的同一位置需表示几个不同标高时，标高数字可按图（d）的形式注写。

总平面图室外地坪标高符号，宜用涂黑的三角形表示。

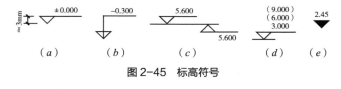

图 2-45　标高符号

（3）尺规墨线练习

尺规墨线图与手绘一样，也需要从线条至细致图纸的持久练习。虽然目前电脑制图方式越来越普及，但尺规作为设计的基本功，仍需要广大设计者掌握（图 2-46、图 2-47）。

2.3　模型制作

2.3.1　概述

园林模型制作是把园林平面设计转化为立体空间的艺术创作过程，是风景园林设计表现手段之一。它通过将园林组成要素通过实体空间表现出来，让人们可以一目了然地了解设计方案的优缺点。相当于完成

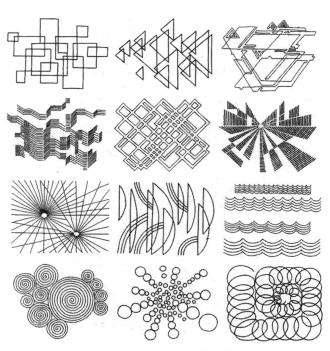

图 2-46　钢笔徒手线条练习范围

图 2-47　用尺规表现的钢笔画

风景园林设计的立体草图，以实际的制作代替用笔绘画。园林模型制作过程中，从设计意图到实物模型的转换过程中，涉及园林形态、比例、色彩、材料、空间、结构等造型因素的变化，其自身是设计构思的直观体现。园林模型设计，不只是表现园林组成要素的单体和群体本身的外部造型，同时也充分表现了园林中各种组成要素之间的空间关系。通过由设计图纸到模型实物这一过程，可以培养看图识图能力和思维能力，实现从平面图形走向立体设计的目的。

在模型制作中，造型除了考虑具体的功能，合理安排各种园林组成要素的位置，确定其形体比例及尺寸，协调各要素之间的关系。由于各个园林组成要素都是以单体出现在园林模型中，所以在具体设计制作过程中，可以灵活地改变设计思路，通过挪动某个或多个组成要素的位置，使模型在和谐中有变化，在变化中有统一，达到调整形态布局和色彩布局的目的。

2.3.2 常用工具和材料

1）板材

（1）卡纸（纸板）：0.5~1.5mm，一般是制作模型的主要材料，可以用作地形构架，园林建筑墙体等构件的制作，自带颜色，也可着色（图2-48）。

图2-48 卡纸、纸板（续）

（2）有机玻璃板：表面光洁，多种颜色，用于制作各种园林建构筑物的构件或主体（图2-49）。

图2-49 有机玻璃板

（3）苯板：聚苯乙烯泡沫塑料板，经过切割可制作为模型底盘，地形假山，建筑主体或园林小品（图2-50）。

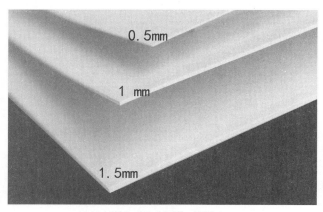

图2-48 卡纸、纸板

图2-50 苯板

（4）密度板：一般可以用于制作模型的底座和建筑（图 2-51）。

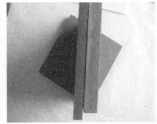

图 2-51　密度板

（5）ABS 板：与有机玻璃相似，柔韧性更好，可用来制作精细构件（图 2-52）。

图 2-52　ABS 板

（6）饰面板：模仿制作不同材质（图 2-53）。

图 2-53　饰面板

2）纸材

（1）草粉纸、直绒纸：模仿草坪、草地（图 2-54）。

（2）瓦楞纸：制作瓦式的屋顶（图 2-55）。

图 2-54　草粉纸

图 2-55　瓦楞纸

3）胶粘剂（图 2-56）

（1）白胶：可粘木材，纸类，挥发慢。

（2）模型专用胶：UHU 胶，建筑模型专用胶结材料，快干、有韧性。

（3）建筑胶：灰色，粘结苯板，挥发较慢，有粘结厚度，粘结力强。

（4）三氯甲烷：粘结有机玻璃。

图 2-56　胶粘剂

（5）502胶：粘结各种材料，较脆。

4）切割工具（图2-57）

（1）美工刀：切割、加工各种材料。

（2）尖头手术刀：细部刻画。

（3）勾刀：划切有机玻璃，或在有机玻璃上划痕。

（4）曲线锯：切割平面曲线造型。

（5）刀锯、木工锯：切割木材、密度板。

（6）雕刻刀：精细加工，雕刻造型。

（7）刨子：修理木材表面、边角。

（8）电钻：钻孔。

（9）打磨机：打磨表面。

（10）锉刀：休整边角。

（11）剪刀、镊子等。

5）其他材料

（1）草粉：自制草坪、绿地、山体等。

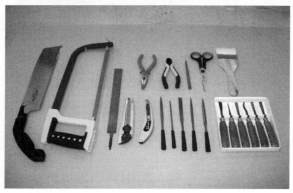

图2-57 切割工具

（2）海绵：大孔、中孔、小孔多种，制作树木。

（3）细铁丝：做树干。

（4）ABS棒：拼结成细小的构件。

（5）透明水彩：色彩鲜艳，由于对树木、草坪的着色。

（6）丙烯颜料：由于大面积喷绘。

（7）手喷漆：多种色彩，墙体等着色。

（8）丁字尺、比例尺、铁尺、三角板等。

（9）各色不干胶纸。

（10）砂纸：打磨或制作柏油马路。

2.3.3　基础工艺

1）材料切割

切割不同硬度、厚度的材料要使用不同的刀具。

（1）卡纸可以用美工刀直接切割：采用划线—靠尺（钢尺）—切割（有时需要倾斜角度）的方式进行（图2-58）。

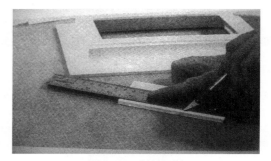

图2-58 材料切割

（2）切割有机玻璃板，需要使用钩刀，划出刻痕，板背面置于楞上，用力压断，再对边缘进行处理，较厚有机玻璃则需要使用雕刻机进行加工（图2-59）。

（3）切割木材：薄型木材可采用与切割卡纸相同的手段，其他规格的木材使用木工工具设备。

2）钻孔

使用电钻和不同直径的钻头，目的是插立杆，有时也作为模型开口的前期工序。

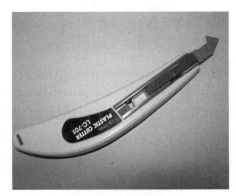

图 2-59　裁纸刀

3）粘结

是模型制作的主要工序，关系到模型制作的精度和模型表现的准确性。

（1）边角的粘结：表现于各种界面的转角处。由于接触面积较小，所以需要固定。

（2）大面积的粘结：用于等高线、基材和面材之间，苯板塑形的前期工序。材料双面胶、白胶、建筑胶等。

（3）杆件的粘结：由于杆件接触点面积小，尽量使用快干形胶类，如 502 胶、模型胶等。

4）弯曲

（1）卡纸的弯曲：用圆柱物体滚卷纸板，金属片也是如此。

（2）有机玻璃的弯曲需要加热才能实现。

5）球体

球体的制作视要求而定，要求精度高可以采取铸造的办法，用石膏翻制出符合要求的球体；一般精度要求可以用苯板切削，再做表面处理；或用平面结构的形式，用若干个平面组成球体。还可以用其他成型的物品。

2.3.4　制作方法

1）构思设计方案

园林模型的制作需要风景园林设计方案的草图。依据风景园林设计的方案的平面图、立面图等图纸，

进一步确定模型地形、建筑、道路、水体、植物及小品的布局形式来进行设计模型的制作。

（1）模型比例的确定

对于单体建筑及少量的群体景物组合，应选择较大的比例，如 1：50、1：100、1：300 等；

而大面积的绿地和区域性规划则应选择较小的比例，如 1：1000、1：2000、1：3000 等。

同时，模型尺度的确定要遵循"比较而大、比较而小"的原则。模型中的大和小是通过比较而得来的，大并非是体量上的绝对大，而要通过最常用的参照物的比较才能得出答案。

（2）模型风格的协调

真实的园林景物在缩小后会产生一定的视觉问题。在组合时往往会有不协调之处，应适当进行调整。要求材料在色彩、质感、肌理等方面能够表现园林景物的真实感和整体感。具备加工方便、便于艺术处理的品质。注意视觉艺术、色彩构成的原理、色彩的功能、色彩的对比与调和以及色彩设计的应用；更要处理好色相、明度和色度的属性关系。

2）制作模型的底盘

方案构思完成后，就可以开始模型底盘的制作。根据设计图的尺寸和比例，确定合适的底盘大小，截取相应的泡沫底板或者其他板材。

园林景观模型一般景物的外边界线与底盘边缘不会小于 10cm。单体模型应视其高度和体量来确定主体与底盘边缘之间的距离。底盘的材质应根据制作模型的大小和最终用途而定。模型底盘边框可以采用多种形式材料进行制作，如用珠光灰有机玻璃板制作边框，会形成色彩典雅、俊秀的效果；还可以用木边外包处理，或者 ABS 板制作边框。

切割完毕后，在模型底板上用铅笔来标出地形，如建筑、山、水体、道路、植物等的位置关系，之后在其表面进行各类园林要素的制作。

3）制作地形，水体，建筑，植被等园林要素

（1）地形的做法

园林模型的地形表现形式主要有两种，包括具象表现形式和抽象表现形式。在其材料选择方面，要根据地形的比例和高差合理地选择制作材料。地形制作方法主要包括堆积法和拼削法。

堆积法：先根据模型制作比例和图纸标注的等高线高差，选择厚度适中的聚苯乙烯板或者纤维板等板材，然后将山地等高线分层描绘于板材之上，之后依照等高线进行切割，并按照设计图纸进行拼粘，若采用抽象手法表现山地，待胶液干燥后，稍加修整即可成型；如采用具象的手法来表现山地，待胶干燥后，再用纸粘土进行堆积，形成具象写实的地形效果。

拼削法：取最高点向东南西北四个方向等高或等距定位，削去相应的坡度即可。若坡地面积较大，则可由几块泡沫拼接制成。

（2）水体的做法

水面的表现方式应随模型的比例及风格的变化而变化。

如果模型的比例尺相对比较小，我们可忽略将水面与路面的高差，并用蓝色即时贴按其形状进行直接剪裁。剪裁之后，再按其所在部位粘贴即可。

如果制作模型比例尺相对比较大，则要考虑如何将水面与路面的高差表现出来。通常采用的方法是，先将模型中水面的形状和位置挖出，然后将透明有机玻璃板或带有纹理的透明塑料板按设计高差贴于漏空处，并在透明板下面用蓝色自喷漆喷上色彩。

（3）道路广场的做法

园林道路和广场所采用的材料可以采用吹塑纸、砂纸，或者墙壁纸等。车行道色彩比较重，以衬托道路上的车辆。人行道多划分成规则的网格。园林小径以不规则纸片粘贴，以示不规则石板路面。路灯可用大头针将头弯曲，再将针尖插在一片切好的吹塑纸之

间，然后粘在路边。

（4）绿地植物的做法

① 绿地

园林景观模型中的绿地一般会占据较大的底盘面积，其颜色选择以深绿、土绿或橄榄绿为宜。其制作过程可以按图纸的形状将若干绿地裁剪好，如选用植绒纸做绿地，要注意材料的方向性，因为在阳光的照射下，植绒纸不同方向会呈现出深浅不同的效果；选用仿真草皮或纸类作绿地，进行粘贴时，要注意粘合剂的选择；选用喷漆的方法来处理大面积绿地。

② 乔灌木

乔灌木树的做法有两种，抽象的树和具象的树。在任何比例的模型中，树高度为 5~8m，相当于建筑的 2~3 层楼高，用这个比例做树，比较适合传达模型中的宜人性。

a. 用泡沫塑料制作

抽象树：把树木的形状概括为球状和锥状，将泡沫塑料按树冠的直径剪成若干个小方块，修棱角，再着色，加上树干。

具象树：将多股电线的外皮剥掉，将裸铜线拧紧，按树木高矮截成若干节，将上部枝杈部位劈开，树干制作完成；然后将树干统一着色。树干部分的制作可选用细孔泡沫塑料，着色染料选广告色或水粉色；着色后烘干，粉碎成颗粒。将树干涂上胶液，放入泡沫塑料粉末中搅拌，然后放置一边干燥。

b. 用干花制作树的方法

在用具象的形式表现树木时，使用干花作为基本材料制作树木也是一种非常简便且效果较佳的方法。

c. 用纸制作树的方法

利用纸制作树木，是一种比较流行且较为抽象的表现方法。适合表现南方热带气候植物时用诸如棕榈、椰树、芭蕉、香蕉树等。

d. 用袋装海藻制作树的方法

在大比例模型中，袋装海藻可做成非常漂亮的观赏树。这些海藻有淡绿色、深绿色、棕红色、绛红色，不用喷漆，把它们撕成大小、形状合适的比例树形，下面插上顶端带乳胶的牙签就可以了。

③树篱

树篱的制作首先要做一个骨架，然后将渲染过的细孔泡沫塑料粉碎，颗粒的大小随模型尺度而变化。在事先制好的骨架上涂满胶液，用粉末进行堆积。若一次达不到效果，可待胶液干燥后重复进行。

④树池和花坛

树池和花坛虽然面积不大，但如果处理得当，将起到画龙点睛的作用。制作的基本材料可选用绿地粉、大孔泡沫塑料、木粉末和塑料屑等。

在选用绿地粉制作时，先将树池或花坛底部用白乳液或胶水涂抹，然后撒上绿地粉。撒完后用手轻轻按压，然后再将多余部分处理掉，便可以完成了树池和花坛的制作。

在选用大孔泡沫塑料制作时，先将染好的泡沫塑料块撕碎，然后沾胶进行堆积，即可形成树池或花坛。

选用塑料屑、木粉末制作时，根据花的颜色用颜料染色，然后粘在花坛内，再将花坛用乳胶粘在模型中的相应位置上。

（5）园林建筑的做法

在模型制作过程中，应当依据园林建筑不同的类型和尺寸，合理确定园林建筑的建造材料。

①有机玻璃房屋的做法

a. 根据立面图纸选好全部有机玻璃片，在图纸和有机玻璃片之间垫上复写纸，用圆珠笔把立面图上的门、窗等位置描在有机玻璃片上。

b. 用手摇钻或微型电钻等工具在有机玻璃片上将需要挖掉的门窗等位置钻出小孔。

c. 将手工锯条穿入孔内，上好锯条按线将多余部分锯掉。

d. 所有门窗等孔洞锯好后，用组锉修整，并在窗口后面粘上茶色透明有机玻璃，窗户即成。

e. 将所有立面制作好后，按照图纸粘合起来，房屋即告完工。

②卡纸房屋做法

a. 将卡纸裱糊在图板上，视需要选择卡纸的厚度。卡纸干后不要取下来。

b. 将建筑物的展开立面，和所有要表示的内容绘在裱好的卡纸上，并预留粘接余量。

c. 用手术刀、刻刀等刀具刻出门窗等。

d. 用马克笔、毛笔、水粉笔、喷笔等或涂或喷上设计时所需颜色。

e. 裁下所有用料，用胶水、乳白胶等拼接成形。

③吹塑纸房屋做法

a. 将吹塑纸和图纸、卡纸等裱糊在一起（增加厚度与硬度）。

b. 其他做法与卡纸房屋相同。需要注意的是，吹塑纸模型不留粘贴余量，但在裁料时要将互相对接的两边各裁成 45°角，以便粘成 90°角。房屋中间还要用苯板做芯加固。

（6）园林小品的做法

园林小品包括的范围很广，如雕塑、浮雕、假山、路标牌示、站台、雨篷、座椅、花地喷泉等等，在风景园林设计中，它们可以起到点缀环境，丰富构思，活跃气氛的作用。这类小品在模型中都经过微缩，不可能与实物完全一致，只要做到比例适当，形象逼真即可。园林小品所采用的材料是非常灵活的，并通常采用丰富明艳的色彩。其制作材料一般使用金银箔纸、有机玻璃、吹塑纸、吹塑板、泡沫块等。对于小品的制作，需要平时多收集材料，灵活使用，并要求制作简便，感觉精巧，恰到好处。制作雕塑类小品可用橡皮、纸黏土、石膏等；制作假山类小品是可用碎石块或碎有机玻璃块。下面列举了几种园林小品的常见制作方法：

①浮雕用薄铜片做浮雕很形象，但取料要薄。其做法是，按比例将铜片裁好，用刻蜡纸的铁笔在铜片的背面画成图案，翻过来用建筑胶粘在要求的位置，即成浮雕。

②假山把泡沫塑料切成各种石块形状，染色后，按照一定形体堆积成假山。若是湖石假山还需用电烙铁烫出弯洞。

③建筑小品用各种颜色橡皮泥可塑成很多建筑小品。

④塑像将粉笔用刻刀加工后，配上有机玻璃片底台就能做出塑像。

4）模型的整体固定

模型的整体固定是模型制作的最后整理阶段，用大头针、白乳胶、双面胶等粘结材料，按照模型底盘的空间分布来固定整个模型，并反复将模型翻倒几次，检查各个部位是否固定牢固，做最后的修整工作（图2-60）。

图2-60 模型

2.3.5 计算机辅助模型加工技术

近年来，随着计算机辅助加工技术的发展，出现了多种新型的模型加工技术，在景观模型制作过程中已经有所应用。

1）数字控制技术

数字控制技术也叫计算机数控技术（Computer Numerical Control，CNC），是采用计算机实现数字程序控制的技术。这种技术用计算机按事先存储的控制程序来执行对设备的控制功能。采用计算机替代先前用硬件逻辑电路组成的数控装置，使输入数据的存储、处理、运算、逻辑判断等各种控制机能的实现，均可通过计算机软件来完成。在模型设计与制作过程中，CNC技术主要承担了雕刻工作，在雕刻过程中需要计算机辅助设计技术（CAD技术），计算机辅助制造技术（CAM技术），数控技术（NC技术）精密制造于一体。其制作流程主要包括以下几个步骤：

（1）根据模型的外形，复杂程度，对模型进行分析，制定加工方案，根据图纸和具体加工要求，确定加工尺寸、加工深度、加工图形形状，形成设计草稿。

（2）从设计到加工的环节，使用准确的三维数字模型进行传递，只有风景园林师自己提供或认可的计算机三维造型模型，才能准确使设计草图真正得以实现。绘制、编辑加工数据图形及数据转换处理。雕刻机是由计算机控制实现的，需要将设计思路，按加工要求，绘制出准确的尺寸、形状、位置关系的数据图形，从而生成雕刻机的工作控制指令。

（3）数控加工：采用CNC技术加工是自动化的，只需要开始前，正确选择好刀具、装卸刀具，对加工材料进行合适的装卡，设定切削参数，可由雕刻机自动完成雕刻工作。

（4）表面处理与粘贴：为了使表面光滑平整，需要进行打磨处理，先用较粗砂纸打磨，而后用较细砂纸打磨。对有较高要求的可进行喷灰处理，用来检查打磨后表面光洁程度。最后用胶水进行粘贴、拼接。

利用CNC技术进行雕刻拼接制作模型是目前较为先进的模型设计与制作技术，它不仅需要设计人员、操作员，能利用合适的材料进行创意设计，更需要能熟练掌握专业的三维工业设计软件进行绘图并了解其工艺，正确绘制图形，合理规划工艺，制作出符合风景园林师设计理念的模型产品。

2）3D 打印技术

3D 打印，即快速成型技术的一种，它是一种以数字模型文件为基础，运用粉末状金属或塑料等可粘合材料，通过逐层打印的方式来构造物体的技术。3D 打印通常是采用数字技术材料打印机来实现的。常在模具制造、工业设计等领域用于制造模型。

3D 打印技术出现在 20 世纪 90 年代中期，其原理是利用光固化和纸层叠等技术的快速成型装置。它与普通打印工作原理基本相同，打印机内装有液体或粉末等"打印材料"，与电脑连接后，通过电脑控制把"打印材料"一层层叠加起来，最终把计算机上的蓝图变成实物。

与传统的模型制作方法相比，3D 打印技术在复杂形体制作，一体化成型等方面具有较大的优势，同时可以实现精确的实体复制效果，具有着很大的发展潜力（图 2-61）。

图 2-61　3D 打印机

作业 1：线条练习

线条是绘图的基础，其重点是平直、流畅、准确，请在 A4 纸上绘制流畅的线条排列组合练习，并产生一定的美感。

示范作业如图 2-62。

图 2-62　线条练习

作业 2：景观小品效果图绘制

请用线条表现一个景观小品的效果图，要求线条流畅，透视准确，构图巧妙。

示范作业如图 2-63。

图 2-63　铅笔手绘 1

作业3：园林建筑效果图绘制

景观设计中时常涉及园林建筑如亭台楼阁等，建筑效果图的绘制中其透视关系的正确则更加重要，请选取一个园林建筑小品用线条表现其效果图，要求线条娴熟，素描关系正确。示范作业如图2-64。

作业4：鸟瞰图的绘制

鸟瞰图能完整地表现场地中的各个设计元素及建筑，及它们之间的关系。请绘制或临摹一张鸟瞰图，绘制重点是比例正确，透视准确，近大远小，重点处细致刻画，周围环境简化处理。示范作业如图2-65。

综合作业1：建筑外环境手绘设计

（1）作业目的和要求

了解园林手绘图的制图规范，熟悉手绘图表达方式和工具的使用。

（2）作业材料工具

直尺、三角板、比例尺、针管笔、彩铅或马克笔。

（3）成果要求

绘制建筑前水池广场和周边绿化设计图纸，包括平面图和鸟瞰图，并分别采用彩铅和马克笔上色。学生以个人为单位，独立地完成一套手绘图纸的绘制。并且通过这次制图，掌握手绘制图的基本原理和方法。

作业成果示例（图2-66~图2-69）。

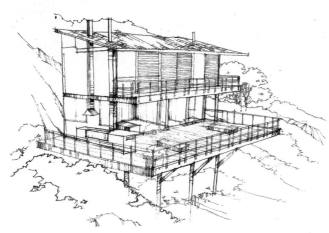

图2-64 铅笔手绘2

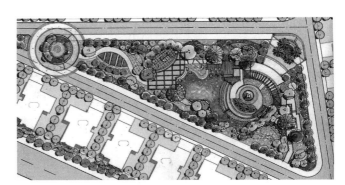

图2-66 平面图（马克笔）

图2-65 鸟瞰手绘

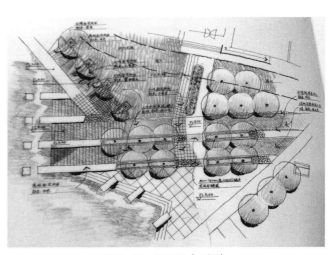

图2-67 平面图（彩铅）

图 2-68　鸟瞰图（彩铅）

图 2-69　鸟瞰图（马克笔）

综合作业 2：校园测绘和尺规作图

（1）作业目的和要求

了解园林制图的制图规范，熟悉测绘工具，尺规工具的使用。

（2）作业材料工具

卷尺、皮尺、直尺三角板、比例尺、针管笔、彩铅或马克笔。

（3）成果要求

测绘校园某处景观节点并将测绘结果通过尺规作图绘制出来，可以选择校门、校园游园绿地、校园中心广场等景观节点，绘制成果要求平面图、立面图、剖面图等。

学生以个人为单位，独立地完成校园景观节点的测绘和一套尺规图纸的绘制，并且通过这次制图，掌握测绘工具和尺规制图的基本原理和方法。

作业成果示例（图 2-70）。

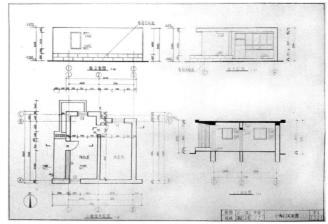

图 2-70　作业

综合作业 3：校园环境设计模型制作

（1）作业目的和要求

了解制作园林模型常用的材料及材料加工工具；熟悉掌握园林模型制作的程序及工艺；能够运用综合材料设计制作实体模型。

（2）作业材料

泡沫塑料板、吹塑纸、卡纸、打印纸、发泡海绵、多胶裸铜线、绿地粉、绒植即时贴、即时贴、装饰纸、广告色、喷漆。

（3）作业工具

电热切割器、直尺、三角板、比例尺、划线笔、砂纸、美工刀、电烙铁、双面胶、白乳胶、强力胶粘剂。

（4）成果要求

根据图纸要求，制作模型。

模型比例——1：200　模型底盘规格——
84.1cm×59.4cm

学生以小组为单位，独立地完成一套园林模型的
制作，并且通过这次实验，掌握模型制作的基本原理
和方法。

图 2-71 所示中国华北地区某高校校园入口核心
区平面图，要求对其主楼前绿地和行政楼旁边的附属
绿地进行方案模型设计，以体现校园的文化特征，并
满足多功能的使用需求。

作业成果示例（图 2-72~ 图 2-74 ）。

参考书目：
[1] 李素英，刘丹丹 . 风景园林制图 [M]. 北京：中国
　　林业出版社，2014.

[2] 王晓俊 . 风景风景园林设计（增订本）[M]. 南京：
　　江苏科学技术出版社，2000.

[3] 石宏义 . 风景园林设计初步 [M]. 北京：中国林业
　　出版社，2006.

图 2-72　作业模型 1

图 2-73　作业模型 2

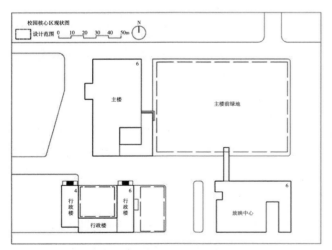

图 2-71　作业平面图

图 2-74　作业模型 3

第3章 数码制图

数码制图可以极大地拓展风景园林设计的构思，全方位地展示设计方案，高效率、高水平地承担施工图的设计工作，因此它已经成为风景园林设计不可或缺的手段，因而也是每个学生必须掌握的技术。本章简要介绍了风景园林设计常用数码制图的软件的使用方法，便于学生快速获得有关知识。

3.1 Autodesk AutoCAD 使用

AutoCAD 是由美国 Autodesk 公司开发的通用计算机辅助设计（ComputerAided Design，CAD）软件，具有易于掌握、使用方便、体系结构开放等优点，能够绘制二维图形与三维图形、标注尺寸、渲染图形以及打印输出图纸，目前已广泛应用于机械、建筑、电子、航天、造船、石油化工、土木工程、冶金、地质、气象、纺织、轻工、商业等领域。本节以 AutoCAD 2015 为例，介绍其基本的操作和使用方法（图 3-1）。

3.1.1 AutoCAD 操作界面

1）标题栏

标题栏位于应用程序窗口的最上面，用于显示当前正在运行的程序名及文件名等信息。同时包含开始按钮和快速访问工具栏，可以执行打开开始菜单，执行新建、打开、保持、撤销、重复、打印等快捷命令以及最小化或最大化窗口、恢复窗口、移动窗口、关闭 AutoCAD 等操作。

图 3-1 图层样板选择 对话框

2）开始菜单

点击开始按钮后即可弹出开始菜单，在开始菜单中集成了大部分 AutoCAD 的文件操作和系统设置的命令，同时列出了最近打开的相关文件，可以快捷方便的进行文件的打开和保存、导出、打印等操作，也包含了多项的绘图实用工具。

3）选项板

标题栏下方就是 AutoCAD 的工具选项板，各项工具和命令在选项板中分组进行显示，如果要调整当前选项板或者工具栏的显示方式，只需要在任意选项板上单击右键，就可以弹出相应的设置快捷菜单。

4）绘图窗口

绘图窗口是 AutoCAD 绘图的主要工作区域，其下方有"模型"和"布局"选项卡，单击其标签可以在模型空间或图纸空间之间来回切换。

5）命令行与文本窗口

命令行窗口位于绘图窗口的底部，用于接收用户输入的命令，并显示 AutoCAD 提示信息。在 AutoCAD 2015 中，"命令行"窗口可以拖放为浮动窗口。

可以选择"视图"→"显示"→"文本窗口"命令执行 TEXTSCR 命令或按 F2 键来打开文本窗口，它记录了对文档进行的所有操作。

6）状态行

状态行用来显示 AutoCAD 当前的状态，如当前光标的坐标、命令和按钮的说明等。

3.1.2 AutoCAD 制图环境设置

1）设置 AutoCAD 绘图环境

AutoCAD 是一个开放式的绘图平台，用户可以根据自身的需要对其进行设置。其中，包括设置绘图环境。例如，设置 AutoCAD 的图形单位、图形界限、绘图界面中的各窗口元素以及自动保存文件的时间间隔等。

2）设置图形单位

启动 AutoCAD 进入模型空间绘图界面后，第一步工作是设置图形单位。单位是精确绘制图形的依据。一般情况下，园林制图的单位是"毫米"。总平面图因为图幅尺寸很大，有时会用"米"作为单位。

当打开 AutoCAD 开始绘制一幅新图形时，默认的单位为"毫米"。如果需要新建图纸，应选择 acadiso.dwt 图形样板。

3）确定出图比例

尽管计算机绘图和手工绘图所得出的结果基本一致，但它们对出图比例的设置却完全不同。

手工制图是在限定大小的图纸上绘制出图形，通常是先计算好绘图的比例，才能着手绘图。不可能将真实尺寸的对象绘制在有限的图纸之上。"绘图比例"由此产生。

然而在 AutoCAD 中绘图就要灵活得多。AutoCAD

的绘图空间是一个无限大的空间。无论图形对象的大小，都可以在绘图空间表示出来。

4）系统环境设置

系统环境设置是指改变 AutoCAD 默认的绘图环境。如果对默认的设置不满意，可以打开"选项"对话框重新进行设置。执行"开始"菜单中的"选项"命令，打开"选项"对话框。"选项"对话框进行相应的设置。

3.1.3 AutoCAD 文件基本操作

1）创建新图形文件

选择"开始"菜单中"新建"命令，或在快捷工具栏中单击"新建"按钮，或按快捷键 Ctrl+N 都可以创建新图形文件，此时将打开"选择样板"对话框。

2）打开图形文件

选择"开始"菜单中"打开"命令，或在快捷工具栏中单击"打开"按钮，或按快捷键 Ctrl+O，都可以打开已有的图形文件，此时将打开"选择文件"对话框。选择需要打开的图形文件，在右面的"预览"框中将显示出该图形的预览图像。默认情况，在原本对话框中会显示当前文件夹所有后缀为 .dwg 的文件。

3）保存图形文件

选择"开始"菜单中"保存"命令，或在快捷工具栏中单击"保存"按钮，或者按 Ctrl+S 都可以保存当前文档。

4）关闭图形文件

选择"开始"菜单中"关闭"命令，或在绘图空间右上角单击"关闭"按钮，或者按 Alt+F4 都可以保存当前文档。而如果在关闭文档时没有先保存已经编辑过的文档，则会弹出提示对话框，询问是否保存文档。

3.1.4 AutoCAD 常用绘图工具

AutoCAD 提供的命令有 400 余种，绘图时最常用的命令只有其中的 20% 左右。对于大部分的

AutoCAD 命令，基本的使用方式是相同的，只是功能和参数的不同，因此掌握常用命令的使用，不但可提高绘图的速度，还可以在此基础上较快地学会其他命令的使用。常用绘图工具在"主页"选项板，"绘图"工具组中可以找到。

3.1.5　AutoCAD 常用修改工具

常用修改命令在"主页"选项板，"修改"工具组中可以找到。对于大部分的 AutoCAD 命令，用户通常可使用两种编辑方法：一种是先启动命令，后选择要编辑的对象；另一种则是先选择对象，然后在调用命令进行编辑。为了叙述的统一，本章中均使用第一种方法进行修改。对于只能使用一种编辑方法的命令，将在该命令的讲解中予以说明。

3.1.6　AutoCAD 图层管理

在 AutoCAD 园林计算机制图的准备工作中，当确定了图形单位和出图比例，并设置好图形界限和系统环境以后，接下来就要根据所绘制的图形来设置一些常用的图层。

1）图层的功能及特点

在 AutoCAD 绘图中，图层是最重要的管理工具之一。每个图层还具备各种开关，它们拥有控制图层的可见和锁定等功能。简单来说，图层的功能就是将图形分类管理，各类图形相互独立，便于操作和修改。

AutoCAD 的图层具有以下特点：AutoCAD 的系统对图层数量没有限制，用户可以在一幅图纸中设置任意数量的图层，但只能在当前图层上操作。

2）创建图层

就园林制图而言，创建图层有以下原则：

①按图形类别划分图层

②按线型、线宽划分图层

③设置图形颜色

④ 0 层保持空白

⑤个体服从全局

3）修改线型比例

当图层的线型设置为点划线，或者虚线以后，在该图层上绘制的线条却常常看上去像是实线。这是因为除了 CONTINUOUS 线型外，每一种线型都是由实线段、空白段、点或文字所组成的序列。在线型定义文件中已定义了这些小段的标准长度。默认情况下，全局线型的比例为 1.0。与真实尺寸的图形相比，比例显得非常小，每个序列的重复次数很多。所以虚线看上去就像是连续的实线，显示不出虚线线型的效果。这种情况下，可以修改线型比例。

3.1.7　AutoCAD 的打印输出

图纸绘制完毕以后，就到了打印输出的环节。AutoCAD 打印输出图纸主要有 3 种形式：快速打印、布局打印和虚拟打印。这 3 种类型都有其各自的应用领域。

1）快速打印

快速打印就是直接从模型空间打印输出，不使用布局。这样打印的好处就是方便快捷。快速打印需要绘制一个图框。图框大多按照 1：1 的比例绘制，之后对图框按照打印比例进行放大，再进行打印。

2）布局打印

快速打印也有一定的局限性，例如不能在同一张图纸中打印不同比例的图形。这就必须使用"布局打印"。AutoCAD 中有两个工作空间，分别是模型空间和图纸空间。通常在模型空间按真实尺寸以 1：1 的比例绘图。如果要将不同比例的视图安排在一张图纸上，就要在图纸空间对这些视图进行排版，然后再打印输出。完成了图纸空间的设置，就可以打印输出了。打印的步骤与前面所讲解的快速打印基本相同，唯一不同的是将"打印范围"设置为"布局"。

3）虚拟打印

为了更加方便地交流图纸，需要将图形打印到纸介质上。但同时纸介质也存在着一些缺点，如容易损坏等。而通过虚拟打印的方法，可以将 .dwg 格式的图形文件转换成 tif 的格式，可以使用普通的看图软件打开观看。虚拟打印事实上是一种图片格式的转换。

快速打印、布局打印和虚拟打印三种不同的打印方式适用于不同的场合。如果只是打印一个简单的平面图或立面图，可以在模型空间使用快速打印直接打印输出；如果需要将平面、立面，甚至剖面图按不同的比例打印到同一张图纸上，最好使用布局打印的方法；而需要将 DWF 格式的文件转换成 TIF 格式的普通图片，就可以使用虚拟打印。

3.1.8 AutoCAD 制图范例

本范例以一个街头小游园的 AutoCAD 制图步骤为例，展示其用于平面图绘制的一般方法。其中方案的手绘草稿需要事先绘制好，并扫描为 jpg 或其他图像文件。在 AutoCAD 中进行描绘是对方案电子化和规范化的过程。

1）将手绘草图图像导入 AutoCAD

打开 AutoCAD，在功能区选择"插入"选项板，单击"附着"按钮，会显示出插入外部参照的对话框。在对话框中通过文件浏览定位到需要描绘的手绘草图，点击"确定"插入光栅图像，随后会弹出插入光栅图像对话框，在对话框中可以看到插入光栅底图的预览。点击"确定"，并在 AutoCAD 绘图区指定两点，作为光栅图像的两个对角点。这样我们用于描绘的手绘底图就已经插入到 AutoCAD 绘图空间之中了。

手绘底图导入到绘图空间之后，需要对其进行缩放，使其比例大小能与真实尺寸相当。其方法一般是依据平面图上的已知尺寸，使用"缩放"工具对手绘底图进行参照缩放。缩放完成后可以通过"测量"

工具，检查缩放后的图像尺寸与实际尺寸是否一致（图 3-2）。

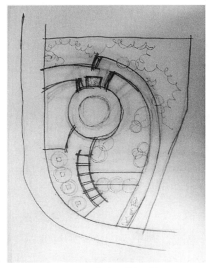

图 3-2　插入后的图片

2）设置图层

根据方案需要，可以在 AutoCAD 中建立多个图层，方案中的不同要素分别绘制在不同的图层之上，以利于方案文件的逻辑的清晰性和后期修改的便利性（图 3-3）。

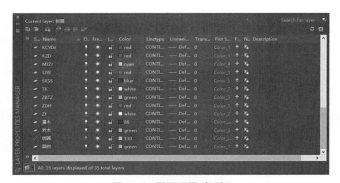

图 3-3　图层设置对话框

3）绘制广场道路和建构筑物

之后则可以以光栅图像作为底图，进行平面图的绘制了。光栅图像在插入后有可能并没有位于图像元素叠放顺序的底层，从而会遮挡其他要素的显示。此时可以使用"修改"工具中的"置于底层"命令，将参照图像放置于最下面，方便其他图形元素的绘制。

随后在不同的图层类型中，对底图中的相关要素进行绘制，在绘制过程中应注意调整尺寸的精确性和适宜性，同时可以适当对方案草图进行调整，并不一定完全依照参考底图进行绘制。同时在绘制过程中应结合相关工具和命令的使用，如"偏移""镜像""阵列"等，简化绘图步骤，提高绘图效率（图 3-4）。

图 3-5　完成后的平面图

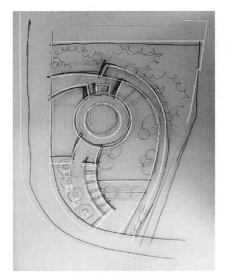
图 3-4　线稿绘制

4）添加植物和其他图块

风景园林设计平面图中的植物，包括乔木，一般都以图块的形式插入到平面图之中的。使用图块具有简洁方便，易于修改的特性。在图块的插入过程中，应尽量使图块所在图层和图块内容所在图层保持统一，方便对图块进行修改和控制（图 3-5）。

3.2　Trimble SketchUp 使用

Sketchup 是一套直接面向设计方案创作过程的设计工具，其创作过程不仅能够充分表达风景园林师的思想而且完全满足与客户即时交流的需要，是三维建筑设计方案创作的优秀工具。本节以 SketchUp 2014 为例，介绍其基本的操作和使用方法。

3.2.1　SketchUp 操作界面

绘图窗口主要由标题栏、菜单栏、工具栏、绘图区、状态栏和数值控制栏组成。

1）标题栏

标题栏（在绘图窗口的顶部）包括右边的标准窗口控制（关闭，最小化，最大化）和窗口所打开的文件名。开始运行 SketchUp 时名字是未命名，说明你还没有保存此文件。

2）菜单栏

菜单出现在标题栏的下面。大部分 SketchUp 的工具，命令和菜单中的设置。默认出现的菜单包括文件、编辑、查看、相机、绘图、工具、窗口和帮助。

3）工具栏

工具栏出现在菜单的下面，左边的应用栏，包含一系列用户化的工具和控制。

4）绘图区

在绘图区编辑模型。在一个三维的绘图区中，可以看到绘图坐标轴。

5）状态栏

状态栏位于绘图窗口大下面，左端是命令提示和 SketchUp 的状态信息。这些信息会随着绘制的东西而改变，但是总的来说是对命令的描述，提供修改键和它们怎么修改的。

6）数值控制栏

状态栏的右边是数值控制栏。数值控制栏显示绘图中的尺寸信息。也可以接受输入的数值。

3.2.2 SketchUp 制图环境设置

1）绘图单位

设置绘图环境主要就是调整当前的系统单位，将其更改为我国建筑业常用的"毫米"作为单位。

选择"窗口"→"场景信息"命令，弹出"场景信息"对话框。选择"单位"选项，可以在出现的对话框中设置长度与角度的单位。可以看到，在默认的情况下，长度单位是美制的英寸，需要改过来。在"长度"选项区域中作如下调整：将"单位形式"改为"十进制"，并以"毫米"为最小单位。将"精确度"改为"0mm"。

2）使用模板

在 SketchUp 中可以直接调用"模板"来绘图，"模板"已经设置好绘图单位，不需重复设置绘图单位。具体操作是：选择"窗口"→"参数设置"命令，在弹出的"系统属性"对话框中选择"模板"选项，单击下拉列表框，在模板列表中选择"毫米"，这是以公制的毫米为单位作图，单击"确定"按钮，完成模板的选择。但是此时系统并不是以"毫米"为单位作为模板。需要关闭 SketchUp，然后重新启动软件，系统才装载指定的"毫米"模板。

3）显示模式设置

在做设计方案时，风景园林师为了让甲方能更好地了解方案形式，理解设计意图，往往会从各种角度，用各种方式来表达设计成果。SketchUp 作为面向设计的软件，提供了大量的显示模式，以便风景园林师选择表现手法。

SketchUp 提供了一个"显示模式"工具栏。此工具栏共有 5 个按钮，分别代表了对模型常用的 5 种显示模式。这 5 个按钮的功能从左到右依次是"X光模式""线框""消隐""着色""材质与贴图"。SketchUp 默认情况下选用的是"着色"模式。

3.2.3 SketchUp 文件基本操作

1）新建文件

选择"文件"菜单，中"新建"选项，或者单击主工具栏中的"新建"按钮，即可建立一个新的SketchUp 文件。

2）打开文件

选择"文件"菜单，中"打开"选项，或者单击主工具栏中的"打开"按钮，在"打开"窗口中浏览现有的 SketchUp 文件，选定后点击、"打开"即可打开该模型文件。SketchUp 只能打开扩展名为 skp 的文件。

3）保存文件

选择"文件"菜单，中"保存"选项，或者单击主工具栏中的"保存"按钮，即可对当前编辑的模型文件进行保存。SketchUp 可保存成不同版本的 *.skp文件，但是高级别版本的 *.skp 文件无法在低级别的版本的软件中打开。

3.2.4 SketchUp 常用绘图工具

选择"绘图"菜单，可选择 SketchUp 的绘图工具，或直接从绘图工具栏中激活相应绘图工具。绘图工具主要包括直线工具、圆弧工具、徒手画工具、矩形工具、圆形工具、多边形工具等。

3.2.5　SketchUp 常用编辑工具

选择"工具"菜单,可选择 SketchUp 的编辑工具。编辑工具主要包括"删除"工具、"颜色桶"工具、"移动"工具、"旋转"工具、"比例"工具、"推/拉"工具、"放样"工具、"偏移"工具、"文字"工具等。

3.2.6　SketchUp 材质与阴影设置

1) SketchUp 材质设置

SketchUp 的材质属性包括名称、颜色、透明度、纹理贴图和尺寸大小等。材质可以应用于边线、表面、文字、剖面、组和组件。应用材质后,该材质就被添加到"模型中"材质列表。这个列表中的材质会和用户的模型一起保存在类型为".skp"的文件中。

2) SketchUp 阴影设置

SketchUp 的阴影效果有两个不同的效果:地面阴影和表面阴影。可根据需要和系统性能单独使用或同时使用。

(1) 地面阴影

地面阴影是模型表面在地平面上的投影,投影的颜色和位置是根据背景色和太阳角度来确定的。虽然渲染速度比表面阴影快,但只在地平面上产生投影。如果只开启地面阴影的话,模型上不会有投影,只在地面上产生投影,看起来不真实。

(2) 表面阴影

表面阴影根据设置的太阳入射角在模型上产生投影。

3.2.7　SketchUp 图形导出

利用 SketchUp 的导出功能,可以很好地与多种软件进行紧密协作。如 AutoCAD、3dsMAX、Photoshop 等。

1) 导出 dwg

SketchUp 能导出 3D 几何体为 AutoCAD 格式:包括 DWG r14、DWG r2000、DXF r14 和 DXF r2000 等。

2) 导出 jpg

SketchUp 允许你导出二维光栅图像,格式:JPG、BMP、TGA、TIF、PNG 和 Epix 格式。

3.2.8　SketchUp 建模范例

本部分以一个公园中的活动广场的建模为例,说明园林 SketchUp 建模的一般方法(图 3-6)。

图 3-6　需要导入的 dwg 文件 1

1) 导入 dwg 参考底图

在 SketchUp 菜单栏中点击"文件",在下拉菜单中选择"导入",弹出导入对话框。在对话框中"文件类型"一栏中选择"AutoCAD 文件",并通过文件夹浏览选择已经整理好的 dwg 文件,点击"确定"将其导入到 SketchUp 软件视窗之中(图 3-7)。

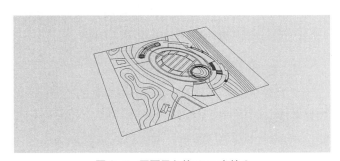

图 3-7　需要导入的 dwg 文件 2

2）绘制线框和封面

导入后的 AutoCAD 文件会自动形成一个组件。为了进一步编辑的方便，首先应选定组件并右击，在弹出的菜单中选择"炸开"，将组件分解。

之后要对导入的线框文件进行封面，其具体做法是将原始 AutoCAD 文件中的封闭的平面多边形进行闭合，使其在 SketchUp 中形成封闭的一个表面。

3）建立几何体块

模型线框所构成的多边形表面都被封闭之后，就要对其进行三维方向的拉伸，选择"推拉"工具，对模型中具有竖向高差变化的部分逐一进行推拉操作，形成具有起伏变化的三维立体效果（图 3-8、图 3-9）。

图 3-8 建立体块过程 1

图 3-9 建立体块过程 2

4）添加材质

广场空间和广场上的构筑物建模完成之后，可以对其不同区域的铺装、草坪、树池、挡墙、建筑和构筑物进行材质的赋予，使其呈现出更为真实的效果。选择"填充"工具，并在材质管理器中浏览选择合适的

材质，然后在拟赋予材质的表面进行单击完成材质的赋予（图 3-10）。

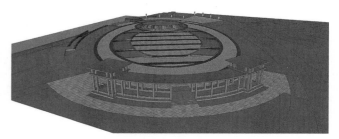

图 3-10 填充材质

5）添加植物和配景

在完成广场的基础建模和材质的添加之后，就可以添加植物，人物等其他配景元素了。在菜单栏"窗口"一项中，选择"组件"，即可打开组件管理器，在组件管理器中可以浏览和添加 SketchUp 自带的一个丰富的组件库，或者通过 3D Warehouse，一个丰富的模型共享平台，进行组件的查找和添加工作。在树木和人物等组件添加完成之后，对公园广场的建模操作就基本完成了（图 3-11）。

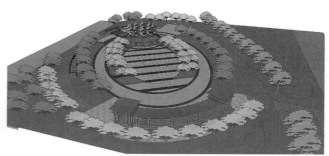

图 3-11 添加配景之后的效果

3.3 PHOTOSHOP 使用

在风景风景园林设计电脑制图中，ps 在绘制彩色平面图、效果图、立面图、剖面图中，具有极为重要的作用，配合 CAD 与 SU 所出的线条图，能够最大程度地美化图面效果。

3.3.1　基本功能介绍

1）File（文件）菜单

File 菜单包括了 新建文档、打开、保存、输入、输出以及打印等文件操作的基本功能，是最常用的菜单之一。

2）Edit（编辑）菜单

编辑菜单主要有 Undo（还原）命令、Step Forward（向前）命令、Step Backward（返回）命令、Cut（剪切）、Copy（拷贝）和 Paste（粘贴）命令。

3）Image（图像）菜单

Mode（模式）命令：在 Photoshop 中，将图像中各种不同的颜色组织起来的一种方法就称为色彩模式。选用正确的色彩模式是非常重要的。图像是由像素构成的，像素是位图图像的最小单位。将一幅图放大很多倍就会看到，图像其实是由很多小方块组成（这些小方块也称之为栅格）。每一小方块就是一个像素，它分配着一种颜色，相邻像素颜色彼此相近。像素所能分配的最大颜色数也叫做"颜色容量"，单位是"位"。如一个像素最多只能分配 8 种不同级次的颜色。我们就称颜色容量为 8 位。 各种色彩模式的一个显著差别，就是在相应的颜色组织方式下像素分配的最大颜色数或者分配的颜色种类不同。常见的几种色彩模式包括：①Bitmap（位图）；②Grayscale（灰度）；③RGB Color（RGB 颜色）；④CMKY Color（CMYK 颜色）

Adjustments（调整）命令：

它提供了一系列命令来帮助调整图像色调和颜色平衡。这部分功能在调整图像色彩方面起到了至关重要的作用。

4）Layer（图层）菜单

通常图层菜单里的工具都会在界面右侧的图层窗口显示并操作。

Tpye（文字）命令：可以对图像中的文字进行编辑。

Rasterize（栅格化）命令：Rasterize 命令可以将文本、矢量、图形、图层、剪切路径、矢量蒙板等栅格化，即将它们转化为由一个个栅格组成的位图图像。

Add Layer Mask（添加图层蒙版）命令：此命令可以为一个图层添加一块蒙板，从而通过对蒙板的编辑获得选区或制作图层效果。

5）Select（选择）菜单

All（全选）命令、Deselect（取消选择）命令、All（全选）命令、将现有的选区反转，将原选区外的区域选定，这几个命令快捷键要牢记，使用频繁。

6）Filter（滤镜）菜单

Photoshop 提供了大量的滤镜供使用者使用，这些滤镜的操作命令都在（滤镜）菜单中，分为十三个类别排列。如果安装了外挂滤镜，则外挂滤镜对应的操作命令也会出现在（滤镜）菜单之中。

7）常用工具列表

在界面左侧，通常会有常用工具列表，其中有"选择"工具、"套索"工具、"渐变"工具、"钢笔"工具、"魔棒"工具、"修补"工具、"仿制图章"工具、"文字"工具、"填充"工具、"多边形"工具等。在此因篇幅原因不详细赘述每个工具的用法，可逐个进行学习，并牢记快捷方式，才能各个命令配合使用、融会贯通。

3.3.2　Photoshop 彩色平面图范例

从 CAD 中导出 pdf 文件，将其导入 ps 中（图3-12）。

使用魔棒工具选择并填充相应材质，先从大面积的色块入手，如水面、草地、道路等。可以使用颜色填充，也可以使用素材或是卫星图的纹理进行填充（图3-13）。

添加植物层，注意阴影方向。乔灌草及不同的植物宜分层分组放置（图3-14）。

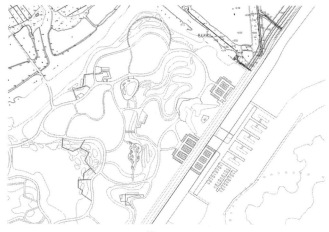

图 3-12

图 3-15

图 3-13

图 3-16

图 3-14

添加建筑及细节（图 3-15）。

最后加入比例尺、指北针、风玫瑰图，标上文字（图 3-16）。

彩色平面图的绘制要注意：养成分图层分组画图的好习惯，方便修改和调整；平时注意搜集优秀的素材；灵活使用快捷键。

3.3.3 Photoshop 效果图绘制

将 su 模型选择合适的角度后导出图像，放入 ps 中。su 模型可以使用渲染器，如 VRay 进行渲染后的出图，也可以是素模直接出图（图 3-17）。

不同的色块表达不同的材质，按照不同的色块选择材质进行填充，这个步骤中要活用魔棒和图层蒙版工具。注意分图层和分组，逐步添加草地、水面、天空等。素材可以选用合适的照片，平时注意搜集素材照片（图 3-18）。

添加配景，如乔木、灌木、地被植物等。注意中景要丰富些，远景也要有所反映，可添加群树和城市天际线（图 3-19）。

最后，增加前景树和人物、飞鸟等，为画面增添氛围，将色彩再做些调整，简单的效果图就完成了（图 3-20）。

效果图的绘制可易可繁，有很多照片级别的效果图，需要花费大量的时间和精力去完成。希望读者熟练掌握绘图方法，摸索出自己的一套绘图习惯，熟能生巧但不要沉溺于效果图的表现，毕竟效果图只是为了更好地表达设计方案的一种方法，训练好方案能力更为重要。

3.4　INDESIGN 使用

InDesign 软件是一个定位于专业排版领域的设计

图 3-17

图 3-19

图 3-18

图 3-20

软件，是面向公司专业出版方案的新平台。InDesign 的优势在于，排版时所用到的大量图片，是以链接的形式置入排版文档中，所以文件大小较小，相比较于 ps 来说运行速度也大为提高，是专业的排版工具。

3.4.1　INDESIGN 基本功能介绍

ID 的界面一般分成顶部的菜单栏、侧边的工具栏和操作栏。

1）"文件"菜单

新建：该命令既可以新建一个 InDesign 文件，又可以以某种文件为模版来创建一个新的 InDesign 文件。"新建"命令有文档、书籍和物件库三个选项。采用"新建/文档"命令创建新文件时，会弹出一个参数设置对话框，供用户设置文件的页面尺寸、文档参数、页码以及打印方式等基本参数。

打开："打开"命令用于打开已保存的 InDesign 文件。

置入："置入"命令是指把用户在其他应用程序或外存储器上的文本、图形或图像输入到 InDesign 的页面。

文件导出："文件导出"命令是指将当前文件的按照选定的名称、格式及路径保存。一般保存 pdf 格式文件。

2）"编辑"菜单

"编辑"菜单包括撤销、重复、剪切、拷贝、粘贴、粘贴入、原位粘贴、粘贴时不包含网格格式、清除、应用网格格式、复制等常用编辑工具。

3）"版面"菜单

InDesign2.0 的版面菜单着重描述有关页面参数设置及页面构成。

"版面"菜单中有设置布局网格、边空/分栏、辅助线、创建辅助线、布局调整、向后、向前、自动页面编码、页码与章节选项、目录、目录更新、目录样式等命令。

4）"文字"菜单

文字是版面信息最重要、最难于处理的部分。文字处理的好坏，直接决定出版质量，因此文字及其属性的正确设置非常重要。"文字"菜单的主要命令有字体、大小、文字走向、字符、段落、定位、字符样式、段落样式、标点挤压设置、字转外框、查找字体、改变大小写、路径类型、插入字型/特殊字符/空格/分隔符、用占位符填充、字符显示/隐藏、文字走向等。

5）"对象"菜单

对象是现代图文处理的基本控制单元，通过对对象的有效控制能获得所希望的各种页面配置效果。"对象"菜单中有变换、排列、群组/取消群组、锁定位置/取消锁定、文框类型、文本框网格、文本框选项、适应、框架类型、边框效果、剪辑路径、图像颜色设置、复合路径、反转路径、显示方式等。

6）"表格"菜单

表格排版是一项比较复杂的排版技术，只有将先进的排版功能和熟练的排版技巧有机结合，才能排出美观、醒目的表格。InDesign 采用了目前最先进的表格尤其是系统表的排版技术与相关排版效果的处理技术，不仅能实现各种复杂表格的排版，还能直接调用多种数据库的表格与数据。

3.4.2　文本排版范例演示

首先新建文档，设置文档尺寸、页数、排列方向、是否对页等（图 3-21），接着生成空白文档（图 3-22）。

双击页面面板中的"主页"，设置母版（图 3-23、图 3-24）。

母版中可以添加页眉、页脚、页码、项目名称等，这些信息在每一张版面中都可以显示，方便快捷（图 3-25）。

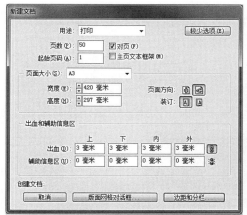

图 3-21　新建文档

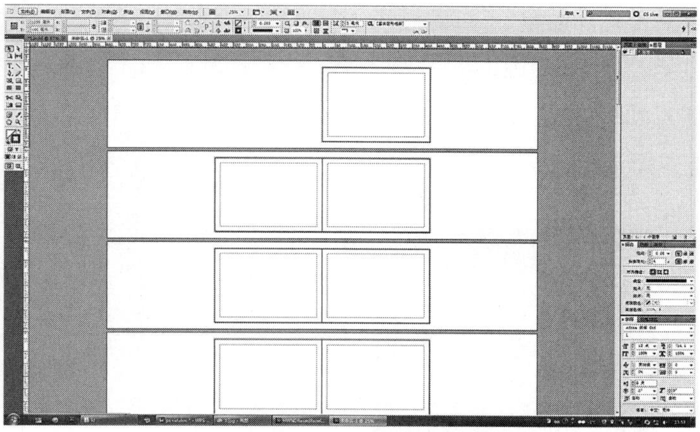

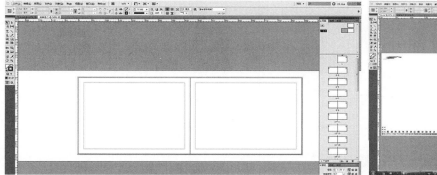

图 3-22　生成空白档

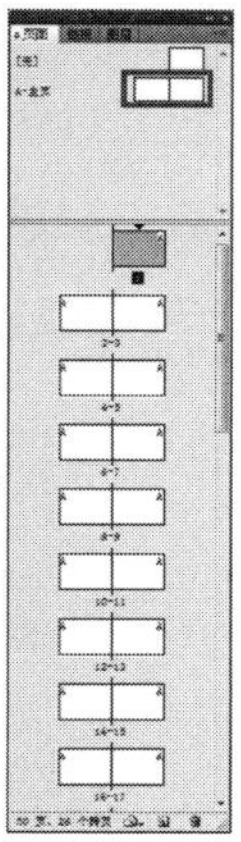

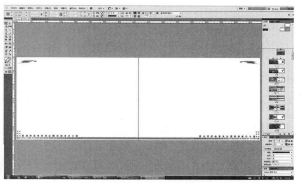

图 3-23　设置母版

图 3-24　母版

图 3-25　添加页眉

　　设置段落样式，可以快速编辑段落文字样式，各级标题和正文可以快速统一。单击段落样式面板中的"新建样式"按钮，弹出新建样式的设置界面（图 3-26）。

　　"段落样式选项"面板中可以为段落设置基本样式、调整缩进等，可以设置字体类型、大小、间距等等。新输入的文字只要点击"段落样式"面板中相应的样式名称，即可以统一样式，这个功能在文字编排中极大加快了工作效率，也便于对段落字体的统一修改（图 3-27）。

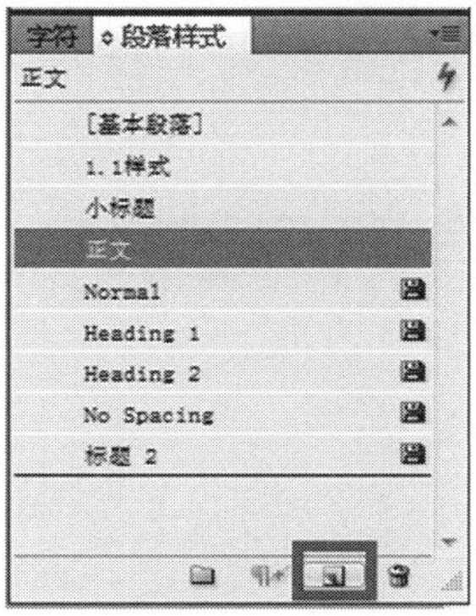

图 3-26　新建样式

图 3-27　样式选项

与"段落样式"相似，"对象样式"可以统一设置图像对象的样式，例如描边、颜色、透明度、投影等等。单击对象样式面板中的"新建样式"按钮，弹出新建样式的设置界面（图 3-28）。

图 3-28　对象样式

在"对象样式选项"面板中，可以为对象添加各种效果。新置入的对象单击"段落样式"中的样式名称，就可以具有相应的对象样式（图 3-29）。

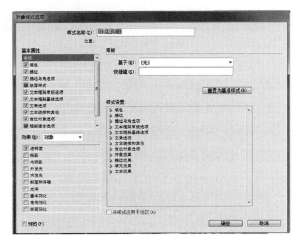

图 3-29　对象样式选项

将图像和文字加入 InDesign 中。图像可以使用"置入"命令，也可以直接将图像拖拽至文档内（图 3-30）。文字部分可以将 word 或 excel 中的文字复制进来，表格也可以复制。将这些内容按照相应的对象样式和段落样式进行编辑，并拖拽至相应的位置（图 3-31）。

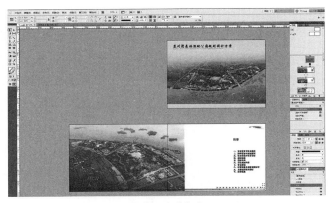

图 3-30　图像，文字加入 indesign

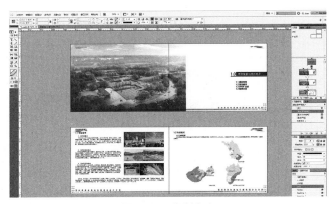

图 3-31　复制内容

排版结束后，导出 pdf 文件（图 3-32）。

图 3-32　导出 pdf 文件

在导出选项中可以根据自己的需要调整打印要求和压缩质量（图 3-33）。

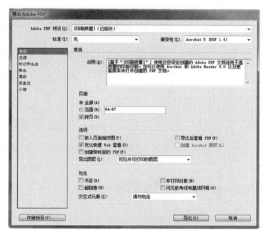

图 3-33 压缩质量

总的来说，相对于 PS 来说，ID 在排版方面具有得天独厚的优势，其操作简便、功能强大的特点，已经使其成为出版行业的主流排版编辑软件之一。熟练操作 ID，能够大幅度提升我们日常排版的效率。

3.5 SketchBook 绘制草图（iPad/ iPhone 设备上使用）

3.5.1 SketchBook 概述及基本操作（ipad 设备）

1）SketchBook 概述

移动电子设备诸如平板电脑、智能手机所带来的卓越的便携性与可操作性，以及大量的绘图应用的出现，给在移动设备上绘制草图提供了可能。现就以 ipad 设备为例，配合使用 Autodesk 公司开发的 SketchBook Pro 绘图应用，来探求如何在 ipad 设备上绘制草图，当然若暂时摆脱不了用笔的形式作画，也可配备 Bamboo Stylus 电容笔来具体操作。

首先在 iPad 设备上，通过 App Store 上付费下载 SketchBook Pro for iPad，当然也可免费下载其对应的试用版 SketchBook Express（注：每款SketchBook 产品都提供 Express 版本，可免费下载使用，其画笔尺寸与图像质量与付费版完全相同，只是限制了可用工具的数量）。

2）界面和首选项

在下载安装之后，打开应用，轻敲工具栏上方的圆形图标，来打开软件的首选项设置。其处理的事项包括通用、颜色和画笔、双击角落快捷方式以及三手指滑移菜单四个方面。

3）画笔和颜色编辑器

返回到画布，点击工具栏上方的画笔图标（或是三指向下轻敲布），即可打开画笔和颜色编辑器。左侧为画笔设置，我们可以通过翻页来选择具体画笔，同时可以点开右上方的"画笔属性"设置图标来翻转面板，调节相关参数获得自定义画笔。右侧为颜色编辑器，主要以颜色轮盘的形式出现，可以对颜色的色相、饱和度、明度来调节。通过点击左上方的"颜色面板翻转"图标，可以选择颜色轮盘面板、活动调色板面板、Copic 颜色库面板三类。

4）图层与图册编辑器

返回到画布，点击工具栏上方的图层图标（或是三指向上轻敲画布），即可打开图层编辑器。图层可以实现在对于图像的修改或标记时，不影响其他图层上的内容，起到了局部选择性的修饰作用。运用图层编辑器来创建、复制、合并、显示 / 隐藏、重组、混合和删除图层。

5）保存及导出绘图

在绘图过程中，轻敲画廊图标，然后保存当前的绘图。在画廊中，选择需要导出的绘图，轻敲导出绘图图标，选择导出方式。

3.5.2 SketchBook Mobile 概述及基本操作（iphone 设备）

1）SketchBook Mobile 简述

Autodesk SketchBook Mobile 是一款基

于 iPhone 及 iPod Touch 移动平台的专业绘图应用程序，功能与操作方式基本与 SketchBook Pro for iPad 相类似，现就对该应用做一个简要叙述。（注：SketchBook Mobile 的具体操作指南可参阅 SketchBook 的官方 Document 说明）

限于 iPhone 设备的屏幕大小，快速绘制草图往往重点在于场景空间的表达，而非具体细节的细致刻画，作为设计的初稿非常合适。故选用轻松线条配合简单色彩表达草图较为实用。

2）界面及首选项

在下载安装之后，打开应用，轻敲菜单栏最上面一行，最左边按钮，轻敲首选项，打开软件的首选项设置。其处理的事项包括通用、颜色和画笔、双击角落快捷方式以及三手指滑移菜单四个方面。除此之外若是会员则还可以登录账户以解锁所有功能。

3）画笔编辑器

同样在 SketchBook Mobile 也可选择基本画笔。轻敲画笔编辑器图标进入到画笔编辑面板。轻敲基本工具图标会出现四个选项，满足作图过程中的对称、几何体、描底图、加文字等功能。

4）颜色编辑器

SketchBook Mobile 拥有与 SketchBook Pro for iPad 一样的颜色编辑器。轻敲颜色编辑器图标进入颜色编辑面板，主要以颜色轮盘的形式出现，可以对颜色的色相、饱和度、明度来调节。轻敲右下角红色框处的三角箭头会出现如图的 HSB、RGB、黑白调色盘等四类，以适应不同的色彩需求。

5）图层编辑器

轻敲图层编辑器图标出现右侧图层栏，双击图层进入图层编辑器面板。SketchBook Mobile 图层功能基本与 SketchBook Pro for iPad 相同，可运用图层编辑器来复制、剪切、粘贴、清楚、合并、删除图层等，还可以通过滑动调节每个图层的透明度。除此之外混合模式中有变暗、正片叠底、变亮、饱和度等诸多模式，颜色标签可用于标记不同图层。

6）保存及导出绘图

在绘图过程中，轻敲顶层最左的图标，出现如图面板，轻敲"分享"，然后"存储图像"保存当前的绘图至手机中或轻敲"新建草图"，保存当前草图至图库。

若选择需要导出的绘图，轻敲导出绘图图标，选择导出方式，诸如信息、邮件、iCloud 照片共享等。

3.5.3　iPhone 绘制草图实例

第一步：用简单的线条初步勾勒出整个建筑线稿。选择基本的自带画笔，如 3 号针管笔。画建筑的过程中可以辅助利用基本工具中的样式，其中有一项为直线工具，可以让建筑轮廓更加硬挺。其余部分不借助基本工具徒手画完（图 3-34）。

图 3-34　铅笔勾画

第二步：进行选色，大面积的铺装墙体可以使用第一行的 5 号笔，天空等轻柔质感的对象可以采用第二行 2 号笔，使之有缥缈灵动之感（图 3-35）。

第三步：有了前两步的手绘线稿及淡彩效果后要开始对各部分进行明暗关系处理。可多个图层搭配使用，方便修改，在最后定稿后全部合并。绘制阴影时可选择较粗的笔，透明度可适当调低，在某些明显部位着重处理（图 3-36）。最后导出图片（图 3-37）。

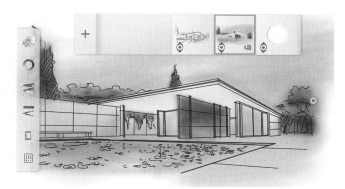

图 3-35　画笔选色

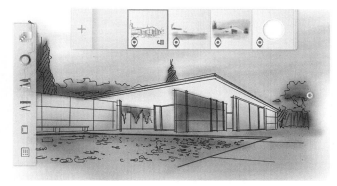

图 3-36　明暗关系

图 3-37　iphone 绘制草图实例一

作业：校园广场计算机辅助设计（图 3-38）

1. 作业目的和要求

了解计算机制图的制图步骤和规范，熟悉 AutoCAD，Photoshop 和 SketchUp 软件的使用。

图 3-38　某大学校园中心广场遥感影像
（虚线范围为校园中心广场）

2. 作业材料工具

安装有相应设计软件的计算机。

3. 成果要求

依据某大学校园中心广场的遥感影像，对其广场整体景观进行重新设计，要求能够满足师生使用要求并能够良好的表达校园文化。

学生以个人为单位，独立地完成从 CAD 图纸绘制，PS 平面图上色，以及 SketchUp 建模的全过程。并且通过这次制图，掌握计算机制图的基本原理和方法。

作业成果示例（图 3-39、图 3-40）：

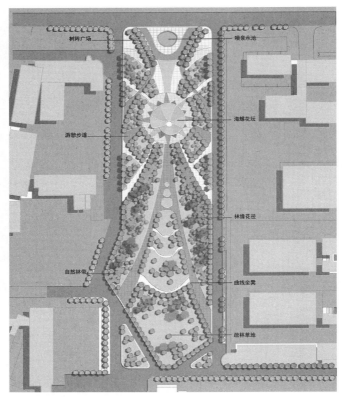

树阵广场
喷泉水池
游憩步道
海螺花坛
林缘花径
自然林带
曲线坐凳
疏林草地

图 3-39 平面图

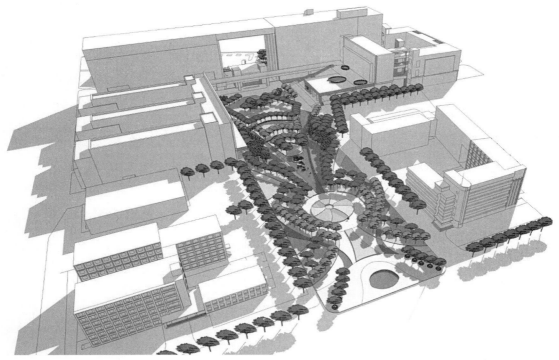

图 3-40 鸟瞰图

第4章 场地调研

在设计工作的伊始，要结合业主提出的设计任务书的要求和事先从不同渠道收集到的相关资料，对于项目场地实地踏查进行研究分析，探索场所精神，很可能的是，设计的灵感也会由此而产生。

4.1 场地踏查内容

设计者可在踏查中使用速写、拍照片或记笔记的方式记录一些现场视觉印象，以对场地内和其周围环境的景观质量作出评价。

要及时了解场地的范围，即场地的边界及其与周围用地界线或规划红线的关系；了解场地周围的交通，包括与主要道路的连接方式、距离、主要道路的交通情况；场地内外污染的情况；场地周边土地利用地的情况；周边居民的生活情况。

特别是对场地内的植被、水体、山体和建筑等组成的景观可从形式、历史、文化及特异性等方面去评价其优劣，并将结果分别标记在景观调查现状图上，同时标出主要观景点的平面位置、标高、视域范围。现状景观视觉调查结果应用图表示，在图上应标出确切的观景位置、视轴方向、视域、清晰程度（景的远近）以及简略的评价。

在场地内踏查的重点如下：

4.1.1 历史人文情况

关于历史人文情况，通常从历史遗迹、古代文书画册、地方志、新闻报道和书籍杂志等渠道了解，内容包括场地所在城市的社会情况、自然地理、政治性质、经济发展、历史沿革、文化艺术等。可通过一定范围的社会调研、问卷走访等方式了解场地及其周边的历史人文背景。

对于范围较小的场地，可以从周边入手，深入分析周边蕴含的历史文化意蕴；若场地中有重要的构筑物、植物或历史遗迹等，可以对其进行深入研究调查，发掘它与场地之间存在的联系。若场地范围较大，应多方面综合调研，对场地进行全面了解，并总结归纳出历史人文的特点与共性。

4.1.2 自然情况

气象资料包括场地所在地区或城市常年积累的气象资料和场地范围内的小气候资料两部分。

1）日照条件

根据太阳高度角和方位角可以分析日照状况、确定阴坡和永久无日照区。通常用冬至阴影线定出永久日照区，将建筑物北面的儿童游戏场、花园等尽量设在永久日照区内。用夏至阴影线定出永久无日照区避免设置需日照的内容。根据阴影图还可划分出不同的日照条件区，为种植设计提供设计依据。

2）温度、风和降雨

关于温度、风和降雨通常需要了解下列内容：a. 年平均温度，一年中的最低和最高温度；b. 持续低温或高温阶段的历时天数；c. 月最低、最高温度和平均温度；d. 各月的风向和强度，夏季及冬季主导风风向；e. 年平均降雨量、降雨天数、阴晴天数；f. 最大暴雨的强度、历时、重现期。

3）小气候

由于下垫面构造特征（如小地形、小水面和小植被等）的不同使热量和水分收支不一致，从而形成了近地面局部地段与场地所在地区或城市的气候条件既有联系又有区别。

需注意：

a. 场地中的水面对温度、湿度有一定的稳定作用，靠近水面地段因湿度较大、相对凉爽应加以利用。

b. 植被的范围、与主导风向的位置关系、遮荫条件等对小气候有较大影响。

c. 不同的地面条件会对温度造成影响，水面和植物覆盖地区温度相对稳定，辐射反射量小；而混凝土、沥青等干燥密实的地面会产生过大的温差。

d. 建筑、墙体对小气候的作用，应根据建筑物的平面、高度以及墙体或墙体材料的质感分析其周围的日照、墙面反射以及气流等。

4）地形

需掌握现有地形的起伏与分布、整个场地的地形陡缓程度和地形的自然排水类型。分析地形陡缓程度是确定道路、停车场地等有坡度要求的场地如何布局的关键。

场地地形图是最基本的地形资料，在此基础上结合实地调查可进一步地标出地形的坡度和坡向。并综合分析地形对通风、日照和温度的影响，在地形图中标出主导风向，背风区位置、场地小气流方向、阴坡和阳坡、易积留冷空气地段等内容。

地形对场地的气流的影响：场地通风状况主要由地形与主导风向的位置关系决定。在地形图上作出山脊和山谷线，标出主导风向。风向与山谷线平行则通风良好，与风向垂直的谷地通风不佳；山顶和山脊线上多风。此外，坡面长而平缓地区容易积留冷空气，湿度较大，对一些不耐寒的植物生长不利。

地形对温度的影响：地形对温度的影响主要与日辐射和气流条件有关，背阳、通风良好的坡面夏季较凉爽，向阳、通风差的坡面冬季较暖。

5）水体

水体现状调查和分析的内容有：a. 现有水面的位置、范围、平均水深；常水位、最低和最高水位、洪涝水面的范围和水位；b. 水岸情况，包括岸的形式、受破坏的程度、岸边的植物、现有驳岸的稳定性；c. 地下水位波动范围，地下常水位，地下水及现有水面的水质，污染源的位置及污染物成分；d. 现有水面与场地外水系的关系，包括流向与落差，各种水工设施（如水闸、水坝等）的使用情况；e. 结合地形划分出汇水区，标明汇水点或排水体，主要汇水线。地形中的脊线通常称为分水线，是划分汇水区的界线；山谷线常称为汇水线，是地表水汇集线。

另外，还需要了解地表径流的情况，包括地表径流的位置、方向、强度、沿程的土壤和植被状况以及所产生的土壤侵蚀和沉积现象。地表径流的方式、强度和速度取决于地形。在自然排水类型中，谷线所形成的径流量较大且侵蚀较严重，陡坡、长坡所形成的径流速度较大。另外，当地表面较光滑、没有植被、土壤粘性大时也会加强地表径流。

6）土壤

土壤调查的内容有：a. 土壤的类型、结构；b. 土壤的承载力、抗剪切强度、安息角；c. 土壤的含水量、透水性；d. 土壤的 pH 值、有机物的含量；e. 土壤冻土层深度、冻土期的长短；f. 土壤受侵蚀状况。

一般来说，较大的工程项目需要由专业人员提供有关土壤情况的综合报告，较小规模的工程则只需了解主要的土壤特征，如 pH 值，土壤承载极限，土壤类型等。

7）植被

场地现状植被调查的内容有：现状植被的种类、数量、分布以及可利用程度。

在场地范围小，种类不复杂的情况下可直接进行实地调查和测量定位，结合场地底图和植物调查表格将植物的种类、位置、高度、长势等标出并记录下来，并同时可作现场评价。

对规模较大、组成复杂的林地应利用林业部门的调查结果，或将林地划分成格网状，抽样调查占主导的、丰富的、常见的以及珍稀的植物种类。最后作出的调查图应标有：林地范围、植物组成、水平与垂直分布、郁闭度、林龄、林内环境等内容。

8）动物

场地现状动物调查的内容有：现有主要动物种类、数量以及分布区域。

在乡村景观中，要注意提前了解场地是否存在潜在的生态敏感区域，珍稀和濒临动物物种，以及要特别研究和关注的区域。结合调查在场地底图上进行珍稀动物生活区域及数量的相应标注。

在城市景观中，出现野生动物的几率比较低，但仍然有些小型动物更适应生存在有人活动的区域，尤其是鸟类和昆虫等。动物的生存环境一般与现状植被、水体等有关，标记时可将其与植物的注释合并在一起，在对应的植物群落中标注可能存在的动物种类及大致数量。

4.1.3 基础设施条件

1）建筑和构筑物：了解场地现有的建筑物、构筑物等的使用情况，园林建筑平面、立面、标高以及与道路的连接情况。

2）道路和广场：了解道路的宽度和分级、道路面层材料、道路平曲线及主要点的标高、道路排水形式、道路边沟的尺寸和材料。了解广场的位置、大小、铺装、标高以及排水形式。

3）各种管线：管线有地上和地下两部分，包括电线、电缆线、通信线、给水管、排水管、煤气管等各种管线。有些是供园内使用的，有些是过境的，因此，要区别园中这些管线的种类，了解它们的位置、走向、长度，每种管线的管径和埋深以及一些技术参数。例如高压输电线的电压，园内或园外邻近给水管线的流向、水压和闸门井位置等。

4.2 场地分析方法

调查是手段、分析才是目的。场地分析要对场地及其环境的各种因素作出综合性的分析与评价，使场地的潜力得到充分发挥，以便于进一步进行用地的规划和各项内容的详细设计。

场地分析应分项进行，最后再综合。首先将调查结果分别绘制在场地底图上，一张底图上只作一个单项内容，然后将诸项内容叠加到一张场地综合分析图上。综合分析图上着重表示各项的主要和关键内容。

场地综合分析图的图纸宜用描图纸，各分项内容可用不同的颜色加以区别。

在进行景观设计课程的场地分析时，建议学生使用千层饼分析法和 SWOT 分析法相结合。在千层饼分析的基础上使用 SWOT 作为总结，从而得出对场地未来规划或设计的进一步建议。

4.2.1 观察记录

在场地踏勘过程中，应对场地现状特征进行快速的笔记和草图记录。通过随身携带的速写垫板和笔记本，对场地的现状要素进行概括性的总结和记录，通过现场速写，结合必要的文字说明信息和箭头标注。特殊的物体则可以通过大比例速写，来获取更为细致、更为准确的记录。也可以结合平面图、剖面图或者图表的形式来进行补充记录（图4-1~图4-4）。

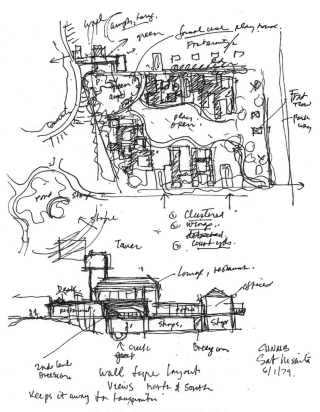

图4-1　基址笔记记录范例1

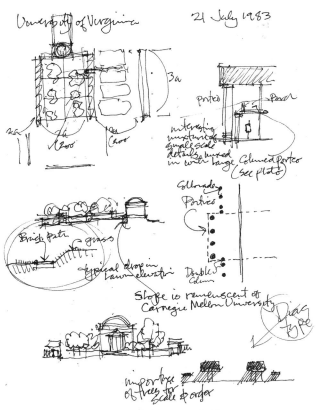

图4-2　基址笔记记录范例2

图4-3　基址笔记记录范例3

图4-4　基址笔记记录范例4

4.2.2　千层饼分析

千层饼分析是由麦克哈格先生首先提出的，其在《设计结合自然》中提出生态规划方法的核心在于："根据区域的自然环境特征与自然资源性能，对其进行生态适宜性分析，来确定土地利用方式与发展规划，从而使对自然的开发利用与人类活动、场地特征、自然过程协调一致"麦克哈格系统阐述了一种新的景观规划分析方法——千层饼模式（又称叠图分析法）。千层饼模式是风景园林学发展史上第一个专门用于景观规划分析方法，它提供了一个系统的生态环境的评价准则，使景观分析走向客观、更具科学性。通过考察和分析生态环境中的各个因素，以图示的办法来表现每个因素在场地的状态，然后将各个因素和图示进行层层叠加得出场地现状的总评估。各因素或分析图应包含以下方面：场地位置和内容分析、土地适宜性分析及土地利用分析、场地的地理和地质情况分析、光影分析、生态和植物的现状分析、植物色彩搭配分析、使用者和场地的关系、人的行为活动分析、感官分析、视线分析、功能分区分析等（图 4-5）。

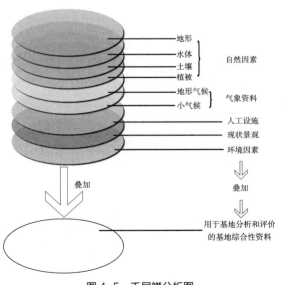

图 4-5　千层饼分析图

4.2.3　SWOT 分析

SWOT 分析是一种企业常用的竞争情报分析放方法，是市场营销的基础分析方法之一。所谓的 SWOT 分析，就是通过调查和罗列被研究对象的内部优势因素（strengths）、弱点因素（weakness）、机会因素（opportunities）和威胁因素（threats），对被研究对象进行深入全面的分析以及竞争优势的定位然后制定未来的被研究对象的发展战略。这种办法最早是在 20 世纪 80 年代由美国旧金山大学的管理学教授 Albert Humphrey 所提出来的。SWOT 可以分为两部分：第一部分为 SW，主要用来分析内部条件，着眼于场地的现有条件与其竞争对手或先进发展趋势的比较；第二部分是 OT，主要用来分析外部条件，强调外部环境的变化及对场地产生可能的影响，如政治、经济、社会文化等。在景观设计的场地分析中，优势因素（strengths）通常是指：区位优势，有良好的地理位置；资源优势，有良好的自然及人文景观，公共设施较好等。弱点因素（weakness）是指：公共设施的不完备、使用者行为对场地的破坏、场地功能不足等。机会因素（opportunities）是指：人们生活水平逐步提高和环保意识的增强，人们对自身的健康与生活质量的要求；国家及地方性的相关政策等。威胁因素（threats）是指：对场地没有足够的宣传、活动缺乏策划、场地管理人员素质不高、缺乏建设资金的投入等（图 4-6）。

图 4-6　SWOT 分析法图示

4.3 场地分析图

在场地调查和分析时，所有资料应尽量用图面或图解并配以适当的文字说明的方式表示，并做到简明扼要，给之后的设计提供方便。

标有地形的现状图是场地调查、分析不可缺少的基本资料，通常称为场地底图。在场地底图上应标出比例和朝向、各级道路网、现有主要建筑物及人工设施、等高线、大面积的林地和水域、场地用地范围。需注意，场地底图不要只限于表示场地范围之内的内容，最好也表示出一定范围的周围环境。为了能准确地分析现状地形及高程关系，也可作一些典型的剖面。

场地分析能涉及的内容有很多，包括场地位置、城市肌理、地形地貌、气候环境、周遭建筑的功能、公共空间的位置和质量、周围建筑风格、附近区域建筑的立面分析、人流流线、城市景观等。

现状分析图中一般需包含以下几种分析图类型，在同一分析图上，可以综合不同类型的分析图。也可以每一张分析图单独进行绘制。

4.3.1 场地区位图

场地区位一般需要标明基址位置、周边的区位环境、临近的主要区域关系、用地类型等因素，明确周边的环境条件特征（图4-7）。

图4-7 城市及其环境范围及区位图

4.3.2 交通分析图

交通分析图中应对场地周边和内部的交通条件进行分析研究，明确场地的可达性情况，现状人行和车行的出入口，现状机动车，非机动车的停车场，以及场地内部的现存广场和道路情况。

4.3.3 地形、地貌图

地形地貌图中应标明场地的地貌类型，等高线分布、水体范围、深度等信息，必要时应标明坡度、坡向等信息，标示出适合建设用地的范围。

4.3.4 气候环境图

气候环境图中应标示出场地内的通风、采光、降水的相关信息。以及由于局部地形所产生的小气候条件（图4-8、图4-9）。

4.3.5 用地现状图

用地现状图内需要标明现状用地条件，对现状居住、商业、工业等用地类型进行标示，以明确场地周边的用地环境，并标明现状场地内需要进行保留用地范围界限。对场地现存的建筑，应标明其性质、位置、

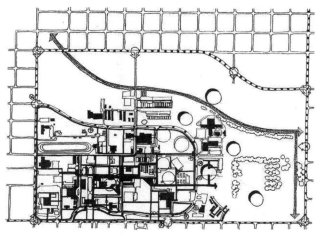

图4-8 交通分析图

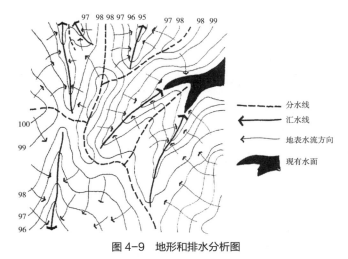

图 4-9 地形和排水分析图

图例：
- - - - 分水线
← 汇水线
← 地表水流方向
■ 现有水面

结构类型、层高、出入口位置等相关信息。

4.3.6 植被现状图

植被现状图中应标明基址内现状植被的种类和分布，对古树名木和姿态优美，具有较好景观价值的植物应重点进行标注。

4.3.7 场地剖面图

场地剖面图可以辅助对场地地形，水体，建筑，植被等要素的位置关系进行分析，场地剖面图其纵横比例可以不同，竖向上比例可以适当进行夸张以强调地形和高差变化（图 4-10~ 图 4-13）。

作业

调研大学校园中的教学区，调研分析周边环境及现状问题，绘出草测图纸和分析图，A4 图幅。

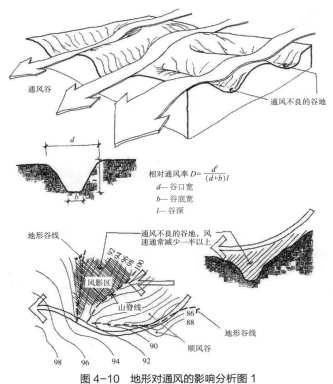

通风谷

通风不良的谷地

$$相对通风率 D=\frac{d^2}{(d+b)l}$$

d—— 谷口宽
b—— 谷底宽
l—— 谷深

通风不良的谷地，风速通常减少一半以上

地形谷线
风影区
山脊线
顺风谷
地形谷线

图 4-10 地形对通风的影响分析图 1

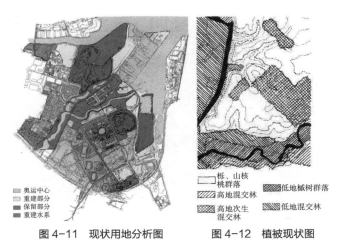

图例：
□ 奥运中心
□ 重建部分
■ 保留部分
■ 重建水系

图 4-11 现状用地分析图

图例：
□ 栎、山核桃群落
▨ 高地混交林
▨ 高地次生混交林
▨ 低地槭树群落
▨ 低地混交林

图 4-12 植被现状图

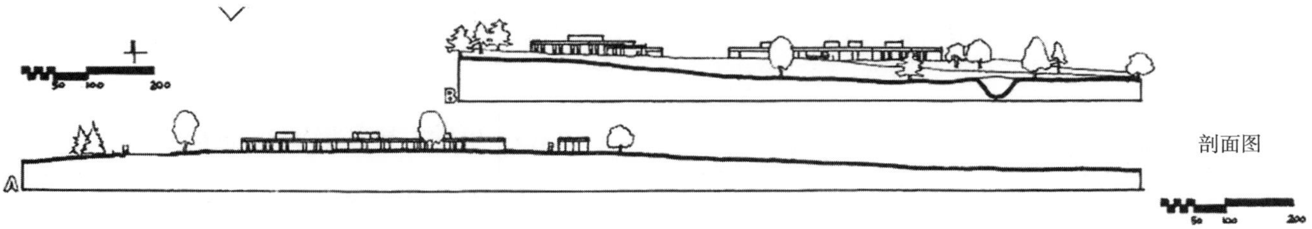

剖面图

图 4-13 地形对通风的影响分析图 2

第 5 章　概念生成

在完成对场地的现场调研之后，结合基地条件，将可以进行初步的设计工作，此过程称为概念性设计。用简单的图示语言表达出设计的初步想法。平衡各方要求、尊重自然、以人为本，是需要贯彻整个设计过程的基本思想。此阶段主要解决用地范围各项使用功能地的位置关系，比如赏景游览、安静休息、交流集会、娱乐健身、商业服务等，寻求最佳的功能组合。其基本过程如图 5-1。

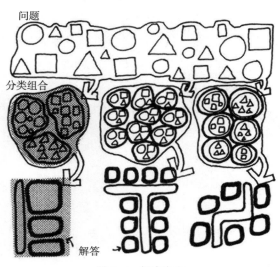

图 5-1　概念生成

5.1　设计要点

主要需考虑下面三个方面内容：

5.1.1　寻找各功能分区之间理想关系

首先要搞清楚各种功能之间的关系，保证不同性质的活动的完整性和不受干扰。设计者应当设身处地从使用者的角度去思考：如果自己身处其中，希望有一种怎样的空间关系。例如安静的休息区可以由供人进行散步的休闲步道串联而成，开放的活动广场可以紧邻有交流集会功能的休息区，但应该和安静、私密的休息区间完全隔离开，辅助的办公区应当设在与其他功能区不相干扰的区域，但同时与主要景区的距离不宜过远，以方便管理。

5.1.2　合理利用基地现状条件

基地现状条件可以为不同功能区的设计提供很多便利。例如，现状条件中的树丛、林带可以是静谧休息区很好的遮蔽、围合材料；结合设计意图，可将原场地中的地形起伏予以强化、调整，高地可以是眺望远处的观景点，谷底拥有良好的小气候条件，可以种植珍贵植物形成小花境、花园。陡峭的岩壁也可以结合周围场地设计为健身攀岩的场所（图 5-2、图 5-3）。

5.1.3　巧妙安排和组织空间序列

除了考虑不同功能分区间的相互关系以外，还要注意整个场地范围的空间序列组织，不同空间

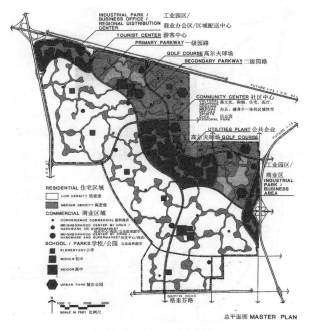

图 5-2　功能分区概念图

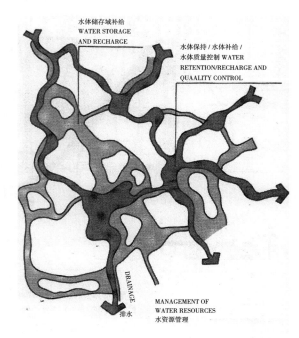

图 5-3　结合场地现状设置的开放空间管理利用分析图

之间的交通组织，进过的功能区顺序是否能为使用者提供舒适的心理感受。比如，从停车场进入公园，先经过一片幽静的林带，再到达开敞的水边活动

区，必然比直接使人从停车场进入活动广场更能使人放松心情，充分投入到园林的氛围里来（图 5-4、图 5-5）。

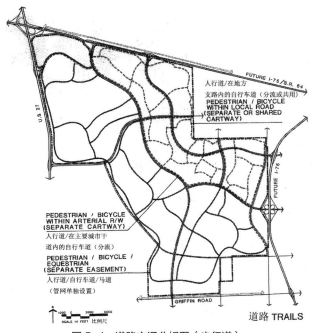

图 5-4　道路交通分析图（步行道）

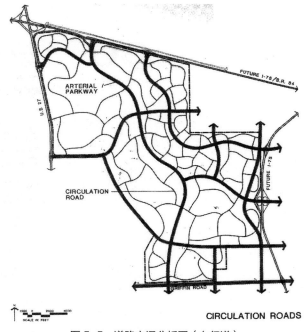

图 5-5　道路交通分析图（车行道）

5.2 表现形式

功能关系的分析可以用概念分析图（泡泡图）来表达。这种形式能够快速记录构思、解决平面各项功能分区的位置、大小、属性、关系和序列等问题，是一种十分快捷有效的方法。

可以用不规则的斑块或圆表示不同的功能区，绘制时要注意所绘制区域的面积，有初步的估算，以便于下一步继续按比例进行设计。

用简单的箭头和线段表示各功能区间的交通联系、道路组织。不同的箭头、线段可以表示交通方式的不同，如机动车道、步行路、自行车道等。线段的粗细可以用来表示此路径上人流量的多少，明确交代主路、次级路等要素（图5-6）。

5.3 概念分析的发展

在功能分析设计完成的基础上，应进一步进行具体设计，赋予不同功能区以具体的形式。形式与功能是设计中最关键的两个方面，两者互相影响制约，满足一种功能分区设计的形式可以有很多种，设计初期，应多注意研究成熟的方案设计，积累形式素材。用星形、交叉符号等表示重要的活动聚集点、景观中心或比较重要的核心场所。

可用折线、方形折拐线段表示阻挡、围合形要素，如密集的林带、绿篱、墙体、围栏等（图5-7~图5-9）。

5.4 案例

5.4.1 案例一

私家别墅庭院的绿化设计的发展过程（图5-10）。

5.4.2 案例二

BIG建筑事务所设计的Skärgärden项目，从场地现状分析，到概念生成，再到最终方案形成，通过一系列富有逻辑的图纸表达，将连续的思维展现出来（图5-11）。

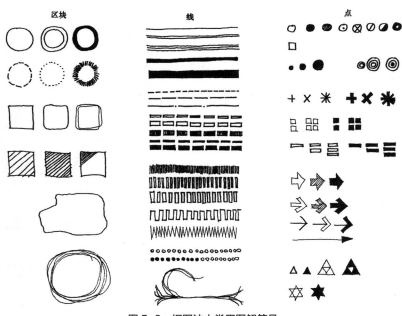

图5-6 框图法中常用图解符号

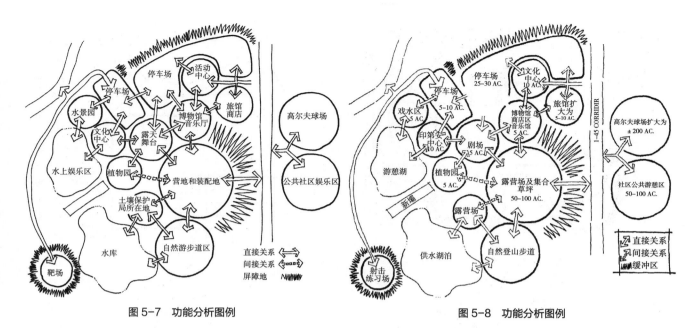

图 5-7 功能分析图例　　　　　　　　　　　图 5-8 功能分析图例

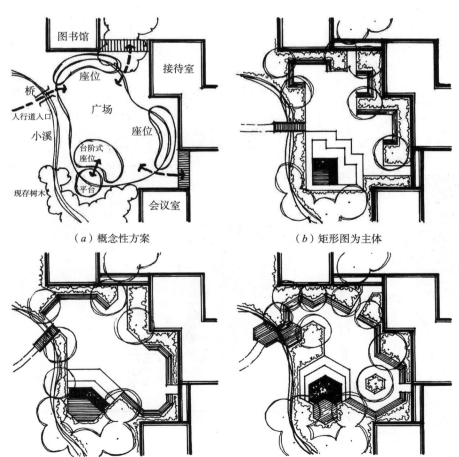

（a）概念性方案　　　　　　　　　　（b）矩形图为主体

（c）45°/90°角为主体　　　　　（d）30°/60°角为主体　　　图 5-9 从概念到形式

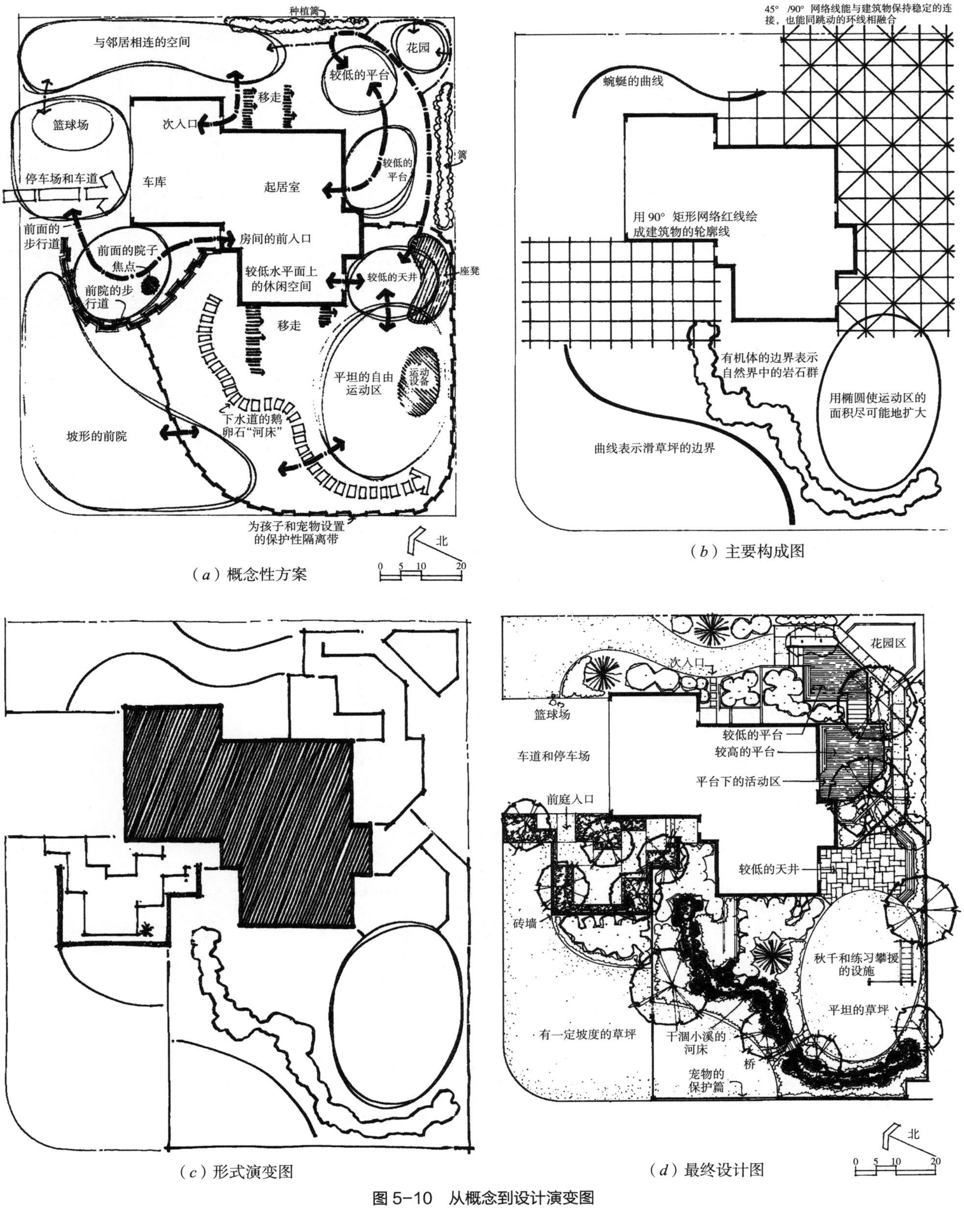

（a）概念性方案

与邻居相连的空间
种植篱
花园
篮球场
次入口
较低的平台
移走
停车场和车道
车库
起居室
较低的平台
篱
前面的步行道
房间的前入口
前面的院子
焦点
座凳
前院的步行道
较低水平面上的休闲空间
较低的天井
移走
运动设备
下水道的鹅卵石"河床"
平坦的自由运动区
坡形的前院
为孩子和宠物设置的保护性隔离带
北
0 5 10 20

（b）主要构成图

45°/90°网络线能与建筑物保持稳定的连接，也能同跳动的环线相融合
蜿蜒的曲线
用90°矩形网络红线绘成建筑物的轮廓线
有机体的边界表示自然界中的岩石群
曲线表示滑草坪的边界
用椭圆使运动区的面积尽可能地扩大

（c）形式演变图

（d）最终设计图

花园区
次入口
篮球场
较低的平台
较高的平台
车道和停车场
平台下的活动区
前庭入口
较低的天井
砖墙
秋千和练习攀援的设施
较低的天井
平坦的草坪
有一定坡度的草坪
干涸小溪的河床
桥
宠物的保护篱
北
0 5 10 20

图 5-10 从概念到设计演变图

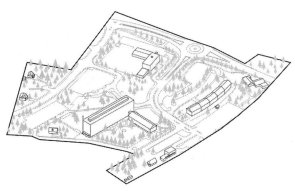

现状条件

现今，原场地主要散布着斑状的草地。同时，沥青路面上还有少数的综合性高层建筑。

EXISTING CONDITION

Today the site is characterized by scattered patches of green lawns and asphalt plus a few mixed height buildings.

（1）

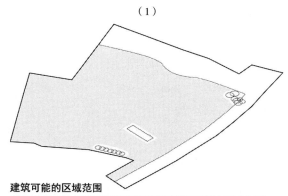

建筑可能的区域范围

根据隔音带的范围，可保留建筑以及现存小路给我们预留出了最大可容许的建筑区域。

POSSIBLE BUILDING PLOT

Following the noise barrier line, the preservable building and the old alleys leaves us with the maximum allowed building area.

（3）

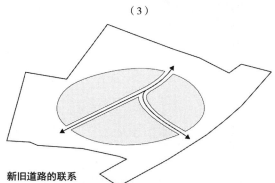

新旧道路的联系

我们建议把主要道路直接布置在现存的通往车站的路径之上。为了优化交通流量，同时为形成一个充满活力的城市中心区域打下基础，我们建议让Norrtäljevägen穿越中心并和周围的区域联系在一起。

NEW AND EXISTING ROAD CONNECTION

We propose to position the main road directly on top of the existing route to the station. In order to optimize the traffic flow and create the basis for an active urban center we propose to lead the Norrtäljevägen through the center and connect it to the roundabout.

（5）

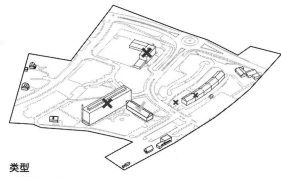

类型

为了创造一个现代的、可持续的城市，我们建议把质量最高的建筑保留下来——遗存的红砖市政建筑。

TYPOLOGIES

In order to create a modern and sustainable city we propose to preserve the building with the highest quality - the existing historical red brick municipality building.

（2）

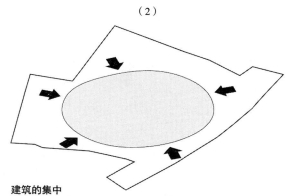

建筑的集中

我们建议把建筑面积集中在一块密集的的城市中心区域，而不是在场地范围内分散地布置建筑。

CONCENTRATION OF BUILDINGS

Rather than spreading out the new development on the site we propose to concentrate the built area in a dense urban island.

（4）

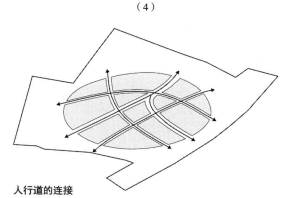

人行道的连接

这个城市中心岛被纵横交错的小路划分，这些小路连接了场地的各个入口，自然地形成了通往火车站的多条捷径。这些被划分的区块便是建筑最终的平面区块。

PEDESTRIAN CONNECTION

The urban island is criss-crossed by small streets connecting the points of entrance to the site, thus creating natural short-cuts to the train-station. This subdivision results in the final building plots.

（6）

图 5-11　从概念到设计演变图

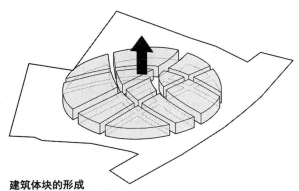

建筑体块的形成

建筑平面被拉伸起来，因而形成的满足数量要求的公寓、商店、办公楼和公共机构建筑。

EXTRUDED BUILDING VOLUME

The building plots are extruded to create the required number of apartments, shops, offices and institutions.

（7）

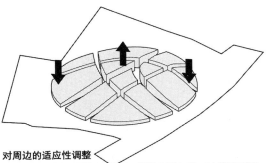

对周边的适应性调整

建筑整体改造后的外表面类似于一座小山，外围的建筑为2-3层，中心区域的建筑为6层，形成了山顶。小山的中心点向东北方向推进，进而获得最大数量西南朝向的屋顶平台和最小的阴影面积。

ADAPTATION TO NEIGHBORING AREAS

The envelope is shaped into a small hill creating a 2-3 storey periphery and a 6 storey peak. The center of the hill is pushed slightly towards the North-East, creating the maximum number of South-West facing roof terraces and the minimum amount of shadow.

（8）

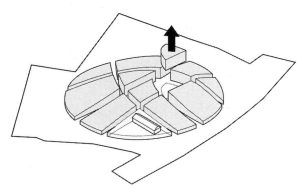

小广场的形成

最小的一栋建筑被移走了，形成了一个被弧形街道所包围的三角形小广场。

CREATION OF A SMALL SQUARE

The smallest building plot is removed; creating a small triangular square surrounded bv curved streets.

（9）

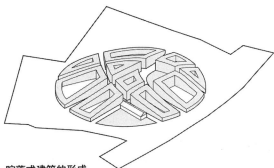

院落式建筑的形成

将每个建筑设计成为院落式建筑。楼层较低的建筑主要是用于住宅，而内部那些较小的建筑是综合性建筑，这些综合性建筑围绕着，形成了一个广场。

RESULTING COURTYARD BUILDINGS

Each building plot is conceived as a courtyard volume. The low periphery volumes are mainly housing, while the inner smaller volumes are mixed-use blocks surrounding the square.

（10）

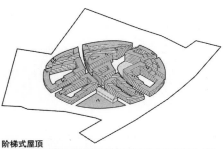

阶梯式屋顶

将建筑顶面设计成阶梯状，使其建筑面积最大化；从而在建筑顶层上形成了一个绿色阶梯式的屋顶景观。

TERRACED ROOFS

The maximum area of building volumes are terraced; creating a roofscape of green terraces accessible from the top floors.

（11）

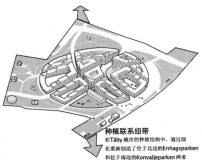

种植联系纽带

在Täby城市的种植结构中，通过绿化重新创造了位于北边的Enhagsparken和位于南边的Konvaljeparken两者之间的联系。

GREEN CONNECTION

In the green structure of Täby municipality the area creates the missing green link between Enhagsparken in north and Konvaljeparken and Moss-torpsparken in south.

（12）

周边公园绿地

新建成的区域作为一个城市岛，被一个开放的公园绿地所包围。

GREEN PERIMETER PARK

The new neighborhood sits as an urban island surrounded by an open green park.

（13）

图5-11　从概念到设计演变图（续）

第 6 章 创造空间

"空间"，既是哲学的概念，也是美学的范畴，既是高度的抽象，又是具体的存在。世界万物从宏观的天体到微观的沙尘，无不存在于空间之中。《辞海》中对于空间的定义是——"在哲学上，与时间一起构成运动物质存在的两种基本形式。空间指物质存在的广延性；时间指物质运动过程的持续性与顺序性。空间与时间具有客观性，它们同运动着的物质不可分割。没有脱离物质运动的空间与时间，也没有不在空间与时间中运动的物质，空间和时间是相互联系的。"由此可见，空间不仅是一个有形的、物质的场地概念，同时也是一个无形的、抽象的场所概念，人们只能感受与体验它。

空间是人类营建活动的出发点与归结点，人类改造环境营造园林，最根本的目的是为表现自己客观的、现实的生存状态而创造空间。园林空间是一种相对于建筑的外部空间，意指人的视线范围内由植物、建筑、山石、水体、道路广场等组成要素所组成的景观区域，既包括平面的布局，又包括立面的构图，是一个综合平、立面艺术处理的立体概念。简言之，人观赏事物的视野范围，园林之中，围合是形成空间的最直接手段，一个围合的空间、是视觉的重点，给人以场所感、归属感。

创造空间是园林设计的根本任务。在此之前，先在平面上理清基地条件，初步规划好功能分区，再从三维立体空间的角度继续进行设计。空间，通常来讲，是经过界定围合而形成的虚空范围。就像建筑中，有墙体或柱子、顶棚加上地面围合而成的房间、走廊或大厅，这些室内"空"的部分都可以称为空间。而对于户外开敞的园林设计而言，虽然没有墙体楼板等构筑物，但也有高大的树木、廊架顶层等形成的顶面，有植物、周边建筑、地形、景墙、灯柱等作为围合物，有硬质的铺装、软质的地被植物、波光粼粼的水面构成的底面，在这几种要素的多重组合中，不同类型的空间便孕育而生了。

6.1 构成空间的要素

空间的本质在于其可用性，即空间的功能作用。一片空地，无参照尺度，就不成为空间，但是，一旦添加了空间实物进行结合便形成了空间，容纳是空间的基本属性。底面、围合、和顶面是构成空间的三大要素，底面是空间的起点、基础；围合因地而立，或划分空间，或围合空间；顶面是为了遮挡而设。与建筑室内空间相比，外部空间中顶面的作用要小些，围合和底面的作用要大些，因为围合一般是垂直方向分布的，并且常常是视线容易到达的地方。空间的存在及其特性来自形成空间的构成形式和组成因素，空间在某种程度上会带有组成因素的某些特征。顶面与围合的空透程度，存在与否决定的构成，底面、围合、和顶面诸要素各自的线、形、色彩、质感、气味和声响等特征综合地决定了空间的质量。因此，首先要撇开底面、围合、和顶面诸要素的自身特征，只从它们构成空间的方面去考虑，然后再考虑诸要素的特征。并使这些特征能准确地表达所希望形成的空间的特点。

6.1.1　底面

构成底面的主要有硬质的铺装、斜坡、台阶，软质的地被植物、低矮灌木，水体。游人主要活动于硬质铺装部分，而软质的植物、地形以及水体虽不能踏入，但仍然是空间的一部分，是视线的延伸。因为园林中通常并无顶面，所以人的视线更多集中于地上，底面丰富的设计是园林设计中的重要一环。材料的细密程度的不同会给人不同的空间感受（图6-1）。

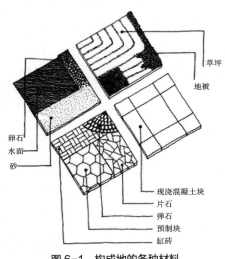

图6-1　构成地的各种材料

6.1.2　围合

围合空间的材料主要有三种：人工的构筑物（花池、灯柱、景墙、挡土墙、栏杆等）、植物材料（小乔木、部分圆锥形针叶树、灌木、高篱、矮篱等）和地形。这三类围合物之间可以相互组合，以增强或削弱围合感，例如种植在山丘上的树木能够形成更强的围合感。通常而言围合的物体高度在0.3~0.5m时，视觉上仍

处于同一空间，高度大于1.5m则会因遮挡视线而认为属于不同的空间。

柱子、乔木树干等不完全遮挡视线的物体虽不能产生强烈的围合感，但是能够起到引导暗示空间的作用，能够暗示出空间的轮廓又能保持视线的通透，或引导人的视线通往最关键的景致，或形成规则的序列给人以秩序感。

6.1.3　顶面

园林中常作为顶面的是乔木的树冠，树木的品种不同会形成高低不同、遮蔽程度不同的顶面。另外一些廊架的上部遮阳也是空间的顶面。更多情况下顶面是开放的，抬头即是浩瀚的天穹（图6-2、图6-3）。

（a）空间的产生：有与无

（b）构成空间的三要素

图6-2　空间的产生和构成

图6-3　设计空间构成的丰富性

6.2　空间的尺度

6.2.1　空间尺度的层次

园林空间的形成要通过实体的围合，不同实体围合产生不同属性的空间，其尺度也各不相同。从二维空间的角度来说，空间变成了一种区域范围，依据这种范围，可以将空间尺度划分为以下几个部分：国家区域范围园林尺度、城市区域范围园林尺度、社区范围园林尺度、街区范围园林尺度、庭院类型园林尺度以及园林细部尺度跟人体尺度。

以上七种园林空间尺度又可以归纳为三种园林空间尺度层次：第一、宏观尺度：包括国家区域范围园林尺度、城市区域范围园林尺度、社区范围园林尺度，此层次主要从国家、城市与社区等大尺度范围的园林空间进行考虑。第二、中观尺度：包括街区范围园林尺度、庭院类型园林尺度等，主要侧重在城市街区、庭院空间的园林景观尺度。第三、微观尺度：包括园林细部尺度与人体尺度，主要从以人的感受作为出发点。

空间的尺度主要依据人的尺度而设定的，和日常生活相近的尺度会让人感到亲切舒适，如正好供两人行走的小路，和餐桌尺度相仿的露天桌椅等；巨大的尺度会让人觉得自身渺小而产生伟岸之感，如英雄纪念碑与天安门广场的尺度；小于日常的尺度会让人觉得自己是高耸伟大的，富有童趣，如迪士尼乐园等游乐场的设计（图6-4）。

6.2.2　空间尺度的对比关系

园林空间尺度大小是相对的，通过不同空间相互转换、相互烘托、参照产生出全新的尺度，显现出"小中见大"的奇妙效果，让人体会到空间尺度变化的趣味性。陶渊明的《桃花源记》描述了这种效果："山有小口，仿佛若有光。便舍船，从口入。初极狭，才通人；复行数十步，豁然开朗。土地平旷，屋舍俨然。"在园林空间设计中，很多风景园林师通过夸大或者缩小空间尺度来创造独特的空间氛围。

例如园林中常用的"欲扬先抑"的设计手法，为了突出重点要表达的大尺度空间环境，在前面可以设计一个小尺度空间，通过空间由小到大的对比关系，让游人体会空间的变化所带来的不同体验。例如在清华园残存的旧址的基础上模仿江南山水园营建的行宫，畅春园中运用了欲扬先抑的设计手法，用小尺度建筑对比前后湖的大面积园林景区，让游人体会不同空间的体验，显得水面比原有尺度要大。

在有些纪念性或象征性的景观之中，为突出主题的需要，有时候空间可以相应的进行尺度的放大，让人们失去常规空间中的尺度感受能力，从而实现人在这种空间之内的神圣或者崇高的空间感受。以美国华盛顿纪念碑广场空间为例，其纪念碑底座宽度为22.4m，高度为169m，形成拔地而起，高耸入云的感受。同时，纪念碑四周的尺度宽阔的大草坪，为游人提供了良好的观赏距离和角度（图6-5、图6-6）。

亲密的尺度　正常的尺度　纪念性的尺度　强烈对比的尺度

图6-4　空间尺度的类型

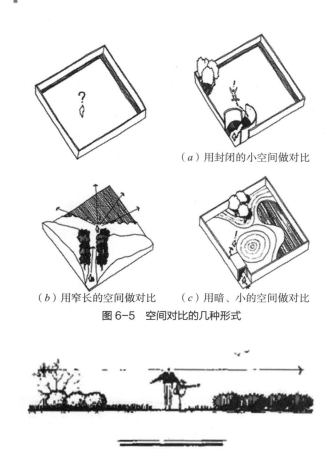

（a）用封闭的小空间做对比

（b）用窄长的空间做对比　（c）用暗、小的空间做对比

图 6-5　空间对比的几种形式

图 6-8　低矮灌木和地被形成的开敞空间

图 6-6　华盛顿纪念碑

图 6-7　开敞空间

6.3　空间的类型

空间有很多种类型，如静态稳定的空间、具有引导性的动态空间、开敞辽阔的空间、封闭亲切的空间。在设计时需根据所对应的功能类型，营造合适的精彩的空间。按照空间封闭程度的不同，常见的空间类型大致可以分为：开敞空间、半开敞空间、顶平面空间、完全封闭空间、垂直空间五种基本类型。

6.3.1　开敞空间

开敞空间是外向型的，限定性和私密性较小，强调与空间环境的交流、渗透、讲究对景、借景、与大自然或周围空间的融合。它可提供更多的室内外景观和扩大视野。在使用时开敞空间灵活性较大，便于经

常改变室内布置。在心理效果上开敞空间常表现为开朗、活跃。在对景观关系上和空间性格上，开敞空间是收纳性的和开放性的（图 6-7、图 6-8）。

6.3.2　半开敞空间

该空间与开敞空间相似，它的空间一面或多面部分受到较高植物的封闭，限制了视线的穿透。这种空间与开敞空间有相似的特性，不过开敞程度较小，其方向性指向封闭较差的开敞面。这种空间通常适于用在一面需要隐密性，而另一面又需要景观的居民住宅环境中。可用地形和植物要素进行空间的围合。在一侧封闭的前提下，另一侧可因地形变化造就出更广阔的视野。

该空间与开敞空间相似，它的空间一面或多面部

分受到较高植物的封闭，限制了视线的穿透。这种空间与开敞空间有相似的特性，不过开敞程度较小，其方向性指向封闭较差的开敞面。这种空间通常适于用在一面需要隐密性，而另一面又需要景观的居民住宅环境中（图 6-9~ 图 6-11）。

6.3.3　顶平面空间

利用具有浓密树冠的遮阴树，构成一顶部覆盖而四周开敞的空间。一般说来，该空间为夹在树冠和地面之间的宽阔空间，人们能穿行或站立于树干之间，利用覆盖空间的高度，能形成垂直尺度的强烈感觉。从建筑学角度来看，犹如我们站在四周开敞的建筑物底层中或有开敞面的车库内。在风景区中，这种空间犹如一个去掉底层植被的城市公园。由于光线只能从树冠的枝叶空隙及侧面渗入，因此在夏季显得阴暗，而冬季落叶后显得明亮较开敞。这类空间较凉爽，视

线通过四边出入。另一种类似于此种空间的是"隧道式"（绿色走廊）空间，是由道路两旁的行道树交冠遮荫形成。这种布置增强了道路直线前进的运动感，使我们的注意力集中在前方。

6.3.4　完全封闭空间

封闭空间是指人处于的区域范围内，四周用植物材料封闭，这时人的视距缩短，视线受到制约，近景的感染力加强，景物历历在目容易产生亲切感和宁静感。小庭园的植物配置伊采用这种较封闭的空间造景手法。而在一般的绿地中，这样小尺度的空间私密性较强，适宜于年轻人私语或者人们独处和安静休憩。

完全封闭空间，这种空间与覆盖空间相似，但最大的差别在于，这类空间的四周均被中小型植物所封闭。这种空间常见于森林中，它相当黑暗，无方向性，具有极强的隐秘性和隔离感。

图 6-10　低矮灌木和地被形成的开敞空间

图 6-9　半开敞空间

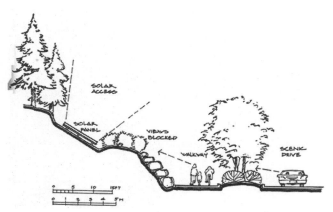

图 6-11　利用地形和植物要素进行空间围合

6.3.5　垂直空间

运用高而细的植物能构成一个方向直立，朝天开敞的室外空间。设计要求垂直感的强弱，取决于四周开敞的程度。此空间就像哥特式教堂，令人翘首仰望将视线导向空中。这种空间尽可能用圆锥形或纺锤形植物，越高则空间感越大，而树冠则越来越小（图6-12~图6-17）。

图6-12　顶平面空间

图6-15　封闭空间

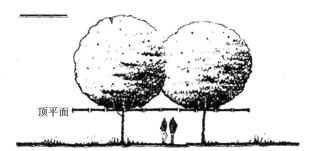

图6-13　利用树冠形成顶平面空间

图6-14　完全封闭空间

封闭垂直面，开敞顶平面的垂直空间

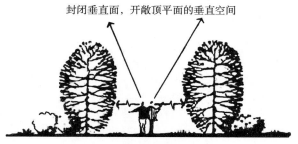

图6-16　垂直空间

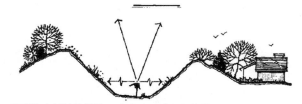

地形的边封闭了视线，造成孤立感和私密感

图6-17　地形边界封闭视线

6.4　空间的组织

空间是由道路组织起来的，进入空间的不同路径、通路的位置和数量、空间的形态、景物的排列顺序、主景的布置位置，都决定了空间带给人的感受（图6-18~图6-20）。

6.5　空间序列

空间序列的概念是指空间的先后顺序，是风景园林师按园林景观功能给予合理组织的空间组合。各个空间之间有着顺序、流线和方向的联系。

当一系列空间组织在一起时，需要考虑空间之间的序列关系，精心安排空间之间的游览路线，善于运用空间之间的对比、渗透形成丰富的空间序列，以达到预期的艺术效果。例如从狭窄封闭的空间中走入较开敞的空间，会带给人惊奇的效果。要设身处地地构思整个空间序列，考虑步入每个空间时视线的焦点和观赏点的位置，使其成为一个完整的精彩的艺术品。

空间序列设计的构思、布局以至处理手法是根据空间的使用性质而变化的，但是总体而言，空间序列一般可分为以下四个阶段：

开始阶段是空间序列设计的开端部分，预示着将展开的内幕，如何创造出具有吸引力的空间氛围是其设计的重点。过渡阶段是序列设计中的过渡部分，是培养人的感情并引向高潮的重要环节，具有引导、启示、酝酿、期待以及引人入胜的功能。高潮阶段是序列设计中的主体，是序列的主角和精华所在，在这一阶段，目的是让人获得在环境中激发情绪、产生满足感等种种最佳感受。结束阶段是序列设计中的收尾部分，主要功能是由高潮回复到平静，也是序列设计中必不可少的一环，精彩的结束设计，要达到使人去回味、追思高潮后的余音之效果。

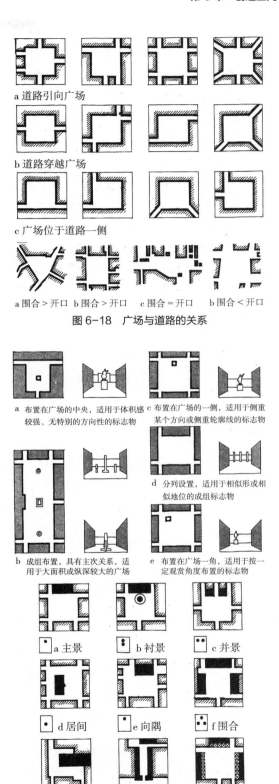

a 道路引向广场

b 道路穿越广场

c 广场位于道路一侧

a 围合＞开口　b 围合＞开口　c 围合＝开口　b 围合＜开口

图 6-18　广场与道路的关系

a 布置在广场的中央，适用于体积感较强、无特别的方向性的标志物

c 布置在广场的一侧，适用于侧重某个方向或侧重轮廓线的标志物

d 分列设置，适用于相似形或相似地位的成组标志物

b 成组布置，具有主次关系，适用于大面积或纵深较大的广场

e 布置在广场一角，适用于按一定观赏角度布置的标志物

a 主景　　b 衬景　　c 并景

d 居间　　e 向隅　　f 围合

g 介入　　h 纵深　　i 退隐

图 6-19　广场与标志物、建筑的关系

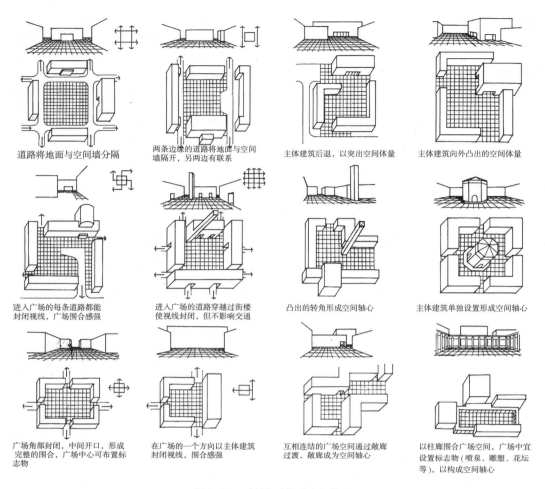

道路将地面与空间墙分隔

两条边缘的道路将地面与空间墙隔开，另两边有联系

主体建筑后退，以突出空间体量

主体建筑向外凸出的空间体量

进入广场的每条道路都能封闭视线，广场围合感强

进入广场的道路穿越过街楼使视线封闭，但不影响交通

凸出的转角形成空间轴心

主体建筑单独设置形成空间轴心

广场角部封闭，中间开口，形成完整的围合，广场中心可布置标志物

在广场的一个方向以主体建筑封闭视线，围合感强

互相连结的广场空间通过敞廊过渡，敞廊成为空间轴心

以柱廊围合广场空间，广场中宜设置标志物（喷泉、雕塑、花坛等），以构成空间轴心

图6-20 建筑与广场的空间关系

空间序列的设计不是一成不变的。其可以根据风景园林师对设计空间的功能要求，有针对性和灵活的进行创作。任何一个空间的序列设计都必须结合色彩、材料、陈设、照明等方面来实现，但是作为设计手法的共性，有以下几点值得注意：

（1）导向性：所谓导向性，就是以空间处理手法引导人们行动的方向性。风景园林师常常运用美学中各种韵律构图和具有方向性的形象类构图，作为空间导向性的手法。在这方面可以利用的要素很多，例如利用墙面不同的材料组合，柱列、装饰灯具和绿化组合，顶棚及地面利用方向的彩带图案、线条等强化导向。

（2）视线的聚焦：在空间序列设计中，利用视线聚焦的规律，有意识地将人的视线引向主题。

（3）空间构图的多样与统一：空间序列的构思是通过若干相互联系的空间，构成彼此有机联系、前后连续的空间环境，它的构成形式随着功能要求而形形色色，因此既具有统一性又具有多样性（图6-21~图6-24）。

6.6 案例分析

6.6.1 意大利兰特庄园

兰特庄园作为文艺复兴时期最具代表性的园林，在空间序列设置上仅有一条主轴串联构成，各个不同

空间序列

按照串联的形式来组织空间院落并形成完整的序列。这和传统的宫殿、寺院及四合院居居建筑颇为相似，即沿着一条轴线使空间院落一个接一个地渐次展开。所不同的是，宫殿、寺院及民居多呈严格地对称布局，而园林则常突破机械的对称画力求富有自然情趣和变化。例如乾隆花园，尽管五进院落大体上沿着一条轴线串联为一体，但除第二进外其它四个院落都采用了不对称的布局形式。另外，各院落之间还借大与小、自由与严整、开敞与封闭等的对比，从而获得抑扬顿挫的节奏感。

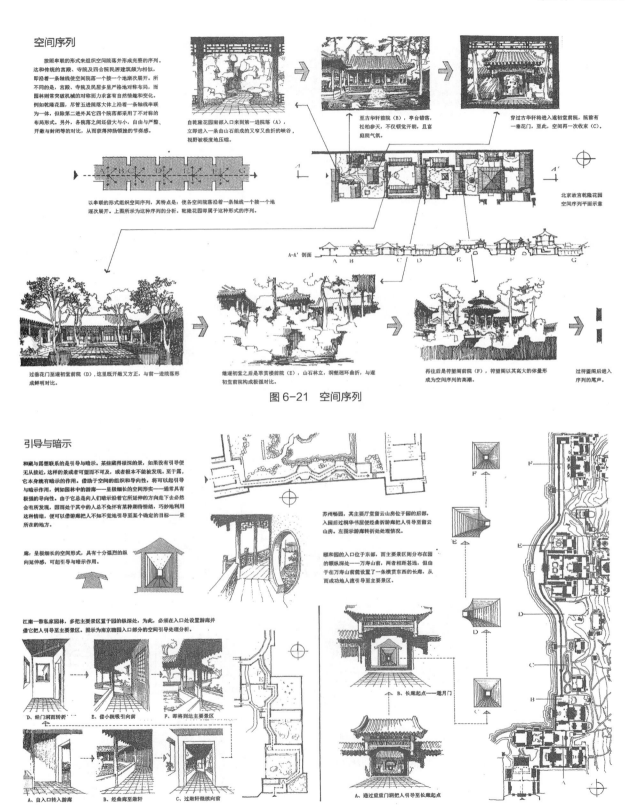

自乾隆花园南部入口处来到第一进院落（A），立即进入一条由山石组成的又窄又曲折的峡谷，视野被极度地压缩。

至古华轩前院（B），亭台错落，松柏参天，不仅顿觉开朗，且富庭院气氛。

穿过古华轩将进入遂初堂前院，院前有一垂花门，至此，空间再一次收束（C）。

以串联的形式组织空间序列，其特点是：使各空间院落沿着一条轴线一个接一个地逐次展开。上面图示为这种序列的分析。乾隆花园即属于这种形式的序列。

北京故宫乾隆花园
空间序列平面示意

A-A' 剖面

过垂花门至遂初堂前院（D），这里既开敞又方正，与前一进院落形成鲜明对比。

继遂初堂之后是萃赏楼前院（E），山石林立，洞壑迴环曲折，与遂初堂前院构成极强对比。

再往后至符望阁前院（F），符望阁以其高大的体量形成为空间序列的高潮。

过符望阁后进入序列的尾声。

图 6-21 空间序列

引导与暗示

和藏与露想联系的是引导与暗示。某些藏得很深的东西，如果没有引导便无从接近，这样的东西或者可望而不可及，或者根本不能被发现。至于露，它本身就有暗示的作用。借助于空间的组织和导向性，将可以起到引导与暗示作用。例如园林中的游廊——呈极细长的空间形实——通常具有极强的导向性，由于它总是向人们暗示沿着它所延伸的方向走下去必然会有所发现，因而处于其中的人总不免怀有某种期待情绪，巧妙地利用这种地段，便可以借游廊把人不知不觉地引导至某个确定的目标——景所在的地方。

廊，呈极细长的空间形式，具有十分强烈的纵向延伸感，可起引导与暗示作用。

苏州畅园，其主要厅堂留云山房位于园的后部，入园后过桐华书屋便经曲折把游廊把人引导至留云山房。左图示游廊转折处处理情况。

颐和园的入口位于东部，而主要景区则分布在园的最纵深处——万寿山前，两者相距甚远，但由于在万寿山前龙设置了一条横贯东西的长廊，从而成功地人流引导至主要景区。

江南一带私家园林，多把主要景区置于园的纵深处，为此，必须在入口处设置游廊并借它把人引导至主要景区。图示为南京瞻园入口部分的空间引导处理分析。

D、经曲洞而转折　E、借小院暗引向前　F、即将到达主要景区

自入口转入游廊　B、经曲廊至敝轩　C、过敝轩继续向前

B、长廊起点——邀月门

A、通过重门洞把人引导至长廊起点

图 6-22 空间引导与暗示

俯视与仰视

园林建筑既然讲究利用自然地形或以人工方法堆山叠石以使其具有高低错落的变化，人在其中必然会时而登高，时而就低，登临高处时不仅视野开阔，而且由于自上向下看，所摄取的图像即今所谓的俯视角度；反之，自低处向上看所得图像即仰视角度。这种视角的变化可以增添情趣。《园冶》所说："楼阁之基，依次定在厅堂之后，何不立半山半水之间，有二层三层之说？下望上是楼，半山拟为平屋，更上一层，可穷千里目也"，所描绘的就是这种因视角改变而产生的效果。

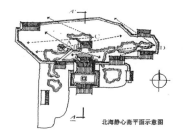

北海静心斋平面示意图

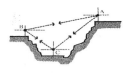

所处视高不同，所摄取的图像有的为仰视（A）；有的为仰视（C）；有的部分为俯视，部分为仰视（B）

A. 自坐落在山石之上的六角亭（A）俯视园的东部景区。

B. 自斜桥的东北端（B）向上仰视六角亭。

C. 自低洼的池岸（C）向上仰视园西北角的楼阁。

D. 自园东（D）西看，左侧为俯视，右侧为仰视。

A-A'剖面示意图

北海静心斋，园的北部景区地形变化较大，人在其中可借视高的改变而获得不同角度的景观效果。

图 6-23　俯视与仰视

蜿蜒与曲折

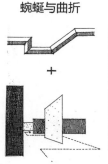

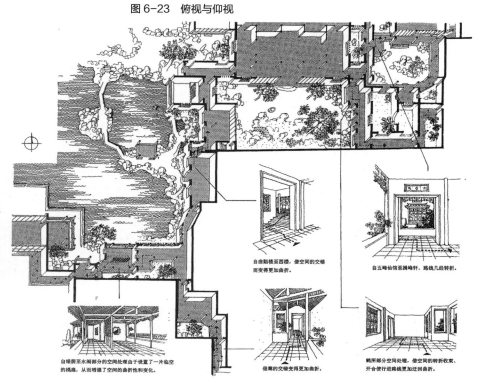

虽然绝大多数园林建筑都是借游廊来连接各种单体建筑从而使群体组合蜿蜒曲折，变化无穷，但也有少数园林主要不是通过游廊，而是借助于建筑物的直接衔接，特别是使其空间相互交错穿插，从而给人以曲折迂回和不可穷尽的感觉。最典型的例子莫过于留园，自入口至古木交柯后，不论是向疏绿荫剪曲廊曲楼、五峰仙馆至石林小院，或向东经曲廊楼、连接建筑，但主要却是利用建筑物互相交错穿插从而形成了极其曲折多变的空间序列。这种手法和西方近现代建筑所推崇的"流动空间"很相似，颇有异曲同工之妙。

对于某些园林建筑来说，蜿蜒曲折不单体现在借曲廊来连接各单体建筑——建筑的组合上，而且还体现在空间的分割与联系——空间序列的组合上。苏州留园正是通过以上两种方法而取得了极为良好的效果。

自绿荫阁至水阁部分的空间处理由于设置了一片临空的桐扇，从而增强了空间的曲折性和变化。

自曲豁楼至西楼，借空间的交错面变得更加曲折。

借廊的交错变得更加曲折。

自五峰仙馆至揖峰轩，路线几经转折。

鹤所部分空间处理，借空间的转折收束、开合使行进路线更加迂回曲折。

图 6-24　蜿蜒与曲折

类型的空间通过水景来进行衔接，空间形成了节奏紧密、过渡自然的空间序列。

兰特庄园空间序列开始于庄园的顶层台地，当人们穿过浓密的丛林园，一扇小门引领人们来到园内。水景源头的洪水喷泉（Foutain of the Deluge）两边是对称的凉亭，使喷泉形成一个阴角空间，洪水喷泉被蕨类植物所覆盖，使其完全融入于自然之中。

洪水喷泉对面的海豚喷泉由凉亭环绕，整个顶层台地是序列的开始和丛林园的过渡空间。作为顶层台地与第三层台地过渡空间的蟹型链式水阶梯，两边高大的树篱限定了空间，加强了纵深感。引导人们的视线指向第三层台地。

第三层台地使视线再次开阔，巨大的河神喷泉与挡土墙相结合，狭长的石台与水阶梯相呼应，石台中央水平静地流淌与河神喷泉中水急速跌落形成强烈的对比，使整个空间动静有致。

沿着两边的阶梯往下是第二层台地，整个空间呈狭长型，属于园林中面积最小的台地，圆形喷泉嵌入挡土墙内，形成了半嵌入半突出的圆形，喷泉两边种有高大的柏树、栎树和一些花，人工台地喷泉与自然植物形成强烈对比，此时能看到整个底层台地、建筑和周边景色。菱形树篱作为与底层台地连接的过渡空间，两边建筑平行并置，高大的树篱不仅限定了空间，而且引导了人们视线。

兰特庄园底层台地的花坛修剪精美，整个空间视野开阔，周围高大的树篱遮挡了园外的城镇建筑，使整个园林仿佛与周围的城镇隔绝开来。中央的喷泉作为整个空间序列结束的高潮，四块方形的水池中间有一个圆形小岛上，圆形小岛上有一个组合雕塑四个雕像托着冠冕，象征着园主的成就和受到的民众爱戴。

同时，兰特庄园的园林场景中还融入了神话寓言、历史题材和文学故事等，增强了空间体验的戏剧性、趣味性意义。并通过一系列的古代文学隐喻和园主个人思想，叙述性地描述了其场景序列，并通过轴线使其逐个串联起来（图 6-25~ 图 6-27）。

6.6.2　法国巴黎雪铁龙公园

雪铁龙公园（Parc Andre Citroen），占地 45 公顷，位于巴黎西南角，濒临塞纳河。是利用雪铁龙汽车制造厂旧址建造的大型城市公园。

雪铁龙公园空间构成的特色为：一系列矩形空间组成垂直塞纳河的轴线，并被一条直线斜向贯通。在公园建造之前场地上的斜向联系则一直都存在着，是城市路网中的重要历史信息。正是场地的文脉和已经非常明晰的空间结构催生了现在我们看到的雪铁龙公园。

图 6-25　兰特庄园

图 6-26　兰特庄园水阶梯

图 6-27　兰特庄园顶层台地

雪铁龙公园的平面追求几何完形、布局巧妙、比例精到。其中，白色园（A 区）和黑色园（B 区）位于公园主体的外围，镶嵌在周围居住区内，是为住区居民服务的小区游园。白色园紧挨社区墓园，处理得朴素平淡，在设计上除了集中运用浅色材料体现白色的主题外并未多着笔墨。而黑色园位于居住区中心，相对独立、

自成体系，风景园林师在有限的空间内创造出有四个标高的立体公园，以满足居民多样灵活的使用需求。位于四周的系列下沉花园与处于其他几个标高的部分交叉呼应，起到了穿插组织各个部分形成整体的作用。

C 区是全园主轴线的起点。两个温室雄踞 C 区的全园最高点，俯瞰公园中心缓缓坡向塞纳河岸边的大草坪。两座温室之间是一组喷泉。这个区域是全园中心轴线的起点，空间感的形成并不倚重边界的围合，而是突出两座建筑的占据。

D 区由小温室和系列花园组成。6 座小温室被抬升大约 4m 的高度，背向园外一侧，形成界定公园的边界，面向园内中心的大草坪。一条高架步道串联这 6 座小温室。地面道路与高架步道之间由 6 条大坡道连接。坡道上接小温室的出口，下联地面道路，指向中心大草坪。6 组跌水在道路的另一侧与这 6 条坡道呼应，在空间里将坡道形成的直线延伸，并与围绕大草坪的水渠呼应，像 6 枚纽扣把两个部分扣在一起，起到空间转换承接的作用。6 条坡道和两条平行的地面道路围合出一系列长方形的部分，风景园林师将这些彼此独立的长方形地块下挖 4m 左右的深度，形成下沉空间。于是，整个 D 区的空间结构就由最初的二维平面上升下沉转变为一个在纵向上存在近 10m 高差的三维空间，且一个较大的空间被分割压缩成更加宜人的几个较小部分。在适宜的尺度和充足的高差下，风景园林师获得了利用多种手法充分发挥创造力的余地。一系列下沉花园采取了各不相同的空间处理手法，在完成了大高差和小空间的组织并形成现在这样的空间骨架后，一个个精心推敲设计的小空间为游人提供了多元化的场所。

E 区是中心的大草坪，是整个设计的"核"。它四周被方正的水渠围绕，两侧是道路和墙体，空间边界明确，占地面积广大，设计语言非常统一，与周边丰富多样的小空间形成了鲜明的对比。它的宏大、明晰和力度形成一种"场"，将周边所有的元素笼络为一个

有机整体。虽然整个大草坪主题单一、元素纯粹，但是空间的丰富性却丝毫不弱。围绕草坪的水渠提供了一道漫长的亲水边界，增加了边界丰富性。观察草地上活动的游人就会发现，添加一道水渠不仅增加了一种界定空间的元素，更增加了人们利用空间的无限可能，彻底改变了空间的性格。

G 区被称作"Garden in Movement"——运动中的园。此部分的主风景园林师是吉尔·克莱芒。此君谦称自己只是一位"简单的园丁"，实则却是一位坚持自己设计理念的性格风景园林师。他的核心设计理念是人必须学会建立"人类活动和自然资源之间的平衡"。推动他设计的概念之一是"尊重自然本身的行为"，在设计中他总是尽量做到对自然的流动进行最少的干预。雪铁龙公园里的这块"运动中的园"就是这种概念的具体体现。这个区域内的植物都是播种种植的，植物的生长完全不受约束。连野草都被一视同仁的看作这个空间的一部分。园中甚至没有非常明确的路径，走的人多了才形成了小径。植物间的相互竞争，以及人类活动的参与和影响都是此处空间构成的驱动力。在这种情况下，就形成了颇具野趣的丰富的植物空间。

总平面图的右下角有一块三角形的区域。这个地块临近塞纳河，却没有近水临岸的地形优势。因为沿着塞纳河的左岸，RER 铁路线凌空而过，将河岸与公园完全分隔开来。铁路线造成公园与水面视觉联系的完全中断，而且每几分钟就疾驰而过的火车带来了无法消除的噪音。为解决这个问题，风景园林师采取了非常巧妙的手法。首先风景园林师用一组 3m 高的墙体分隔围合小空间，在下形成一组递进的序列，在上形成立体步行系统。递进的空间序列由三部分组成：第一部分是两组水瀑夹持的小空间；第二部分是以黄杨花坛和桦树组合为中心景观的庭院；第三部分是整形修剪的灌木群和步道组成的转折过渡区域。第一部分内，两组水瀑从不同倾角的两面墙上泻下，倾角较

大的一面水花翻舞激越而下，形成引人入胜的视觉效果。另一面坡度较缓、坡长较长，面砖搭砌时有意形成数量更多的突起。当流水从顶端泻下时需要与突起的部分撞击多次。虽然在较缓的坡上水花的效果减弱，但是却加剧了水声的轰鸣。于是，一面墙用水花的视觉效果吸引游人注意，让人的视线转向背离铁路线一侧；另一面墙则加剧了水的轰鸣声，用水声来掩盖火车经过时的噪音。此外，座椅位置的配合进一步保证了设计意图的实现。在这一系列手法下，一块无景可观、噪音纷扰的鸡肋之地竟然成为一处适于静坐冥想的宜人空间。进入第二部分的庭院，水声轰鸣仍在回荡，经过修剪的黄杨绿块和桦树等植物的精心搭配为庭院增添了一份宁静的气氛。第三部分位于一个抬高的平台上，修剪整齐的植物色块与刚才庭院的种植形式形成鲜明的反差，与一侧体量庞大的建筑相配合，引导游人转向下一个区域——F 区。

这个区域以一条笔直的抬升水渠为主体，水渠高出大草坪所在的地面约 3m。这 3m 的高差由挡土墙解决，挡土墙一侧修建若干体量不大的中空立方构筑物。他们沿着挡土墙形成序列，与草坪对面的系列小温室遥相呼应。这些构筑与水景结合，影射历史园林中岩洞的意向。H 区是与 F 区相对的整形树阵，它在 D 区和 E 区之间，是两种尺度、性格都对比强烈的空间之间的过渡。I 区为高架桥和通向塞纳河的码头，通过打通视觉廊道延伸中轴线。

雪铁龙公园的空间营建从场地记忆和城市结构出发，以具有统治力的中轴布局整合极其丰富多样的小空间，形成了清晰明确的总体空间布局。在小空间的营建中，注意创造和利用高差，通过不同的空间组织形式创造出给人不同体验的物质环境。空间的营建不仅依靠建筑物和构筑物的建设也重视植物材料的运用，最终形成了具有生命的、处于不断变化中的空间（图 6-28~ 图 6-31）。

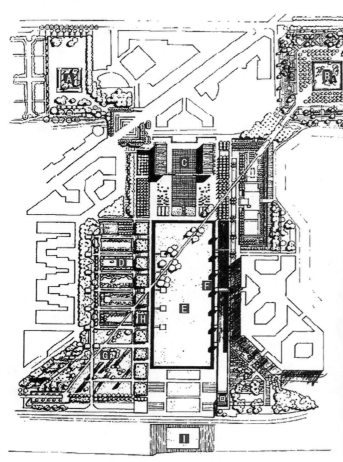

图 6-28　雪铁龙公园平面图

图 6-29　雪铁龙公园 1

图 6-30　雪铁龙公园 2

图 6-31　雪铁龙公园 3

作业（图 6-32、图 6-33）

成果要求：

1. 手绘图纸表达，彩铅淡彩上色。

2. 统一绘制在 A3 或者 A4 大小的白纸上。

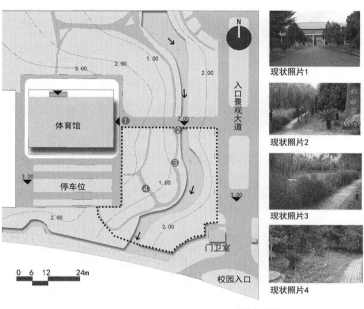

该场地位于某校园内，位于校园主入口保卫室西北侧，其西临体育馆，东临入口景观大道。场地内部有一条河道穿过，场地内部空间单调，植被单一。

现需对这块场地进行改造，打造出一处有特点的校园空间。

请绘制各类分区图、平面图（1:500）、剖面图（1:200）、效果图及鸟瞰图

图 6-32

校园改造设计

设计说明：

　　该改造场地邻近校园正大门，毗邻体育馆，来往人流较大为提升场地的活动，增设了一个入口和快速通行的曲桥，增加了视觉变化。场地主要分为阳光大草坪、游戏广场区和缤纷晒谷场。开阔的斜坡大草坪为人们提供了晒日光浴的场所。游戏广场区铺装变化丰富，小品结合座椅为人们增添乐趣；最有特色的是缤纷晒谷场，附以水稻、玉米等农作物种植，既带给人们野趣之美和丰收之乐，又给校园的农林特色一个平台，展示与人群之中，又产生共鸣。

场地分析图

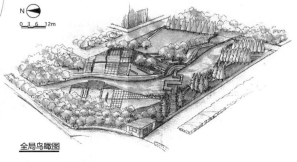

全局鸟瞰图

图 6-33 作业范例：校园改造设计

第 7 章　园林植物设计

植物是大自然生态系统的重要组成部分，也是人类和许多动物赖以生存的基础。认识、体验大自然的重要一步就是要对植物的观赏特点、生物学特性和生态习性以及养护管理有所了解。热爱植物是做好风景园林设计的前提。当前，在风景园林实践中，在大多数情况下采用的植物由人工在苗圃繁育而成，并批量生产，被称之为（风景）园林植物（Landscape plant）。

7.1　园林植物的作用

7.1.1　生态功能

园林植物能够改善小气候条件和保持水土。落叶乔木夏季的浓荫能遮挡阳光，冬季的枝干又能透射阳光。植物表面水分的蒸发能控制过热的温度、增加空气湿度。植物可以用来挡住冬季的寒风，作为风道又可以引导夏季的主导风。另外，植物的根系、地被等低矮植物可作为护坡的自然材料，减少土壤流失和沉积。在自然排水沟、山谷线、水流两侧若种植些耐水湿的植物，则能稳定岸带和边坡。

7.1.2　塑造空间

在室外环境中，园林植物应当看作是围合空间的重要元素。其作用相当于建筑内部的墙体、天花板、地面和门窗。高大的乔木能够形成户外的顶平面，对上方空间进行界定。下方不同的地被植物能够起到限定空间的作用。园林植物是与地形或硬质材料不同的富有生命的素材，因此叶的疏密度、分枝高度、落叶植物季相的变化都会影响空间的围合感（图 7-1）。

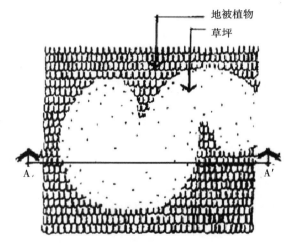

平面

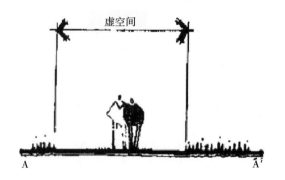

地被和草坪暗示虚空间的边缘

图 7-1

夏季

空间封闭视线内向

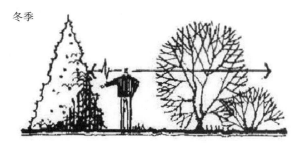

冬季

空间开敞视线透出空间

图 7-1 （续）

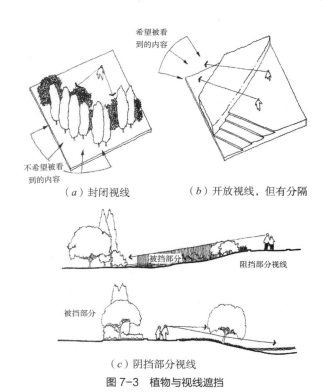

（a）封闭视线　（b）开放视线，但有分隔

被挡部分　阻挡部分视线

被挡部分

（c）阴挡部分视线

图 7-3 植物与视线遮挡

7.1.3　控制视线

视线的控制的目的实际上是引导游人的欣赏方向，组织游览活动（图 7-2~ 图 7-4）。

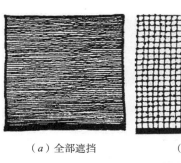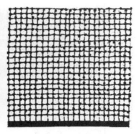

（a）全部遮挡　（b）漏景

（c）部分遮挡　（d）框景

图 7-2 利用植物遮挡的几种形式

图 7-4 引导视线

（1）障景，遮挡不佳的景色和不希望被看到的事物。为了完全封闭住视线，应使用枝叶稠密的灌木和小乔木分层遮挡。

（2）漏景，稀疏的枝叶、较密的枝干能形成面，使其后的景物隐约可见，这种相对均匀的遮挡产生的漏景若处理得好便能获得一定的神秘感，因此，可组织到整体的空间构图或序列中去。

（3）框景，能够有效地将人们的视线吸引到较优美的景色上来，并且增加景观层次。

7.1.4 造景

（1）植物作为主景或焦点（图 7-5、图 7-6）

（2）构成背景

a. 强调作用

起到标识、衬托作用，吸引人们视线，强调室外其他元素，如主要景观小品、建筑出入口、道路交叉口等。

b. 构成一般背景：形成园林的整体基调（图 7-7~图 7-9）。

7.2 园林植物按生长类型分类

国际上通用的对植物的分类标准是按进化特点而做的恩格勒系统或哈钦森系统，同时还有基于形态解剖学的基础而做的分类，按照树木的生长类型分为以下六类。

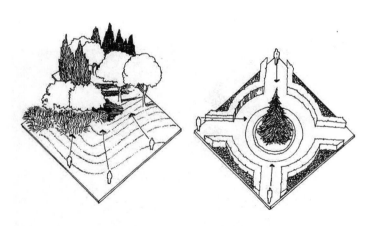

图 7-5 形成主题或焦点

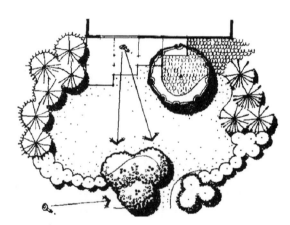

图 7-6 在景观空间形成主景

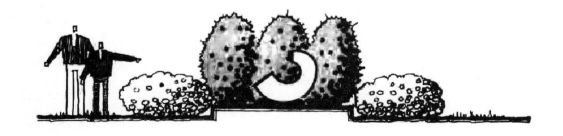

图 7-7 植物的识别作用

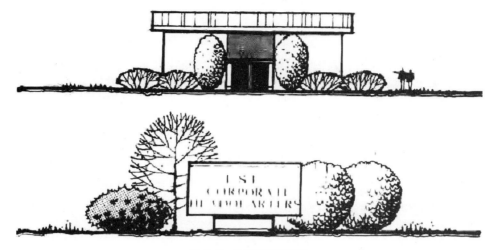

图 7-8　植物的强调作用

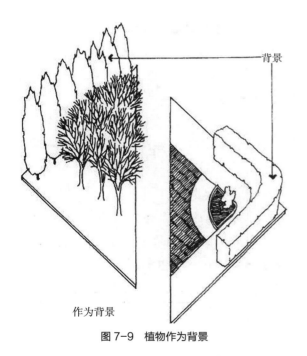

背景

作为背景

图 7-9　植物作为背景

乔木是种植设计中的基础和主体,可以形成整个园景的植物景观框架。大乔木遮荫效果好,落叶乔木冬季能透射阳光。大乔木能屏蔽建筑物等大面积不良视线。中小乔木宜作背景和风障,也可用来划分空间、框景,它尺度适中适合作主景或点缀之用。

7.2.1　乔木类

定义:树体高大(通常 6m 至数十米),具有明显的高大主干。可根据其高度分为伟乔(31m 以上)、大乔(21~30m)、乔木(11~20m)和小乔木(6~10m)等四级。

7.2.2　灌木类

定义:树体矮小(通常在 6m 以下),主干低矮。

作为低矮的障碍物,可用来防止破坏景观、避免抄近路、屏蔽视线、强调道路的线型和转折点、引导人流、作为低视点的平面构图要素、作较小前景的背景、与中小乔木一起加强空间的围合等。灌木的植株多处于人们的常视域内,尺度较亲切。生长缓慢、耐修剪的灌木还可作为绿篱。灌木不仅可用作点缀和装饰,还可以大面积种植形成群体植物景观。若使用灌木作为阻挡和划分的手段就应该使用有刺的,小枝稠密的种类,常绿的更好。如果为了不阻挡视线,则应选择耐修剪的以控制高度,增加密度。若遇到规则式设计,可以考虑适当使用修剪的灌木,避免过多地使用整形修剪,因为这不仅仅是养护管理的问题,而且选择能满足这种条件的植物种类也并不容易。

7.2.3 丛木类

定义：树体矮小而干茎自地面呈多数生出而无明显主干。

能够暗示空间边缘，形成图案，作为自然、一致的背景，起协调统一的作用。

7.2.4 藤木类

定义：能缠绕或攀附它物而向上生长的木本植物。依其生长特点又课分为绞杀类、吸附类、卷须类和蔓条类等。

藤木可作为墙面绿化、美化材料。部分种类可用来限定道路，覆盖地面，形成群体植物景观。

7.2.5 匍地类

定义：干、枝等均匍地生长，与地面接触部分可生出不定根而扩大占地范围。

匍地类植物可作为地表覆盖材料来美化绿地。

7.3 园林植物按观赏特性分类

通常，可以根据园林植物体各部分在形状、大小、质地、色彩和气味方面不同的观赏特性分为以下六类。

7.3.1 观叶类植物

这类植物的叶具有独特的观赏价值。代表种：

（1）乔木类：银杏（秋叶为金黄色）、火炬树（秋叶为红色）、黄连木（秋叶为金黄色、红色）、三角枫（秋叶为红色）、五角枫（秋叶为红色）、枫香（秋叶为红色）、七叶树（秋叶为黄色）、金钱松（秋叶为金黄色）、红枫（叶为红色）、鸡爪槭（秋叶为红色）、水杉（秋叶为金黄色）、落羽杉（秋叶为金黄色）、池杉（秋叶为金黄色）、

悬铃木（秋叶为金黄色）、紫叶李（叶为紫红色）、合欢、五针松、油松、马尾松、黄山松、白皮松、龙柏、南洋杉、翠柏、棕榈、王棕、假槟榔、蝙蝠刺桐、蒲葵、鱼尾葵、针葵、苏铁、散尾葵、鹅掌柴、广玉兰、白玉兰、白兰花、台湾狗思树、龙血树、马褂木、杜仲、楝树、枇杷、石楠、垂枝榕、印度橡皮树、羊蹄甲。

（2）灌木类：变叶木（叶为红、黄色）、洒金珊瑚（绿叶上有黄色斑点）、南天竹（叶为绿、红色）、黄栌（秋叶为红色）、朱蕉（叶为红色）、红桑（叶为红色）、紫叶小檗（叶为紫红色）、红背桂（叶背为紫红色）、铺地柏、沙地柏、含笑、大叶黄场、棕竹、熊掌木、雀舌黄杨、锦熟黄杨、海桐、枸骨、八角全盘、胡颓乎、夹竹桃、十大功劳、筋头竹、紫荆。

（3）攀缘植物类：常春藤、地锦（秋叶为红色）、扶芳藤、茑萝、绿萝、龟背竹、木通、薜荔、络石、铁线莲、扁担藤、绿串珠。

（4）草本植物类：万年青、鸭跖草、玉簪、阔叶麦冬、沿阶草、吊兰、结缕草、一叶兰、文竹、天门冬、蜈蚣草、海芋、虎皮兰、冷水花、关人蕉、芭蕉、早熟禾、野牛草、羊胡子草、天鹅绒草、扫帚草、五色苋、三色苋、银边翠、羽衣甘蓝、费菜、八宝、千叶蓍、鸢尾、德国鸢尾、铁线蕨、鹿角蕨、丝兰、仙人掌、置莲、荷花、睡莲、旱伞草、慈菇、水葱。

7.3.2 观花类植物

这类植物的花具有独特的观赏价值。代表种：

（1）乔木类：广玉兰、白玉兰、樱花、梅花、杏、垂丝海棠、碧桃、龙牙花、末棉、合欢、栾树、凤凰木、流苏树、梓树、楸树、蓝花楹、紫薇、泡桐、刺槐、羊蹄甲、白兰花、凤眼果。

（2）灌木类：紫玉兰、八仙花、麻叶绣线菊、木绣球、珍珠梅、风铃花、月季、现代月季、玫瑰、棣棠、榆叶梅、木芙蓉、杜鹃、迎春、夹竹桃、栀子花、山茶花、蜡梅、

牡丹、连翘、金钟花、黄婵、白鹃梅、珍珠花、黄刺玫、鸡麻、紫荆、胡枝子、太平花、山梅花、溲疏、糯米条、猬实、探春、海仙花、锦带花、结香、柽柳、木槿、扶桑、海州常山。

（3）攀缘植物类：紫藤、凌霄、金银花、木香、蔓性月季、簕杜鹃、炮杖花、山荞麦、小叶金鱼花、龙吐珠。

（4）草本植物类：蜀葵、大丽花、孔雀草、鸢尾、郁金香、芍药、葱兰、唐昌蒲、美人蕉、鹤望兰、鸡冠花、紫茉莉、千日红、半支莲、一串红、飞燕草、蒲包花、虞美人、小苍兰、凤仙花、三色堇、月见草、美女樱、水仙花、紫罗兰、福禄考、香雪球、金鱼草、金罂菊、翠菊、矢车菊、波斯菊、万寿菊、雏菊`菊花、孔雀草、百日草、瞿麦、石竹、荷兰菊、桔梗、萱草、卷丹、晚香玉、凤梨花、瓜叶菊、仙人掌、荷花、睡莲。

7.3.3　观果类植物

这类植的物果具有独特的观赏价值。代表种：

（1）乔木类：柿树、梨树、苹果树、桃、荔枝、柚子、芒果、枇杷、杨梅、山楂、木瓜、丝棉木、枸骨、海棠果、樱桃、罗汉松、薄壳山核桃、桑树、椰子、枳椇、茶条槭、杨桃、佛手、风眼果、猫尾木。

（2）灌木类：石榴、垂丝海棠、贴梗海棠、火棘、金银木、秋胡颓子、小檗、紫珠、枸杞、金桔、福桔、平枝枸子、猬实、蝴蝶树、天目琼花、接骨木、郁李、无花果。

（3）攀缘植物类：五味子、葡萄、钵猴桃、南蛇藤、扶芳藤、胶东卫茅、龟背竹。

（4）草本植物类：草莓、万寿果、鸡旦果、五彩椒、观赏小番茄、观赏茄、冬珊瑚、荷花。

7.3.4　观茎、根类植物

这类植物的茎或根具有独特的观赏价值。代表种：

（1）乔木类：白桦（树皮银白色）、梧桐（树皮

菁绿色）、古柏（树皮呈光滑斜纹状）、悬铃木（树皮呈片状剥落）、木瓜（树皮呈片状剥落）、酒瓶椰子（树干灰绿色形如酒瓶状）、白千层（树皮白色呈片状剥落）、假槟榔（树干有阶梯状环纹）、榕树（气生根姿态优美）、落羽杉、赤松和银杏（根部外露姿态优美）、白皮松（树皮白色呈片状剥落）、椰子（树干有环状叶痕及叶鞘残基）。

（2）灌木类：红瑞木（茎红色）、紫薇（树干光滑为浅棕黄色）雀梅（茎、根姿态优美）。

（3）草本植物类：红柄恭菜（叶柄为红色）、仙客来（叶柄为红色）。

（4）竹类：斑竹（茎有紫褐色斑）、佛肚竹（茎节间隆起）、紫竹（茎为紫色）、黄金间碧玉竹（黄色茎节上有垂直绿色条纹）、龟甲竹（节间形如龟甲）。

7.3.5　观姿态类植物

这类植物的整体姿态具有独特的观赏价值。代表种：

（1）乔木类：南洋杉、雪松、黑松、赤松、湿地松、日本冷杉、楠木、花旗松、黄山松、油松、桧柏、蒲葵、鱼尾葵、散尾葵、王棕、假槟榔、棕榈、鸡爪槭、落羽松、榕树、罗汉松、樟树、华山松、山楂、臭乒屯柏、国槐、龙爪槐、馒头柳、垂柳、糠椴、水杉、池杉、广玉兰、台湾相思树、马褂木、皂荚、合欢、刺槐、悬铃木、加杨、椰榆、榆树、榉树、栎树、元宝枫、三角枫、羽叶槭、七叶树。

（2）灌木类：苏铁、日本五针松、海桐、大叶黄杨、凤尾兰、丝兰、棕竹、筋头竹、连翘、紫叶小檗、木绣球、柽柳、无花果、结香、木芙蓉、十大功劳、接骨木、紫荆、紫薇、火棘、垂丝海棠、蜡梅、金丝桃迎春。

（3）攀缘植物类：紫藤、常春藤、爬山虎、凌霄、扶芳藤、金银花、木通、十姊妹、络石、三叶木通。

（4）草本植物类：芎蕉、旅人蕉、扫帚草、丝兰、

凤尾兰、天门冬、文竹。

（5）竹类：孝顺竹、凤尾竹、慈竹、毛竹、刚竹、佛肚竹、紫竹、早园竹、桂竹、淡竹。

7.3.6 芳香类植物

这类植物体的某部分能发出芳香的气味。代表种：

（1）乔木类：白兰花、柚子、黄兰、香柏、柠檬桉、玉兰、依兰、香樟、鸡蛋花、桂花、糠椴、刺槐、流苏、月桂、梅花、凤眼果。

（2）灌木类：米兰、含笑、茉莉、栀子花、代代花、柠檬、珠兰、九里香、腊梅、山鸡椒、玫瑰、月季、牡丹、酸橙、大忍冬、木本夜来香、佛手、丁香、探春、花椒、竹叶椒。

（3）攀援植物类：金银花、木香、紫藤、夜丁香、鹰爪花。

（4）草本植物类：兰花、香水草、薰衣草、月见草、芍药、晚香玉、十里香、香叶天竺葵、紫苏、薄荷、留兰香、桂竹香、香百合、香根鸢尾、荷花。

7.4 园林植物的布置方式

常见的布置方法有以下10种（图7-10~图7-19）：

（1）孤立式布置：将具有个体美的植物独立放置欣赏。这种方法适用于将观赏植物作为室内或室外环境中的主景来欣赏。这就要求观赏植物本身体量较大，个性鲜明。

（2）对应式布置：将植物沿一定的轴线对应布置，既可以是对称式布置，也可以是非对称式布置。这种方法适用于将观赏植物作为室内或室外环境中道路两侧的配景，从而达到均衡呼应、美化环境的效果。

图 7-10　独立式布置

图 7-11　对应式布置

图 7-12　行列式布置

图 7-13　丛生式布置

图 7-14　群落式布置

图 7-15　篱垣式布置

图 7-16　攀缘式布置

图 7-17　摆设式布置

图 7-18　花坛式布置

图 7-19　花台式布置

（3）行列式布置：将植物以网格方式布置。这种方法适用于将观赏植物作为室内或室外环境中广场或绿地的主景或配景，从而产生几何规则式的空间美。

（4）丛生式布置：将数株相同或不同的植物布置在一起。这种方法适用于将观赏植物作为室内或室外环境中广场或路边或绿地的主景或配景，从而产生既有高低变化又有远近变化的层次性空间。

（5）群落式布置：根据植物不同的高度和生态习性的不同，将大量植物从高至低按乔木、灌木、草本三层布置。这种方法适用于将观赏植物作为室内或室外环境中的主景，从而使人们能够欣赏到观赏植物群体所形成的丰富的形态、色彩、质感、层次以及散发出的诱人芳香。

（6）篱垣式布置：将同种植物密集地呈线型布置。有高、中、低篱之分。这种方法适用于将观赏植物作为室内或室外环境中广场、路边、花坛、花台以及绿地的配景，从而产生一种优美的围合性的空间界面。

（7）攀缘式布置：使攀缘植物沿支撑物生长。这种方法适用于将观赏植物作为室内或室外环境申台地、墙面、花架的装饰，从而展示出攀缘植物柔美的动态曲线。

（8）摆设式布置：将植物植在钵载体中，根据不同目的进行可移动式布置。具体可分为落地式、贴壁式和悬挂式三种。这种方法适用于将观赏植物作为室内或室外环境的配景，它最大的优点在于可以满足同一场地、不同时期各种目的的美化要求。

（9）花坛式布置：将多种观赏植物（通常以一、二年生花卉、宿根花卉和观叶植物为主）在种植床上组合成各种各样美丽的纹样或花色图案。花坛的种植床既可以是单面体，也可以是多面体、曲面体，甚至可是动物、建筑等造型。花坛在室内外空间中，即可

作主景也可作配景。

（10）花台式布置：将数种观赏植物在40~100cm高的种植床上组合成美妙的景观（有时也可用山石点缀其间）。种植床的挡土墙用材通常是砖、混凝土或山石。花台在室内外空间中即可作主景，也可作配景，甚至花台的挡土墙可作成供人休息用的坐凳。

7.5　园林植物设计原则

园林植物设计在满足客户的要求、植物的生物学特征以及安全、健康、卫生的前提下，还应遵守下列8条美学原则。

（1）比例原则：比例——特指观赏植物与其他装饰元素或观赏植物之间的空间尺寸比较关系。通过控制这种比例关系可以形成良好的空间构图。

（2）尺度原则：尺度——特指观赏植物与人体身高相比或观赏植物整体与局部相比而产生的空间大小感。通过巧妙调整这种尺度关系可以达到将"小空间变大、大空间变小"的艺术效果。

（3）对比原则：对比——特指观赏植物与其他装饰元素之间或观赏植物之间在方向、形状、质感、体量、色彩等方面形成的比较关系。适当加强这种对比关系有助于强化空间构图的重点。

（4）韵律原则：韵律——特指观赏植物有规律地重复出现。有目的地展示这种韵律可以起到活泼空间的艺术效果。

（5）层次原则：层次——特指观赏植物与其他装饰元素或观赏植物本身在垂直方向或纵深方向的分布状况。适当运用这种层次关系，可以取得丰富空间的效果。

（6）均衡原则：均衡——特指观赏植物与其他装饰元素之间或观赏植物本身在空间构图中达到视

觉均衡（对称或非对称）。运用均衡原则可以平衡空间构图。

（7）视距原则：视距——特指人与观赏植物之间的水平距离。视距的远近直接关系到观赏植物观赏效果的好与坏。良好视距通常是在人的水平视角控制在 45°以内、垂直视角控制在 30°以内的条件下选取的。

（8）构成原则：构成——特指将观赏植物抽象分解成点、线、面三大元素，以点、线、面的形式来美化室内外环境，从而获得具有抽象美的空间。

7.6 案例

7.6.1 纽约高线公园

纽约市高线公园是一个经过回收、改造和再利用高架铁路而建成的城市公园。作为一个优秀的公共绿色空间种植设计案例，它已经成为一个促进生态环境可持续发展以及旧城改造和更新的成功范例。这条都市绿色廊道不仅可对市政方面的各种要求进行满足，还可为野生动植物创造理想的庇护所，为城市居民提供一处理想的休闲场所。

在高线公园的种植设计中，风景园林师试图对原生生态环境进行模仿和再现。自生植物是园区内植物种植设计的灵感来源。园区内 20 种左右的自生植物都得到了有效保护，并去除了因长势疯狂而威胁到其他植物生存的植物品种，改选引入本土物种中在颜色、质感、抗寒性、寿命等方面独具特色和优势的植物，最后植物的种类达到 210 种。在种植设计中强调一年四季有花，做到从 1 月末至 12 月中旬的不同时段均有鲜花开放，并实现了物种生长的野生状态的延续。对如此大规模的原生生态系统进行改造是一项十分艰巨的任务，其改造宗旨为：要让其继续保持自然生长的野生生存状态，尽量隐藏"经过设

计"的迹象，同时在其中铺设一条供人们行走游览的道路。

在园内大部分地区，铁轨与野生植物相互交织，延续了高线废弃后的景观风貌；与主通道交界处，以条形混凝土板为基本单元，将靠近植物的接缝处别出心裁地设计成锥形，使得混凝土就像是手指一样插入绿地中，形成柔性界面，植物可以从坚硬的混凝土板之间生长出来。同时标准模式的座椅结合条形混凝土板设计，不仅使得在形式上成功地对其线性空间的特性进行了阐释，又为游客近距离地欣赏植物景观提供了舒适的空间。

植物材料的选择上，着眼的角度应该是这里适合种什么。为突出公园整体的神秘与野趣的风格，场地上采用自然生长的植物材料，即野生植物——草甸、苔藓、灌丛、藤蔓、鲜花等。另外，选用新的植物，以建立一个本土化、富有弹性、维护成本低和能够在现有基础上自播繁衍的景观。线性场地的连续性通过一种主导性的草花来延续，也算是起到了一般公园中基调树种的作用。以一种草花确定分区，间或穿插一些多年生植物，注重多样性搭配，配合局部区块的季相变化、质地差异以及高度、色彩和气味上的变化。同时着重在大的趋同性下给游人更加丰富的心理感受，使得游览的客观性大大提高，不知不觉中放慢游览的速度。

高线公园作为一个由回收再利用高架铁路建成的城市公园，不仅考虑到硬质景观的实现效果，也为软质景观的远期生长预留了空间。选取植物做到了因地制宜，特色突出，并避开了其工程上不宜种植高大乔木的短处。在较高处选取草甸、苔藓、灌丛、藤蔓、鲜花等，而在下层的空间种植乔木，取其冠顶借用于园内观景。每一段线性的场地都有其相应的主要植物类型，基调明确、搭配丰富，也使长距离的观赏段内景观不至于单调乏味。注重了四季景观的表达，阔

图 7-20　高线公园 1

图 7-21　高线公园 2

叶、落叶比例适当，同时加入彩色叶树种，丰富空间色彩（图 7-20、图 7-21）。

7.6.2　芝加哥千禧公园鲁瑞花园

鲁瑞花园占地三英亩，是芝加哥千禧公园的一部分，建在千禧公园停车场的顶棚之上。鲁瑞花园的场地已经存在多年，其从最初的天然海岸线不断演变，成为现今的屋顶花园，展现了芝加哥独特的城市历史风貌和城市景观的变迁。鲁瑞花园区别于千禧公园其他的景点主要体现在以天然材质作为设计表现元素，其通过植物作为媒介，配植自然丰富，设计与周围环境相协调，形成了一处大胆现代的地标性景观，同时为市民和城市的野生动植物提供了一个相对安静的港湾。

该地块位于贝壳形状的露天音乐台（弗兰克·盖里合伙人事务所建）和芝加哥艺术协会的新建建筑（伦佐·皮亚诺建筑事务所建）。因而除了这些历史和基础设施方面的影响，设计师们也不得不考虑到音乐会结束后经过鲁瑞花园大草坪的多达 10000 人的庞大人流量。总体来看，鲁瑞花园继承了之前格兰特公园运用树篱、周边环境和轴向视线制造"空间"的设计风格，用树做围栏以及一些轴向景观。同时，鲁瑞

花园通过地形的纹理和植物的生长来表现芝加哥景观年代的对比，以此回应这座城市和这片场地的悠久历史。这种表现形式充分突出了公园的特殊位置以及环境。

一个大型的茂盛的树篱将花园北面和西面包围起来，以此将花园内部与外部的人行交通隔离开来。树篱的框架由金属线圈制成，以便于植物造型，以表达纪念之意义。由齐肩的树篱围合成两个具有强烈对比的内部空间，一是代表场地历史和过去的黑暗空间，二是表达对未来期许的光亮空间。两个空间各有自己的形式，内部种植宿根花卉和乔木。"缝隙"是在两个空间的界限。它是由一块悬浮在浅水上的木板构成旨在表现湖泊和陆地之间的边界，响应从水上建设街道和建筑的历史进程。逐渐上升的园路和不断降低的植物带纵观整个明亮、整洁、克制的景观提供了一个愉悦的体验机会。

另外，花园内的人行道路和墙面都是使用两种材料的石头铺成。一是石灰石，采集于一个中西部采石场，石灰石主要用作花园内部的所有边石、石质台阶、平台、围墙顶部以及围墙的包边。二是花岗岩，主要用于人行道路、在水中的墙的外表面和黑暗空间（图 7-22~图 7-24）。

图 7-23　鲁瑞花园 2

图 7-22　鲁瑞花园 1

图 7-24　鲁瑞花园 3

7.7　常用园林植物图例

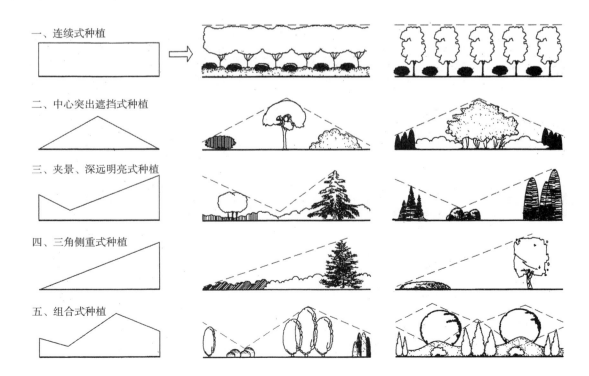

一、周边组合式布局

二、中心式布局

三、对景式布局

四、边侧式布局

五、全面式布局

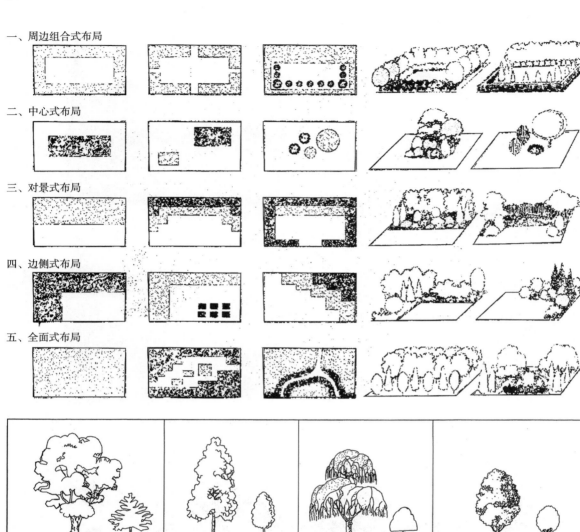

中年树　　幼年树	中年树　　幼年树	中年树　　幼年树	中年树　　幼年树
树冠：扁球形、幼年树圆锥形。 树种：银杏、白榆、七叶树 高度：10~30m	树冠：长圆球形 树种：刺槐（洋槐）、小叶白蜡、鹅掌楸、水曲柳 高度：10~15m	树冠：垂枝形。 树种：垂柳、垂枝榆、白桦 高度：10~20m	树冠：长圆球形。 树种：西府海棠、山桃、丝棉木、紫叶李 高度：5~8m

树冠：圆球形。 树种：丁香 高度：3~5m	树冠：垂枝半球形。 树种：连翘、紫穗槐、锦带花 高度：2~4m	树冠：圆球形。 树种：黄刺玫、珍珠梅、太平花 高度：2~4m	树冠：匍匐形。 树种：云杉、红皮云杉、青扦 高度：25~30m

树冠：长圆形。 树种：木槿、紫薇、紫荆 高度：3~6m	树冠：半球形。 树种：小檗、贴梗海棠 高度：2~4m	树冠：圆球形。 树种：榆叶梅、蓝紫丁香 高度：2~3m	树冠：直立匍匐形。 树种：矮紫杉　高度：1~2m

图名	落叶树及灌木树形特征	图集号	88J10-1
		页次	236

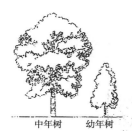

树冠：长卵圆形
树种：毛白杨、加杨
高度：35~40m

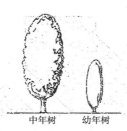

树冠：圆柱形
树种：黑杨（美杨）、新疆杨
高度：20~30m

树冠：倒卵形
树种：立柳、枫杨
高度：10~18m

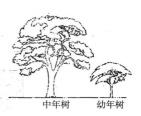

树冠：伞状扁球形
树种：合欢、小叶榕、椿树、凤凰木
高度：10~20m

树冠：卵圆形
树种：悬铃木（法桐）、樟树、
　　　小青杨
高度：20~30m

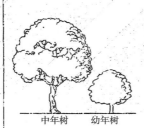

树冠：圆球形
树种：中国槐、深树、小叶
　　　朴、元宝枫
高度：10~30m

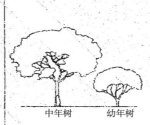

树冠：半圆球形
树种：馒头柳、龙爪槐
高度：5~10m

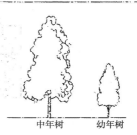

树冠：广圆锥形
树种：水杉、落叶松、池柏
高度：20~30m

树冠：中年以后风姿形、云片状、
　　　伞状、幼年圆锥形。
树种：油松、黑松、红松、樟子松、
　　　华山松
高度：20~30m

树冠：尖塔形或塔状圆锥形，
　　　枝平展。
树种：雪松
高度：15~40m

树冠：中年以后倒卵形或圆形
　　　树冠，幼树广圆锥形。
树种：白皮松
高度：25~30m

树冠：中年以后为圆球形或
　　　扁圆形，幼树圆锥形。
树种：侧柏
高度：15~20m

树冠：广圆锥形。
树种：云杉、红皮云杉、青扦
高度：25~30m

树冠：中年后扁球形、幼树圆
　　　锥形、柱状圆锥形。
树种：松柏、西安刺柏、杜松
高度：15~20m

树冠：圆锥形、枝扭转。
树种：龙柏
高度：8~10m

树冠：倒卵圆形
树种：锦熟黄杨、朝鲜黄杨、
　　　大叶黄杨
高度：2~6m

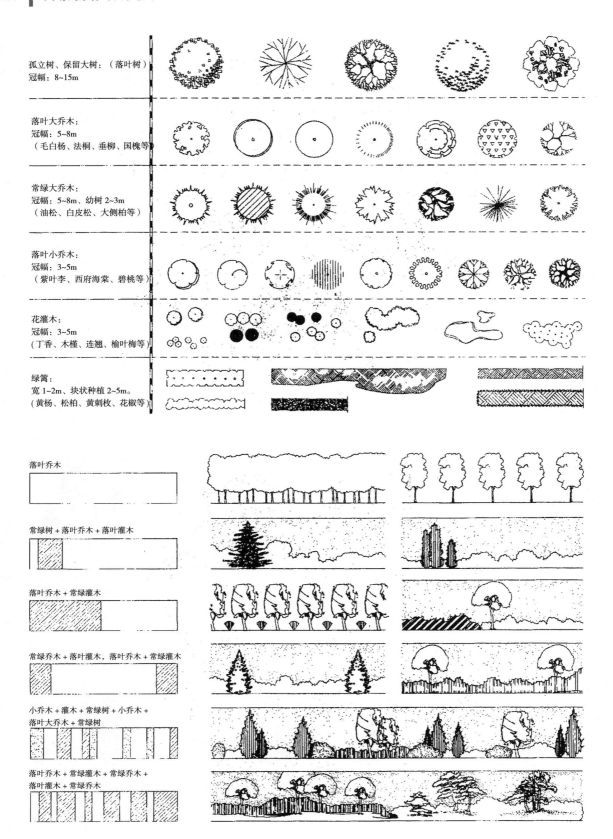

第8章　铺装、台阶、坡道、护坡、挡墙设计

8.1　铺装设计概述

8.1.1　铺装的作用

（1）承载交通

铺装的首要目的是提供坚固、干燥、防滑的表面来承载交通，为人流、车流交通提供一个硬质的界面，满足不同交通形式对路面结构性能和使用性能方面的要求，从而保障交通的顺畅安全。因此，铺装要能够承受压力，避免断裂、沉陷等问题，不同使用荷载要求的地面应当使用不同的结构和材料。一般来说，柏油路和混凝土路面用于较快速的车行，而砖石铺砌的道路用于步行或慢速的车行区域，需要车辆减速还需要设计减速带。

（2）排水

硬质铺装另一个重要功能就是合理疏散地表径流，快速高效地排水，保证通行区域的干燥，储存雨水，减少蒸发。与排水相关最重要的是地面高程的设计和铺装材料的选择。渗水性好的材料一般不易清洁，显得老旧，防水的材料较光鲜易清洁，必须仔细设计排水，防止积水给铺装造成过大的压力。

（3）防尘

城市环境需要防风固沙，保持清洁，尤其要注意树池、排水沟等容易引起污染的地方的设计。铺装本身也应当容易清洁和维护。

（4）空间限定与导向

通过铺装材料颜色、质感的对比，可以划分不同的场所区域，形成领域感或者划分边界。在较大的广场空间里，指示牌和地图等往往形同虚设，而地面铺装很容易被人注意到，能够起到引导交通方向的作用（图8-1）。

图8-1　引导交通的地面铺装

（5）装饰环境

大部分铺装的设计是为了通过性功能，设计得较为朴素来烘托建筑和雕塑艺术品等，有些铺装也可以独立成景，或者直接界定空间。例如儿童游戏场地的设计，就是整个空间的最主要元素。鲜艳的色彩，起伏变化的造型，柔软的材质，已经是孩子们兴趣昂扬的游乐场了（图8-2）。

图 8-2 海港陆地公园地面铺装

8.1.2 铺装设计要点

（1）了解不同铺装的特性，应用合适的铺装材料达到理想的设计效果

铺装材料是多样的，每种材料都有不同的特性，设计者应在熟悉每种材料特点的前提下，将其综合运用于设计之中。例如机动车行道路常用沥青或水泥铺装。彩色沥青的应用能给道路带来更丰富的视觉效果。按照人字形或席纹交叉拼接的水泥砖地面也可以允许机动车通行。花岗岩路面则更加坚固耐压，但是造价太过高昂，也不利于排水。

（2）铺装设计与所处的环境氛围相协调

从色彩、材质、拼花图案的风格等方面与园林的整体风格相呼应。例如富有地中海风情的庭院空间适合色彩明艳、质感粗糙的砖石铺装，而中式风格的场地更多见微妙的灰色系组合的砖瓦、白色沙粒、青石板、花街铺装等元素组合的铺装。从铺装的图案也能看到设计的文化表达，例如：中国传统园林的花街铺装通常是"五福临门""太平有象""海棠花溪"等寓意吉祥美满的主题，西方园林的大理石拼花或者陶瓷马赛克铺装图案更多表现几何图形或神话、星相、宗教等主题。

（3）铺装尺度适宜

铺装的砖块大小直接决定了使用者的感受。如细腻的卵石铺地能让人觉得自家庭院比真实的空间更巨大，广场铺装上明显的细纹分割能让游人的注意力集中于身边，不会感到自身过于渺小，场地过于空旷荒凉。

（4）满足承重、排水等工程要求

承重及排水是铺装的最基本作用，是设计必须满足的基本条件。只有满足了必要的工程需求，才能长久保持设计意向中的理想效果。风景园林铺装的常见做法及相应技术规范可以参考《城市道路工程设计规范》CJJ37-2012、《沥青路面施工及验收规范》GB 50092-1996、《城镇道路工程施工与质量验收规范》GCC1-2008 等相关标准和技术规范等。

8.2 常用铺装材料

风景园林中的材料除了植物材料之外，另一大类是建筑材料。在建筑材料中主要分为天然建材和人工材料。每一种材料都蕴藏着局限性和功能性，风景园林师有义务理解和尊重它们。每一种材料的使用方法都必须兼顾它的工程、结构和技术的特点。如果不能充分的理解材料的双重特性，我们的项目就会因为令使用者感到不便甚至危险而宣告失败。

8.2.1 天然建材

天然材料主要包括石材、木材和竹。

（1）石材

石材是风景园林硬质材料中的奢侈品。它代表着高贵优雅的纹理色泽，耐用持久的品质和历久弥新的文化积淀。是历史悠久的建筑材料，深受风景园林师的青睐。一块优质的石材经过了几万年或者更久的自然演化，传达了火山爆发或者洪水和冰川的力量，如此真实而独一无二，不得不让人心怀敬意。

目前国际景观设计有一种趋势，就是尽量减少石材的使用，代之以水泥或黏土砖，来响应生态与环保及经济性的需求。然而，纵观历史，无论是西方对大理石的雕刻和建筑的执迷，还是东方对庭院中奇峰异石的特殊偏爱，都体现出石材在景观和建筑中无法取代的地位。选择石材，代表此处具有不凡的地位和重要性，是高贵的，优雅的，甚至不朽的。

作为风景园林师，最为重要的事之一，就是去石材市场调研，在室外的自然光下观察石材，了解他们干燥或湿润时的色彩、肌理等效果。有必要通过了解石材的形成过程和原理来理解此材料的物理性能，包括强度、防水性和加工方法。岩石主要分为沉积岩、火成岩和变质岩。

沉积岩

沉积岩是沉积物长期积聚、压实和胶结的结果。沉积岩硬度较小，吸水性强，容易污染变色。沉积物的成分不同，岩石的种类和名称也有所不同。如，黏土沉积物演变成页岩；沙沉积物是砂岩；海洋或湖泊生物等有机物及杂质的沉积物演变成石灰石。

砂岩由石英颗粒（沙子）形成，结构稳定，通常呈淡褐色或红色，主要含硅、钙、黏土和氧化铁。砂岩是一种沉积岩，主要由砂粒胶结而成的，其中砂里粒含量要大于 50%。由于质地较软，通常做雕刻装饰镶嵌。传统的西方建筑，尤其是建 19 世纪左右欧洲城市的富人区住宅的外立面，都是用砂岩做的装饰（图 8-3）。

石板（Flagstone）是指扁平的，形状不规则的砂岩制铺路石。这种路面在园林中非常常见，有砂浆砌缝、骨料填充等方法。

青石也是砂岩的一个品种，晶粒细腻，色彩呈现美丽的蓝绿灰色。东方庭院中尤其偏爱这种材料，也常用在景观细部的雕刻中（图 8-4）。

石灰石：石灰石色彩纹理丰富，各种深灰、金色、红色等等，有些掺杂着贝壳碎片等，是景观细部雕刻或雕塑的首选材料。石灰石细腻柔软，与木雕的技术相似，但它却不是理想的路面铺装材料，若一定要小面积使用，最好在基层做好防水的处理（图 8-5）。

洞石（Travertine 石灰华）：可以理解为分布在矿物质温泉附近的石灰石。因为在形成过程中有很多气泡被困在岩石里，所以形成了明显的纹理和有麻坑的表面。洞石有很多颜色，最受青睐的是白色和米色系列，质地均匀，而且有独特的温润感，而且是极少数具有

图 8-3　意大利西班牙广场建筑

图 8-4　日本川崎市宿原堤岸铺装

图 8-5　城市广场雕塑

图 8-6　洞石

图 8-7　仙台散步道大理石拼花铺装 1

图 8-8　仙台散步道大理石拼花铺装 2

纯白色调的天然石材。石灰华由于产量较少，价格较高，有些类似于汉白玉在中国的地位（图 8-6）。

变质岩

所谓的变质岩，指的是在形成过程中，结合热量和压力，使岩石变得更硬，结构更紧密。沉积岩或其他岩石都可能变成变质岩。景观建筑中常见的变质岩主要有板岩、大理石。

板岩：是一种高品质、晶粒细腻的由页岩转化而成的，变质岩，其颜色随其所含有的杂质不同而变化，外形成页片状，有明显的水平劈裂纹理。板岩质地较

薄而质密，防水性好，适合建造墙壁，屋顶和地面铺装。近些年常用的铁锈板岩，每一块锈板都是绝无仅有的，组合应用的效果很独特。

大理石：大理石是地壳中原有的岩石经过地壳内高温高压作用形成的变质岩。实际上是板岩中纹理更清晰、色泽更美丽的种类。它质地较软，花纹更加明显，有的甚至天然成画。大理石含有一些杂质，容易风化侵蚀，造价昂贵，在室内外过渡空间或做拼花时使用。白色大理石在中国称为汉白玉（图 8-7、图 8-8）。

火成岩

火成岩的形成与火山的活动有关，实际上就是冷却了的岩浆。火成岩里有很多是地球上最紧密、坚硬、防水的岩石。风景园林建筑中最常见的是花岗岩和玄武岩（黑色、墨色的花岗岩）。

花岗岩：火成岩的一种，在地壳上分布最广，是岩浆在地壳深处逐渐冷却凝结成的结晶岩体，主要成分是石英、长石和云母，还有少量的其他矿物，如赤铁矿和黄铁矿。这些矿物的比例和组合的细微差异造就了花岗岩多样的色彩。

花岗岩几乎不会被风化或污染以及热胀冷缩的影响，几乎不吸水，抗压强度极高。花岗岩作为硬质建筑材料，有很多种表面处理方法，基本的三种是：烧毛、亚光和抛光。抛光后处理的花岗岩能够最好地体现石材的固有色和纹理，类似将石材浸入水中的效果，而烧毛处理的石材颜色会浅得多，亚光的效果居于两者之间。还有一些其他的处理方法，如锯解、打磨、喷砂、劈裂、凿坑等。在选择花岗岩做地面铺装时，必须选择有防滑功能的表面处理方法，所以，会比用在园林建筑或小品表面上选择更少（图 8-9）。

（2）木材

东方建筑和园林对木材是高度依赖的，并且发展出非常成熟的技术。总的来说，橡木、枫木和樱桃木等硬木更适合用作家具或梁柱等结实耐久的物件，也更为珍贵；而户外景观环境中常用的是松木、冷杉、云杉、樟木等软木。

园林中的木材给人亲近感，温馨感。作为座椅表面更舒适光滑，作为室外地面铺装可起到防滑透水的作用。木材易于加工，但是其耐久性很差，需要频繁的维护和更换。室外木材均需要进行防水和防火处理。根据木材的制作和处理方式，主要有防腐木、碳化木、塑化木。

图 8-9　日本林荫大道公园花岗岩铺装

防腐木

防腐木是采用防腐剂渗透并固化木材以后使木材具有防止腐朽菌腐朽功能、生物侵害功能的木材。易于加工成型和与其他景观（如水池，种植等）结合，缺点是寿命不长容易腐烂枯朽，需要定期局部更换。常见的庭院木材是防腐木和碳化木。

炭化木

在缺氧的环境中，经 180~250℃温度热处理而获得的具有尺寸稳定、耐腐等性能改善的木材。

塑化木

塑化木是一种塑料与木材的复合材料，具有质重、机械强度高、耐磨、耐用等特点，造价经济，使用寿命长，维护简易，近年有广泛应用的趋势。塑化木是一种人工合成的木材，缺乏真实感，视觉吸引力较差，可用于离游人较远处，代替木材的使用。

（3）竹

作为速生植物，是极为环保的材料。可加工制成板材。其韧性大，结实耐用而且变形小。适于代替木材做地板及建筑外立面的装饰。

8.2.2　人工材料

（1）砖

砖是人类建筑史上最为古老、美丽和常用的材料，具有独特的吸引力，也是风景园林师的心头好。这是因为，砖的主要原料，黏土和页岩是地球表面的沉积物，能够鲜明的体现地方特色，有着丰富的纹理、样式、色彩变化，给风景园林师极大的创造空间。

值得注意的是，建筑用砖和铺装用砖有着重要的区别。铺装用砖会受到积水积雪结冰霜冻以及除雪剂等化学物质的侵蚀，还要承受强大的荷载，所以需要具有高强度，高密度和更为防水的特性。所以，从旧的建筑上拆卸下来的砖是不可以用作景观铺地来使用的。

砖的主要特性是，在受压时强度增加，受拉力时强度减小，脆性增加。所以砖铺筑的路面可以满足各种景观路面的强度要求。

烧结砖 / 风干砖

烧结砖与风干砖是园林中最常使用的铺装材料，其主要成分都是黏土和粉碎页岩，它们的主要不同之处在于是否经过砖窑高温烧制的过程。烧制过程中原材料经历了玻璃化（Vitrification）过程，大大提高了材料的强度和耐水性。而风干砖只是将黏土进行了简单的干燥和硬化。粘土砖与陶瓷砖的主要区别在于黏土的成分比例。陶砖包括了更高比例的纯黏土，可以制作成色泽和图案更加具有装饰性的模压砖块。虽然瓷砖质感强，色彩，纹理丰富但是价格较高，在严寒气候下容易迸裂，不宜大面积整体使用。

烧结砖按照内部是否有空洞，可以分为多孔砖和实心砖。在砌筑花台，景观围墙时，通常使用多孔砖。多孔砖的空洞能嵌入砂浆，使构筑更为牢固，同时也节省原料，减轻重量。但是，景观铺装是不可以使用多孔砖的。

风景园林设计中的砖铺装主要有刚性和柔性两种。刚性铺装配套使用刚性混凝土基础，有砂浆砌缝，适合在高密度和强度的交通条件下使用（如城市商业广场等）。刚性铺装的渗水性很差，必须设计合理的排水，

另外，其整体的热胀冷缩效应若处理不当也会造成整个路面的毁坏。柔性铺装没有砂浆砌缝，砖块由工人手工紧合在一起，有更好的渗水性，施工简便，造价较低。一般的住宅区，私人花园，会所等步行区域比较适合使用柔性铺装。

砖铺装的样式非常丰富，传统的样式和新设计的特制的样式都很多。然而，砖铺装样式的选择并不是仅仅取决于美观与否，其不同的铺设形式也决定了路面的稳定性和耐久性。

在传统的铺装样式里，人字形铺装类似拉链一样互相咬合得很紧，而整齐排列的铺装的稳定性是最差的。由此，前者更适合在人流量较大的公共场所使用，而后者更适合在人流较少，需要艺术趣味和变化的场地使用。风景园林师在设计某块场地的具体铺装样式时，应当根据场地的使用特点，遵循材料的强度规律，有目的地选择和设计铺装的样式（图8-10、图8-11）。

图 8-10 冰川台住宅区地面铺装

图 8-11　日本白百合女子大学地面铺装　　　　图 8-12　天坛祈年殿

图 8-13　仿古青砖　　　　　　　　图 8-14　玻璃砖

琉璃

琉璃，又称流离，是中国传统建筑中的重要装饰构件，通常用于宫殿、庙宇、陵寝等重要建筑；也是艺术装饰的一种带色陶器。琉璃的主要成分为 SiO_2（即二氧化硅）。古代的琉璃仅仅是皇家使用，不同颜色的琉璃有不同的含义。如祭祀的天坛内琉璃瓦是代表天与神灵的蓝色与绿色。

琉璃砖是一种工艺复杂高温烧制的人造水晶，价格比较昂贵，装饰效果出色并且每一件制品都是独一无二的。在风景园林设计中通常作为局部装饰材料（图 8-12）。

仿古青砖

青砖是属于烧结砖，古青砖的主要原料为黏土，黏土加水调和后，挤压成型，再入砖窑焙烤至（1000℃左右），用水冷却，让粘土中的铁不完全氧化，使其具备更好的耐风化，耐水等特性。经检测古青砖的抗压大于 10 兆帕，吸水率小于 20%，仿古青砖就是仿照古青砖的各类款式、按照古青砖的烧制方法，采用古青砖所用的黏土材料现代烧制的青砖。相对于红砖，更加抗氧化和侵蚀。在园林里也常用作雕花装饰砖，更显古朴雅致（图 8-13）。

玻璃砖

反射和折射光的效果丰富 / 表面流水或干涩时效果区别很大。趣味性比较强，但是吸水性差，不耐压，不适合大面积使用，可以和照明结合。

（2）瓦

瓦片在园林中不止用于古典园林建筑的屋顶，还能作为地面拼花铺装和漏窗使用（图8-15、图8-16）。

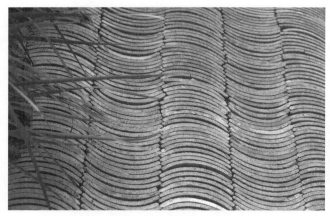

图8-15　地面拼花铺装

图8-16　网师园拼花铺地

（3）混凝土

沥青混凝土

沥青混凝土经济、耐用，相当易于维护和修理。将大量的骨料和沥青（一种石油粘结剂）混合，硬化成各种形状，不可弯折的固体，就是沥青混凝土了。它具有结构弹性，作为路面铺装可以不考虑伸缩缝的控制缝的设计。这种材料的主要特点是：价格低廉，形

式多样，可形成不规则纹样和表面肌理，吸水性好，浅色混凝土材料有助反射光线，易于清洁（图8-17、图8-18）。

文化石

外表呈现石材效果，其实是硅酸盐水泥预制的产品，用模具铸造，并可以惟妙惟肖地模拟天然石材的颜色和纹理，是风景观林市场上很重要的材料。

文化石的产品线非常丰富，价格低廉，容易安

图8-17　日本县立高冈高校广场铺装

图8-18　东京都葛饰区小管东屋上庭院铺装

装，能够提供一些特殊的配件，例如转角和顶盖等（图 8-19）。

金属

金属的饰面经久耐用，不需特别维护，造型的效果也比较硬朗清晰。金属格栅可作为排水和种植的界面，导热性强。

最常见的有铸铁，型材钢，冲压钢板。铸铁工艺历史悠久，常作为大门，围栏等。型材钢是固定尺寸的空心钢管，焊接成图案作为表面装饰或栏杆等。冲压钢板或雕刻装饰钢板是近年比较流行的工艺，可以根据设计的特定图案加工制作，全部过程由电脑控制，十分精确。

铁锈板是经过特殊加工形成均匀锈斑的金属板材，比起不锈钢等材质显得更加温和，暖色调和做旧的质感显得有历史感。

不锈钢/镜面不锈钢：有反射的效果，可以使物体从视觉上消解在环境中，耐脏结实，适合使用功能强的小品设计，如垃圾桶等。

在一些装饰性比较强的构筑物细部设计，也会使用黄铜或青铜，紫铜制品，设计成浮雕或镶嵌装饰物。金箔或有金粉的涂料可以使构筑物表面熠熠生辉（图 8-20、图 8-21）。

玻璃

玻璃可作为园林中透明或半透明的分割围合物，其种类多样色彩丰富，经加工后的玻璃砖、U 型玻璃有很好的承重性，是丰富园林景致的重要材料（图 8-22）。

图 8-19　文化石

图 8-20　日本青森港栈桥铝制栏杆

图 8-21　日本熊本县熊本市画图桥金属栏杆

图 8-22　日本富山县新凑市神乐桥

亚克力板（有机玻璃/塑料）

亚克力由英文Acrylic音译而来，Acrylic丙烯酸类和甲基丙烯酸类化学品的通称。包括单体、板材、粒料、树脂以及复合材料，亚克力板由甲基烯酸甲酯单体（MMA）聚合而成，即聚甲基丙烯酸甲酯（PMMA）板材有机玻璃。

亚克力材料的透光性好，耐腐蚀性好，颜色多样，可以与铝塑板型材，高级丝网印结合，易于加工，无毒害，可以染色，表面可以喷漆、丝印或真空镀膜。

亚克力通常应用在户外广告灯箱、店面橱窗、座椅电话亭等小品的设计（图8-23）。

图8-23　建筑亚克力外表皮

塑胶

用于制成塑胶场地，有丰富的色彩，多用于儿童游乐场、运动场等需要保护措施的场所（图8-24、图8-25）。

沥青

可用于铺设彩色道路。彩色沥青具有色彩鲜明、化学性质稳定等特性。沥青目前具有红、绿、黄等几大色系，并可根据客户的要求进行色彩设计，具有良好的路用性能，在不同的温度和外部环境作用下，其高温稳定性、抗水损坏性及耐久性均非常好，且不出现变形、沥青膜剥落等现象，与基层粘结性良好。具有良好弹性和柔性，"脚感"好，最适合老年人散步，且冬天还能防滑，再加上色彩主要来自石料自身颜色，也不会对周围环境造成大的危害（图8-26、图8-27）。

图8-24　日本东京都大田区立峰町小学塑胶场地

图8-25　日本琦玉县寄居市寄居统合中学运动场

图 8-26　日本东京港野鸟公园 1

图 8-28　广场铺装

图 8-27　日本东京港野鸟公园 2

图 8-29　步行街铺装

8.3　不同场地的铺装设计

8.3.1　广场与步行街铺装

　　城市广场和步行街往往是城市某个区域的"名片"，是重要的景观节点，具有标志性意义。如意大利著名的威尼斯圣马可广场，被誉为"欧洲最美丽的客厅"。在这里，人们进行各种活动：集会、社交、消费、娱乐、展览、演出等等，这是最典型的现代公共空间，任何在广场上的言论和行动都可能被迅速放大和扩散。

　　广场及步行街是开放的，人流量大的空间，因此广场铺装的设计在整个环境设计中占据主导地位。铺装设计以硬质铺装为主，必须坚固耐久、防滑防污。应综合考虑区域划分、交通组织、色彩与图案特点，并合理布置照明、标识等其他元素（图 8-28~图 8-32）。

图 8-30 广场铺装 1　　　　　　　　　图 8-31 广场铺装 2

人工锤敲石地面

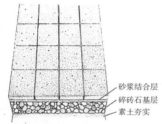

砂浆结合层
碎砖石基层
素土夯实

　　人工锤敲石地面由有针状孔的铺装石砌成，构成一种静止的图案，用手工敲打出的点显得密集，较吸引人，且表面不滑，它们的颜色取决于所用的材料。

水刷混凝土地面

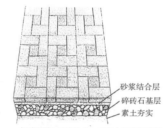

砂浆结合层
碎砖石基层
素土夯实

　　水刷混凝土地面给人一种安全粗糙的感觉，虽然它比锤敲石面要光滑一些。

混合抛光大理石地面

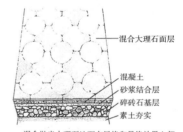

混合大理石面层

混凝土
砂浆结合层
碎砖石基层
素土夯实

　　混合抛光大理石地面在风格和最终效果上都显露出其精细而又复杂的质感。这种混合着大理石粉末的抛光地板不适合在寒冷或多水的地区使用，但在庭院和露台的遮蔽处使用则比较理想。

拉毛水泥板地面

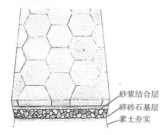

砂浆结合层
碎砖石基层
素土夯实

　　拉毛的水泥板有很好的质感，它不光滑但也不会粗糙得难以清理干净，这种板是在水泥还是浆时用一个很重的钢筒滚过水泥面制成的。从不同的角度来看，六角形图案既可以是静止的，也可以具有一定的方向感。

仿风化砖地面

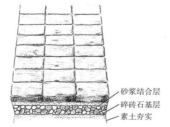

砂浆结合层
碎砖石基层
素土夯实

　　仿风化砖是一种硬质的混凝土砖，是用模具仿造传统石块制成的。用规则的模具和不同颜色混入混凝土里来营造斑纹和风化效果。规则排列的长方形石块造出一种静止的"磨石"图案，在广场中使用，效果不错。

有刷纹的厚板地面

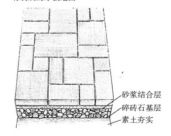

砂浆结合层
碎砖石基层
素土夯实

　　按刷纹方向交替排列，矩形的混凝土石板也可替代真的石块。这种看似随意的条纹事实上显得相当规整，因为人造石板是用 215mm 或 300mm 的平行线板制成的。

图 8-32 各类型铺装

8.3.2　健身场地铺装

标准的运动娱乐场地需要有一定的弹性和良好的防滑性。能够保障使用者剧烈运动时不会摔伤擦伤。塑胶、沥青、细沙、木屑填充都是常用的健身场地材料。设计儿童游戏场铺装时可运用丰富的色彩营造出活泼适于玩耍的氛围（图 8-33~ 图 8-37）。

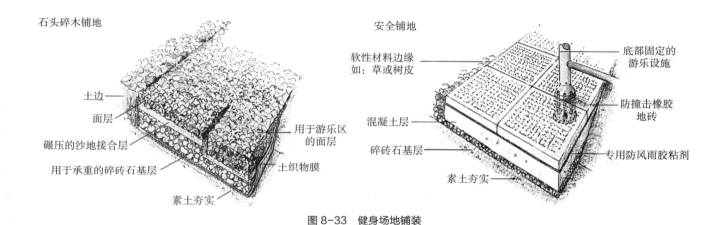

石头碎木铺地

土边
面层
碾压的沙地接合层
用于承重的碎砖石基层
素土夯实
用于游乐区的面层
土织物膜

安全铺地

软性材料边缘如：草或树皮
混凝土层
碎砖石基层
素土夯实
底部固定的游乐设施
防撞击橡胶地砖
专用防风雨胶粘剂

图 8-33　健身场地铺装

图 8-34　瑞士铁力士山腰游戏场　　　　　图 8-35　澳大利亚布里斯班春田初级学院

图 8-36　澳大利亚布里斯班春田初级学院

图 8-37　墨尔本卫理公会女子学校操场

8.3.3　停车场及车行通道铺装

停车场地面对荷载和排水要求较高，通过性要求不高。一些住宅区的停车场铺装采用混凝土露草砖，

可以算作一半的绿地面积计入容积率，并且给人亲切的感受。常用的材料有连锁式混凝土砌块，透水沥青，透水混凝土砖（图 8-38~图 8-40）。

图 8-38　日本名古屋市三丸会馆停车场铺装

图 8-39　日本葛西海滨公园停车场铺装

图 8-40　车行道路铺装

8.3.4　园路铺装

公园的铺装设计要符合景区的整体风貌，突出鸟语花香等自然景致，应尽量选择透水性好，质感亲切的材料。铺装的设计要考虑结合景区的特色设计造型、色彩、图案，营造轻松幽静的氛围（图 8-41~图 8-44）。

图 8-41　庭院园路铺装

图 8-42　用丹波石铺成的通道

图 8-43　车行道路铺装

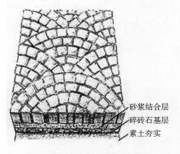

石方块地面

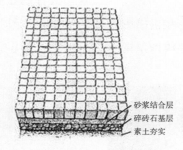

石块地面

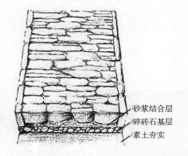

天然石块砌边地面

石方块由花岗岩等切割而成，可砌成方格式或具装饰性的图案，如图所示的鱼鳞图案。砂浆快干时铺装石块并用木锤锤紧实，接缝用砂浆批刷。苔藓可以软化这些表面粗糙的材料。

石块砌在砂浆上，通常留有狭窄的缝，产生一种相对光滑的小型图案。石块拼砌时（石块间不用砂浆）有时用彩砂填缝。在温暖无霜的地区，使用这种石块具有很好的效果。

用薄薄的天然石板砌会形成一种传统的、优雅大方的、图案不规则的路面。只有最坚硬的石块才适合这种做法，因为石块最脆弱的边常用作固定，带纹理的面则露出路面，要加固石块就必须有好的垫层，并且用砂浆批刷，有利于保持和稳固道牙。

图 8-44　园路铺装

自然或裂纹石地面

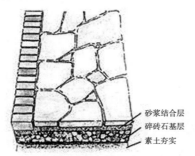

砂浆结合层
碎砖石基层
素土夯实

自然或裂纹石地面是用不规则的石头铺筑成锯齿状，或用平板石（或用碎石板）铺装成多边形，在砌石时留出一条缝隙，把较规整的石板留给工匠做边，以方便把砖块作道牙，石块用砂浆固定，要注意霜冻和雨水对路面的损坏，以及行走的舒适性。

鹅卵石或圆石地面

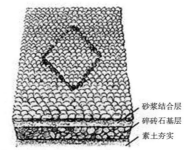

砂浆结合层
碎砖石基层
素土夯实

在砂浆中铺鹅卵石或圆石层曾经激起人们强烈的构造兴趣，地段周围用临时性的木构架或永久性的道牙围合，然后把湿石子嵌入具有柔韧性的砂浆里（或用卵石取代），小块的卵石排列紧密，走起来相对舒服些，间隙大的卵石路好看一些，但走起来却不那么舒服。

燧石地面

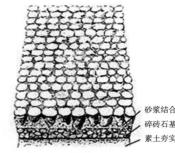

砂浆结合层
碎砖石基层
素土夯实

切割燧石（通常是将燧石一分为二）时发现燧石是一种坚硬的玻璃状物质，像砌卵石那样把燧石平整的一面朝上，可形成光滑的硬质地面，折断的燧石边缘十分锋利，所以不适合在儿童区铺装，在路面铺一层泥沙，能起到保护作用，而且泥沙会逐渐磨钝燧石的边缘，使之不易伤人。

连接缝

标示工具
直边

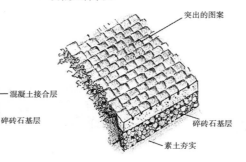

混凝土接合层
碎砖石基层
活动木框
素土夯实

在铺好混凝土后划分连接缝是一贯的做法，其最后一道工序用刷子完成。当还没有完全凝固时用金属工具（具有一条直边）在表面印上图案，以明示连接缝。

机械压制单元

突出的图案

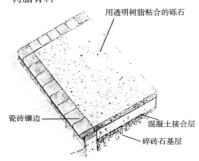

碎砖石基层
素土夯实

机械压制单元可以仿造所有同类铺地材料的样式、形状和颜色，包括石板、砖块和石头。在这里所显示的是交错粘合方式，由机械把设计样式压制入未凝固的混凝土中。

树脂骨料

用透明树脂粘合的砾石

瓷砖镶边
混凝土接合层
碎砖石基层

树脂骨料是一种能创造永久性光面而又不滑的地面材料。混凝土接合层上铺筑一层用透明树脂粘合的骨料。图中所示的边缘是装饰瓷砖。

图 8-44　园路铺装（续）

8.3.5　小庭院铺装

庭院活动空间铺装应考虑材料的色彩和拼接形式与建筑相协调，石材、木材、烧结砖、塑料均是常用的铺装材料。庭院开敞空间的铺装形式多种多样，完全可以根据业主的需要灵活设计。设计应注意便于主人的使用和维护管理，注意防滑、耐水、易清洁、易行走等（图 8-45、图 8-46）。

图 8-45　园路铺装示例 1

图 8-46　园路铺装示例 2

作业

题目：剧场广场的铺装设计（图 8-47、图 8-48）

要求：1. 场地为北京某剧场的庭院空间，出入口为步行道路的南北两侧，从广场不能进入建筑。树阵的南侧是现有的草坪，中间有圆形水池。请结合音乐戏剧表演的主题，对广场铺装进行整体设计，要能够从建筑的高处有景可赏。

2. 按比例绘制铺装的平面和大样图，绘制局部效果图，标注所用铺装的材料和色彩。

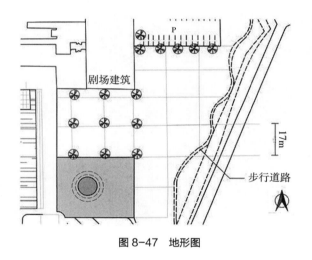

图 8-47　地形图

剧场广场铺装设计

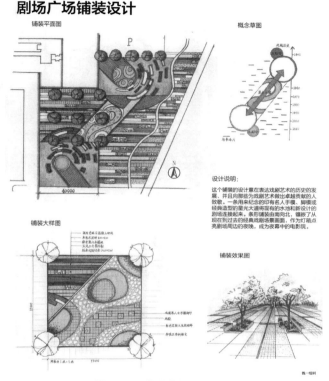

图 8-48　作业范例铺装设计

8.4　竖向硬质元素

园林景观中的地形变化丰富，其中需要靠台阶、坡道连接交通，组织游人或登小山或入沟谷的游览路线，在地形陡峭之处，需要靠护坡及挡土墙的构筑来维持地形的稳固与安全。即使是平地上，也可设置景墙进行空间的围合与组织，园林景观因为这些元素的存在而更加丰富多彩。

8.4.1　台阶与坡道

台阶与坡道不止用于解决高差，还是风景变得波折趣味的关键节点。在色彩、尺度与风格上要与周边环境相匹配，重要的地段的台阶坡道可作为景观重点进行设计，台阶为主题景观提供了很好的展示平台，在高处，台阶部分也是很好的俯瞰眺望的平台。园林中的台阶踏面一般为 30~40cm，每个台阶高度一般为 10cm，不宜高于 15cm。间隔 3~18 个台阶需设置不小于 1.5m 宽的缓冲平台。

坡道是对于婴儿车、轮椅以及行动不便的老年人而言必不可少的无障碍通道。设计时需严格遵照《无障碍设计规范》GB 50763-2012 的规定。通常坡道坡度为 1：12~1：20 之间，宽度不可小于 1.2m，每升高 1.5m，应设深度不小于 2m 的中间平台（图 8-49~图 8-51）。

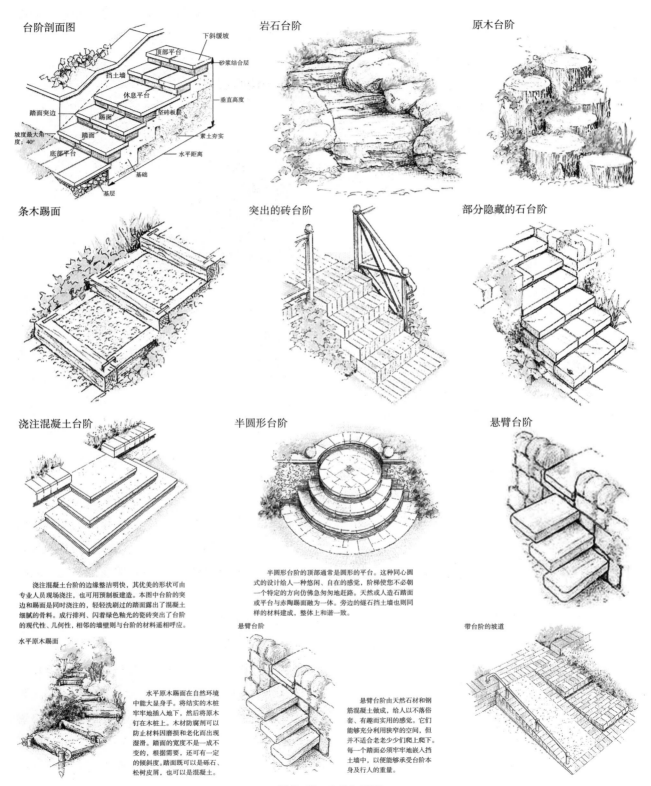

台阶剖面图

下斜缓坡
顶部平台
挡土墙
砂浆结合层
休息平台
垂直高度
踏面突边
踢面
坚砖板层
踏面
坡度最大角度：40°
踏面
素土夯实
底部平台
水平距离
基础
基层

岩石台阶

原木台阶

条木踢面

突出的砖台阶

部分隐藏的石台阶

浇注混凝土台阶

半圆形台阶

悬臂台阶

浇注混凝土台阶的边缘整洁明快，其优美的形状可由专业人员现场浇注，也可用预制板建造。本图中台阶的突边和踏面是同时浇注的，轻轻洗刷过的踏面露出了混凝土细腻的骨料。成行排列、闪着绿色釉光的瓷砖突出了台阶的现代性、几何性，相邻的墙壁则与台阶的材料遥相呼应。

半圆形台阶的顶部通常是圆形的平台。这种同心圆式的设计给人一种悠闲、自在的感觉，阶梯使您不必朝一个特定的方向仿佛急匆匆地赶路。天然或人造石踏面或平台与赤陶踢面融为一体。旁边的矮石挡土墙也则同样的材料建成，整体上和谐一致。

水平原木踢面

悬臂台阶

带台阶的坡道

水平原木踢面在自然环境中能大显身手。将结实的木桩牢牢地插入地下，然后将原木钉在木桩上。木材防腐剂可以防止材料因磨损和老化而出现湿滑。踏面的宽度不是一成不变的，根据需要，还可有一定的倾斜度。踏面既可以是砾石、松树皮屑，也可以是混凝土。

悬臂台阶由天然石材和钢筋混凝土做成，给人以不落俗套、有趣而实用的感觉。它们能够充分利用狭窄的空间，但并不适合让老老少少们爬上爬下。每一个踏面必须牢牢地嵌入挡土墙中，以便能承受台阶本身及行人的重量。

图 8-49　台阶与坡道

图 8-50 台阶与坡道案例 1

图 8-51 台阶与坡道案例 2

8.4.2 护坡与挡土墙

在地势陡峭、坡度不能满足自然土壤安息角处，需要设置护坡或挡土墙以保证地形的稳定和安全。护坡和挡土墙的存在丰富了园林中的硬质景观。混凝土、砖、石块和木板、竹篱都可以建造挡土墙；不同高差的挡土墙之间可以形成坡地间的平台（图 8-52~ 图 8-55 ）。

典型的挡土墙

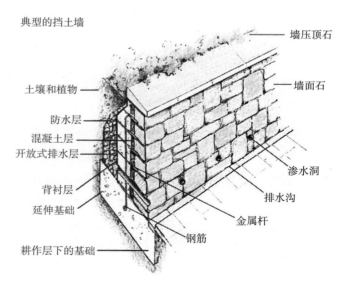

土壤和植物
防水层
混凝土层
开放式排水层
背衬层
延伸基础
耕作层下的基础

墙压顶石
墙面石
渗水洞
排水沟
金属杆
钢筋

图 8-52 典型的挡土墙

图 8-53　挡土墙 1

图 8-55　挡土墙 3

图 8-54　挡土墙 2

图 8-56　颐和园规则驳岸

8.4.3　驳岸

驳岸在园林工程中的定义为：建于水体边缘和陆地交界处，用工程措施加工驳岸而使其稳固，以免遭受各种自然因素和人为因素的破坏，保护风景园林中水体的设施。常见的驳岸形式有规则驳岸、不规则驳岸，其中不规则驳岸有自然式驳岸、砌石驳岸、阶梯入水驳岸、垂直驳岸、复合驳岸等（图 8-56~图 8-61）。

图 8-57　自然式驳岸

图 8-58　承德避暑山庄砌石驳岸

图 8-59　阶梯入水驳岸

图 8-60　垂直驳岸

图 8-61　复合驳岸

第 9 章　小品设计

9.1　小品设计要点

    小品，也叫做室外家具，是风景园林设计微观尺度的重要内容。小品设计主要需要熟悉人体尺度的人机工程学内容，了解小品设计的基本尺度模数关系，了解主要的小品构建原理和常用材料。做小品设计有两种思路，一是从功能分析入手。以功能为主导的设计适合工业生产的，批量生产的，做系列产品设计的模式，也是规模较大，数量较多，应用较广泛的设计方式。

    功能优先的首先要深入思考设计对象功能的核心特征，展开若干问题：什么人使用？有多少人使用？这些人如何使用等等。例如设计座椅，应当首先思考如何为"坐"，怎样坐？只有深入剖析并确定了设计的侧重点之后，才能展开具体的造型设计。造型设计阶段包括若干平行的内容，包括：尺度和体量的分析，材料的选择，结构方式的设计，生产工艺和组装，运输方式的考虑等。最后是细节设计，思考小品的典型风格特征，所选用的图案或装饰，色彩搭配，表皮的肌理和质感的处理等等。

    另外一种设计思路就是美学优先的设计方法。相对于前者，是更为感性，经验主义的和发散性思维的设计方式。这样的小品不需要大规模生产，需要突出其个性和特色，给人以深刻的感官体验。例如带有雕塑特征的座椅设计，是环境中的点睛之笔，

是独特的，不可也无需复制的。美学优先的设计首先应细致分析环境的美学特征，确定造型规律，如对称、均衡、韵律等构成关系。然后进行造型设计和细节设计。

9.2　景墙设计

9.2.1　景墙概述

    景观墙是指在景观中划分空间、组织景色与交通动线的围墙，尤其是作为视觉焦点和景观节点、具有一定的文化艺术主题的，兼有遮挡隔断作用的景观墙体。让我们想象一下，庭院周边都是富有异国情调的镶嵌贵族徽标的建筑无环绕着的波斯人的花园，或者纵横交错在新英格兰大地上的粗犷大方的石墙，会构成一副何其美妙的景象啊！景墙在园林中不仅分割空间，同时还起到装点环境或传播文化、艺术理念，渲染环境氛围的作用。如果建造围墙的主要目的是为了隔绝噪声、保护隐私和提供安全庇护，建造高高的砖石或混凝土围墙是很好的选择。然而，景墙作为室外空间构成的重要元素，也可结合座椅、顶棚、叠水、种植等功能，成为给人们提供户外休闲活动的空间载体，成为多功能的景观小品。

    不管这些围墙多么富有风格和情调，从建造材料方式上可以归结为四类：砖、石头、混凝土、木材。前三者在西方园林中十分普遍，木或竹质的景观墙有

时在东方园林中应用。城市公共空间的景观墙体往往
与入口大门、通行道路结合，起到分割空间、引导空
间的作用。

　　景观墙体往往在空间中扮演不同的角色，既可以
成为主角，也可以充当配角。一面设计了瀑布叠水的
墙独立安置在景观轴线的尽头，成为视觉的焦点，称
为独立景墙。独立景墙仿佛一幅立体展开的画卷，与
其他景观小品相结合，自成一景。如江南传统园林中
的"峭壁山"或者"粉壁理石"就是使用白墙作为画
纸，山石树木等置于墙壁前方，形成立体画卷。当然，
连续的景墙中也会有单独一处特殊处理，或者结合景
观小品，或者设计花窗檐口使之成为较为独立的景观。
也有四周辅助的景墙是指以空间围合功能为主的，以
单元墙体构成的连续围墙。连续景墙一般的标准段，
然后不断重复前后连接形成序列。

　　随着城市绿地空间的发展，提倡景观共享，开墙
透绿，很多连续景墙大多处理成半封闭式的，结合铁
艺栅栏或者完全开敞，使局部通透，视线不被完全阻隔，
提高了城市环境的品质。由于半封闭式围墙的安防功
能有所降低，所以可以配合使用电子围墙，即用红外
射线监控穿墙的物体，结合摄影摄像可以实现更高品
质的安防功能（图 9-1、图 9-2）。

图 9-1　景墙 1

图 9-2　景墙 2

9.2.2　景墙设计要点

（1）稳定安全

　　景观围墙虽然是非承重墙，但同样需要考虑其安
全问题。结构上的稳定才能保证围墙其他功能的实现，
尤其是对围墙的美学要求，围墙的艺术性与观赏性都
要建立在稳定、安全的基础上。设计时不仅要考虑围
墙自身对地基的荷载，还要考虑围墙旁侧的受力情况，
当然还要考虑雨水、风雪等因素对围墙墙体的侵蚀。
因此，只有满足了围墙稳定、安全的结构功能要求，
才可以充分发挥其景观效果。

（2）分割空间与景观的渗透

　　围墙作为景观设计中重要的造景元素，其与环境
的融合是必不可少的。风景园林师设计围墙时，必须
要考虑周边环境，因此因地制宜地设计出与环境相称
的围墙体量和形态，尤其是在围墙立面的设计上，要
与围墙周围的林冠线、周围的空间氛围、空间的性质
属性等充分结合。

（3）尺度

　　景墙的尺度主要应考虑三方面的问题：如何给人
最佳的视觉感受？与围合空间的比例关系？使用者需
要怎样的私密程度？概括说来，景观墙体的尺度取决
于视线关系、空间与立面的比例和私密性需求三个方

面的因素。景观墙体立面最丰富的部分应当处于人的最佳视线范围内，能达到最好的视觉效果。或者采用借景、漏景、透景等手法，将景墙背后的空间引入到视线范围内，营造丰富的空间层次。另外需仔细推敲景墙前后空间的尺度，如果广场十分宽阔，那么景墙的尺度也应当相应地升高；如果场地较小，则景墙的尺度可以降低些，以减轻压抑感。景墙的高度可以按照设计空间的分割程度，即是否遮挡视线、是否阻挡通行来确定墙体的高度。

高墙指高度在 2.2m 以上的墙体。当使用者需要绝对的私密性和安全性，或者在局部要布置特别壮观的视觉焦点时，采用高墙的设计。这样的高度可以杜绝人和动物的攀爬翻越，有时在围墙顶端布置电网或者尖锐物体起到警示作用。高墙需要人的仰视才能看到完整的景观，从视觉心理上引起崇敬、庄严的感受，适合纪念性、文化性的场所。

矮墙包括能遮挡视线的高度在 1.8~2.2m 的墙体，以及阻止交通但不遮挡视线的景墙。第一种景墙可以遮挡绝大部分人的视线，同时又不给人压抑的感受，是给人亲切感的，最为常见的景观围墙的尺度。我国古典园林的围墙高度大多如此，结合各种漏窗的设计，有时结合廊架的设计，使得景观或隐或现，内外渗透，有开有合，步移景异。指高度在 1.2~1.8m 的墙体既可以阻止人通过，又使人感觉空间通透宽敞，视线一览无余。这样高度的景墙便于人的倚靠，更像窗台、花台，其上的景物或植物正好处于人的最佳视线范围内，起到取景框或前景的作用。当然这样的景墙的安全性也是很低的，大多是结合挡土墙、种植池或者座椅等一起设计。

（4）材料与质感的选择

在一些自然富有野趣的空间，当不需要砌筑很高的墙体时，可以使用干砌石墙的做法。在欧洲，很多几千年以前的干砌石墙依然留存着。这些厚重的石块不依靠灰泥黏结，而是依靠重力积压在一起，除了过

人的体力以外，不需要专门的工具和材料。

目前很多混凝土砌块的墙体非常容易建造，造价低廉，较为坚固，造型也越来越多样丰富。干砌墙可以随地基沉陷而自动调整石块的相对位置，而且不阻止雨水的排流，为植物的生长提供良好的环境。用灰泥做黏合剂，可以把石块墙砌筑得更高。砌筑的石块墙造价高昂，但效果美观，最为耐久，很有品质感。砖墙的效果非常有趣。由于黏土的成分和烧制工艺不同，会使砖的颜色千变万化，变化砖的摆放方式在砖墙的立面上能组成不同的图案，还可以通过灰泥做黏合剂，在砖墙顶部做出挑檐来遮挡雨水。混凝土墙具有强度高、价格相对低廉和易于施工的特点，是目前最常用的景观墙体材料。混凝土墙体做好后，其表面通过粉饰工艺或者贴墙砖、马赛克等，能具有很强的装饰性。砌块墙能在不需要泥灰做黏合剂的情况下靠标准砌块自身的构造视线相互间的咬合，组成花样繁多的直墙或者曲面墙。有些混凝土砌块中间镂空，可以种植植物。这种混凝土连锁体系的墙体一般用于建造挡土墙，在陡峭的地带构建一个平台，很少用作较高的分割空间或者装饰的景墙。

9.2.3 不同类型的景墙

（1）实体景墙

指有实体材料构筑而成的墙体，无镂空部分，实体景墙的表面材料不同决定了材料带给人的不同感受（图9-3）。

（2）镂空景墙

镂空景墙能够透过光线，以及后方景物的轮廓，与其他实体景观结合，带给人以"虚"的感受（图9-4）。

（3）植生墙

随着环境友好需求深入人心，在一些气候温和，空气较湿润的城市出现了以植物为素材创作的植生墙。像很多卓越的发明创造一样，在建筑物表面种植植物

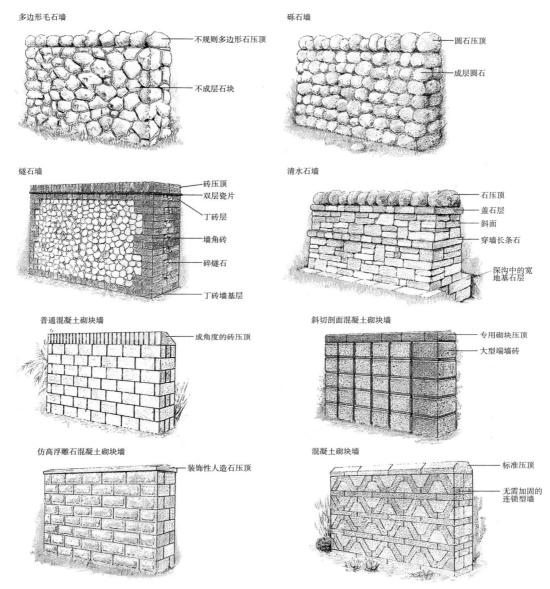

多边形毛石墙
— 不规则多边形石压顶
— 不成层石块

砾石墙
— 圆石压顶
— 成层圆石

燧石墙
— 砖压顶
— 双层瓦片
— 丁砖层
— 墙角砖
— 碎燧石
— 丁砖墙基层

清水石墙
— 石压顶
— 盖石层
— 斜面
— 穿墙长条石
— 深沟中的宽地基石层

普通混凝土砌块墙
— 成角度的砖压顶

斜切剖面混凝土砌块墙
— 专用砌块压顶
— 大型端墙砖

仿高浮雕石混凝土砌块墙
— 装饰性人造石压顶

混凝土砌块墙
— 标准压顶
— 无需加固的连锁型墙

图 9-3　实体景墙

的灵感来源于自然。很多植物不需要土壤就可以生存，实际上土壤仅仅是起到一种物理支持的作用而已，水分和一些必要的矿物质以及光合作用才是植物的生长所必需的。当然，土壤肥沃的情况下植物的长势更好、更快。在热带雨林或是山地的温带森林当中，无论水分供给是否充分，都不影响在岩石、树干和坚硬石头斜坡上那些植物的生长。例如，在马来西亚 8000 多种已知的植物中，大约有 2500 种左右是在无土的条

件下生存的，主要包括小檗类植物，绣线菊，枸子属植物。它们天然弯曲的枝干表明着它们来自于天然的陡峭的生态群落，而不是人们通常种植植物的平坦的花园。所以，从自然界的情形来看，"垂直绿化"其实非常普遍。

通常情况下，植物在建筑物的墙壁上生长，如果没有规律的灌溉，其根系很容易深入墙体内，从而破坏建筑物。所以，应当以简易的材料另外建造植物可

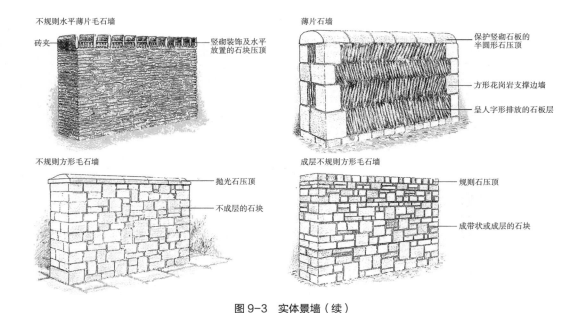

不规则水平薄片毛石墙
砖夹
竖砌装饰及水平放置的石块压顶

薄片石墙
保护竖砌石板的半圆形石压顶
方形花岗岩支撑边墙
呈人字形排放的石板层

不规则方形毛石墙
抛光石压顶
不成层的石块

成层不规则方形毛石墙
规则石压顶
成带状或成层的石块

图 9-3 实体景墙（续）

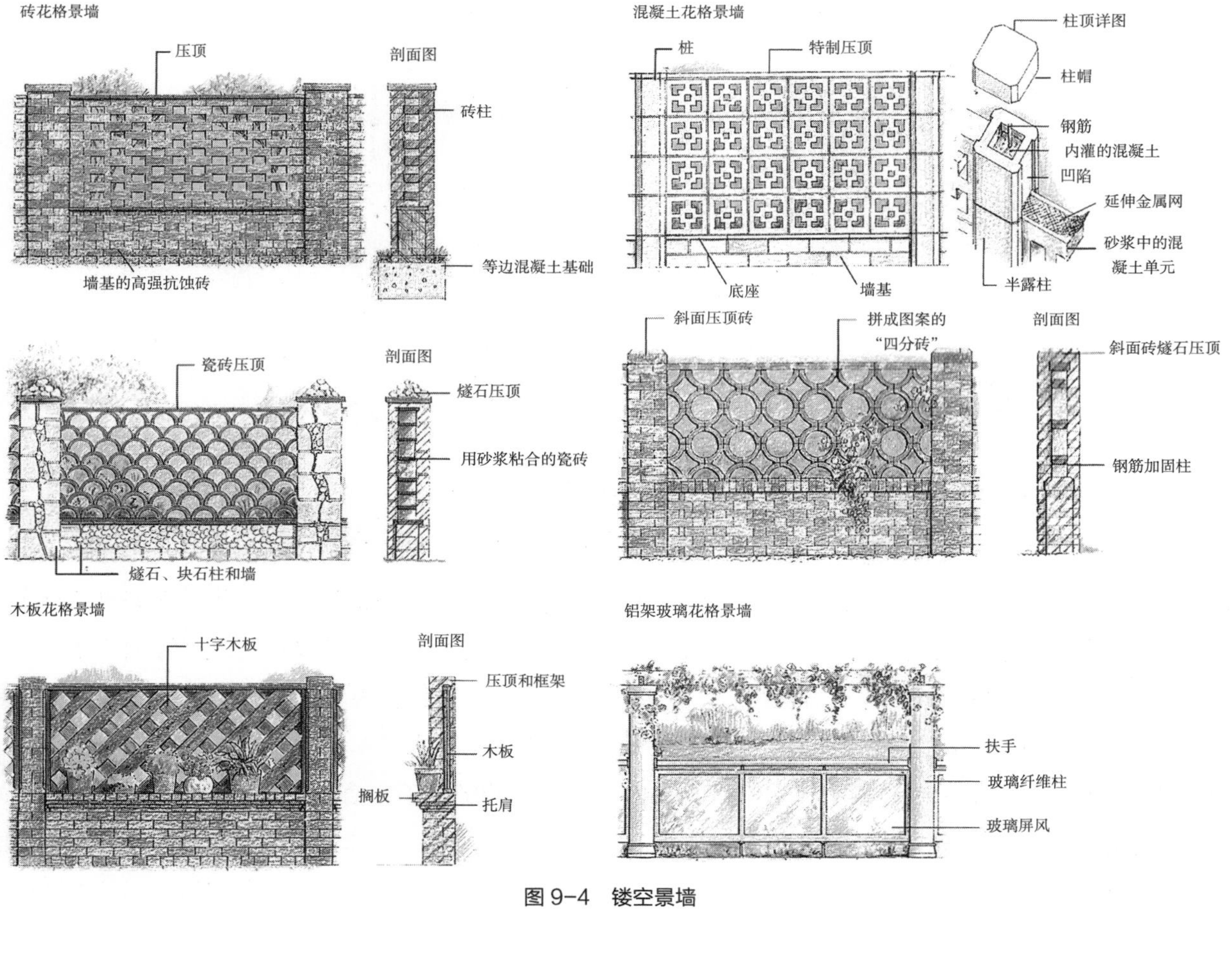

砖花格景墙
压顶
剖面图
砖柱
墙基的高强抗蚀砖
等边混凝土基础

混凝土花格景墙
柱
特制压顶
底座
墙基
柱顶详图
柱帽
钢筋
内灌的混凝土
凹陷
延伸金属网
砂浆中的混凝土单元
半露柱

瓷砖压顶
剖面图
燧石压顶
用砂浆粘合的瓷砖
燧石、块石柱和墙

斜面压顶砖
拼成图案的"四分砖"
剖面图
斜面砖燧石压顶
钢筋加固柱

木板花格景墙
十字木板
剖面图
压顶和框架
木板
搁板
托肩

铝架玻璃花格景墙
扶手
玻璃纤维柱
玻璃屏风

图 9-4 镂空景墙

以覆盖的支撑体。最关键的革新技术在于使植物的根茎不仅生长在柱状体（由土壤，水或沙子等构成）上，并且也可以生长在没有任何土壤的表面上。植生墙也可以在室内完全没有任何自然光照的地方利用人工照明来得以应用，例如地下停车场，地下商场等。

植生墙由 3 个部分组成：金属框架、PVC 层及棉垫层。金属框架可以悬挂在墙上或者自身树立起来，可以形成一个空气层，同时是十分有效率的隔绝热能与声音的系统。金属框架上固定着一个 1cm 厚的 PVC 层，起到防水和加强整体硬度的作用。PVC 层上附着一个尼龙制作的毡层，起防腐的作用，其高度的毛细管作用可以让水份匀质分布。植物的根系生长在这个毡质层上。植物的种子或是修剪过的已经生长的植物都可以被种植到这个毡质层上，密度大约是每平方米 30 株。灌溉系统安置在顶部，水中有充分的营养，灌溉和施肥都是自动化的。垂直花园的总体重量，包括植物与金属架，低于每平方米 30kg。因此，垂直花园可以被安置在任何墙体上，没有尺寸与高度的限制。

垂直绿化从本质上看是一种无土栽培形式，所以很容易与农业相结合。日前在很多大城市逐渐兴起了观光农业的概念，备受繁忙的都市人群的青睐。北京玉泉山附近的某些采摘园建起了生态体验餐厅，在暖棚内种植黄瓜、西红柿、茄子、南瓜等瓜果蔬菜，供人们采摘食用。所种植产品也作为自有品牌的绿色食品出售。这样的商业模式显然给垂直绿化的设计与应用带来了新的拓展空间（图 9-5）。

作业

题目：中关村广场小品设计（图 9-6、图 9-7）

要求：

1. 以下是北京中关村科技园的核心广场平面图。请结合互联网科技的主题，为广场设计小品。水池边粗线绘制的弧线是现有的景观墙体，请用新的景观墙体的方案替代它们，可以是连续的墙面，也可以是断续组合的；方形水池边的实心方块表示安装广场庭院灯具的位置，请根据实际场地的需要设计合适高度的景观造型灯具；字母 A 的位置也是硬质广场，请设计一种较矮的广场照明灯具，要与前面的灯具成为系列。

2. 按比例绘制景墙的平面图、立面图和效果图。标注出材料、色彩和尺寸。

3. 按比例绘制两种灯具的三视图和在场地中的效果图，标注出尺寸、材料和色彩。

4. 以上设计应当是一个系列，体现互联网科技的主题，应用现代设计风格。编写设计说明，包括设计概念和设计思路、布局及造型、尺度关系、材料等。

图 9-5　植生墙

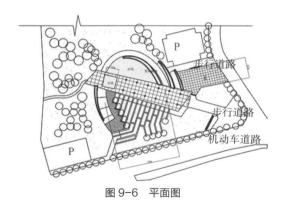

图 9-6　平面图

9.3　种植池设计

9.3.1　种植池概述

种植池是指用于种植草本花卉及灌木的人工构筑物，使得植物景观能够以组群的方式展现美感。种植池可以单独设计，也可以与座椅等家具结合设计。

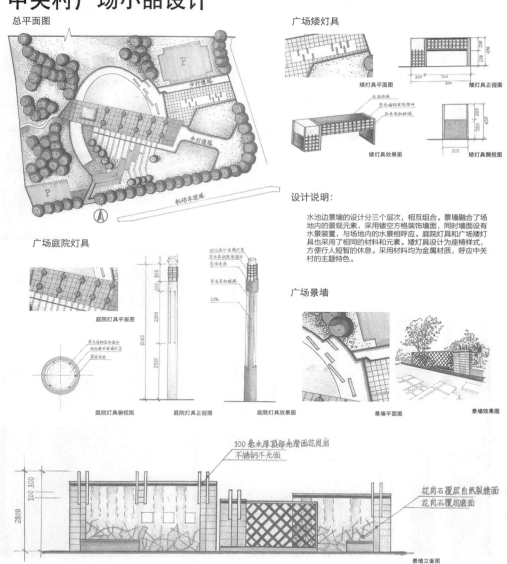

魏一绘制　图 9-7　作业范例：景墙设计

9.3.2 种植池设计要点

（1）艺术性：种植池设计需根据审美的一般规律，遵循美学的原则以体现艺术性，它在造型风格、色彩基调、材料质感、比例尺度等方面都应该符合统一和富有个性的原则。种植池的设计就是对草本植物组合关系的创意和设计，造型的空间和自由度亦很宽广。例如将种植池设计成向心环绕的几何圆环，结合定时喷发的雾状喷泉，仿佛是火山喷发一般的场景，趣味十足。

景观中的草本植物种植带通常对土壤、排水等有着较高的需求，一、二年生的草本植物需要每年春天重新栽种，因此，设计单独的种植池可以使得维护更为方便。另外，种植池可以设计不同高度使得空间的种植层次更加丰富（图9-8）。

（2）文化性：自然环境、建筑风格、生活方式、审美情趣、风俗传统、宗教信仰等构成了地方文化的独特内涵。种植池应成为反映地方文化内涵的综合体，它的设计过程就是将这些内涵不断提炼和演绎的过程。在设计中，应针对地区的文化背景和地域特色选择合适的造型元素，并合理地加以艺术处理，使人们从种植池设计中感受到强烈的地方文化气息，在内心留下深刻的感受。例如在法国举办的创意花园展览中的一组作品，用玻璃等材料制成的叶状浮水种植池漂浮于清浅的池塘上，让人联想到法国卢瓦尔河上泛舟的景致，也正是设计者想表达的地域风情（图9-9、图9-10）。

图 9-8　上海不夜城绿地种植池 1

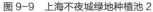

图 9-9　上海不夜城绿地种植池 2

图 9-10　上海不夜城绿地种植池 3

（3）整体性：种植池设计自身也具有整体性，无论是小种植池，还是大种植池，虽然各有特性，但彼此之间应相互作用，相互依赖，将个性纳入共性的框架之中，体现出一种统一的特性。如美国纽约市利用废旧的铁路改造的"高线公园"的设计案例，将种植池与地面铺装、座椅、照明等功能结合起来，并且保留了原有铁轨造型的尺度和比例，用旧枕木作为种植池的分割带，保留了人们对这段铁路的记忆（图9-11、图9-12）。

9.3.3 常见的种植池

（1）树池

在硬质铺装广场上成阵列种植乔木是广场设计的常用手法，树池是乔木种植的位置，树池周边可以抬高，直接作为座椅使用，能满足大量游人的休息需要，且看起来现代、整洁、美观（图9-13、图9-14）。

（2）花坛

花坛主要种植草花所形成的景观。面积较小的花

图9-11 上海静安公园结合挡土墙的种植池

图9-12 上海人民广场种植池

图9-13 日本名古屋生涯教育中心树池

图9-14 日本札幌森林公园树池

坛，适合近距离观赏，以表现花卉的色彩、芳香、形态以及花台造型等综合美。花台多为规则形。可作为空间中央的主题景观。也可作为主景后方的陪衬（图9-15、图9-16）。

（3）种植钵

种植钵是小型轻便可移动的种植类型，花钵位置多可以灵活调整。花钵的材质造型本身也是设计的重要一环，是整体景观中让人眼前一亮的细节所在（图9-17~图9-20）。

作业

题目：办公空间的造型种植池（9-21）

要求：

1. 场地位于华北某城市，南北两侧的办公楼中间

图9-15　北京植物园花坛

图9-16　天安门花坛

图9-17　种植钵1

图9-18　种植钵2

图9-19　种植钵3

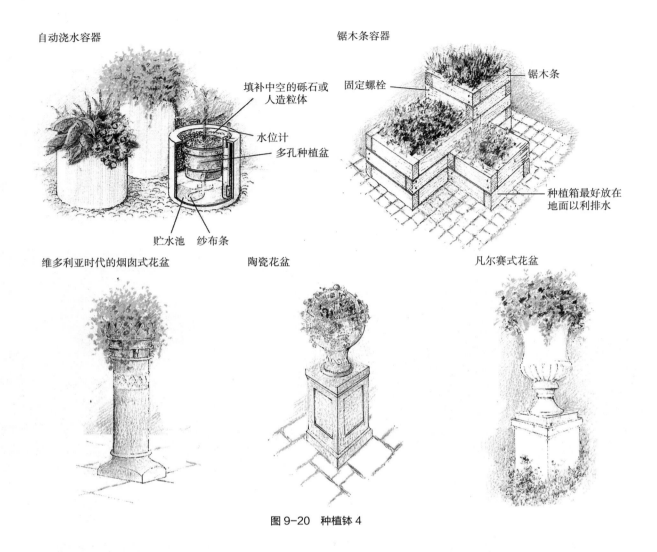

自动浇水容器

锯木条容器

填补中空的砾石或
人造粒体

水位计

多孔种植盆

锯木条

固定螺栓

种植箱最好放在
地面以利排水

贮水池　纱布条

维多利亚时代的烟囱式花盆

陶瓷花盆

凡尔赛式花盆

图 9-20　种植钵 4

是广场，现有 3 棵树龄较大的银杏树。由于南北两侧的建筑入口相对，因此需要设计一个种植池，能够起到保护三棵老树的作用，同时可以种植花卉，形成景观。也需要兼顾一些休闲座椅的功能。

2. 应有比较明确的设计主题，与环境功能气氛相符合。按比例绘制种植池的平面图、立面图。绘制透视图效果图，应体现出人们使用时的场景。编写设计说明，标注所使用的材料。

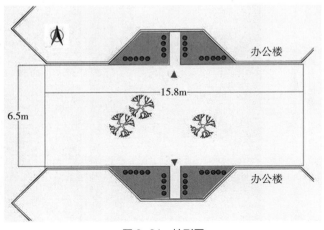

办公楼

15.8m

6.5m

办公楼

图 9-21　地形图

办公空间种植池设计

设计说明：

场地现有南北两侧办公楼的入口正对，从视线关系和心理感受上都要借助种植台的空间关系给予改善。

设计结合现有的三棵古树，通过调节高差塑造空间层次，中间通向两边办公楼入口为最低处，视线通透，种植池与座椅结合，利用现有古树形成庇荫纳凉的休憩空间；种植池与水景结合，一动一静营造舒适放松的环境；与灯光结合，在种植池中安装灯管不仅能提供照明功能，还能营造晚上热闹活跃的氛围。

种植台材料为水泥、大理石、金属。

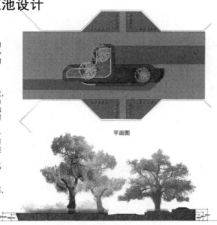

平面图

立面图

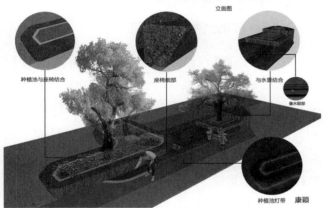

种植池与座椅结合　座椅细部　与水景结合

叠水细部

种植池灯带　康颖

图 9-22　作业范例：办公空间种植池设计

9.4　照明设计

9.4.1　园林照明灯具概述

照明灯具在白天，是有装饰效果的建筑小品，在地形、道路、绿化的配合下，可以组成一幅非常优美动人的园景；在夜晚，可成为园林构图的重要组成部分，通过灯光的组合强调出园林的层次感和立面上的观赏效果，并引导游览路线。

园林照明主要的功能，一是塑造空间，灯光照明设计必须符合功能的要求，应根据如路灯与庭院灯在照度上就有区别。路灯的主要功能是照亮路道，使行人有较好的视野；而庭院灯的功能是为了营造小区域

的氛围。二是渲染气氛，可以对环境进行装饰，增加空间的层次，渲染环境的气氛。采用投射、反射、折射等多种手段以及通过灯光有节奏的控制，可创造出各种艺术情调气氛，为人们的生活环境增添丰富多彩的情趣。三是适度照明：灯光照明并不一定以多和亮为好，也不以强取胜，关键是科学合理。灯光照明设计是为了满足人们视觉生理和审美心理的需要，使环境空间最大限度地体现实用价值和欣赏价值，并达到使用功能和审美功能的统一，否则甚至还会造成光环境污染而有损身体的健康。

因此，设计园灯应当首先了解整体环境照明的需求，依次来解决灯具的类型尺度、造型、材料等具体问题。

9.4.2　照明设计要点

（1）灯具的尺度

一般说来，灯具的高度（主要光源与地面的距离）大致相当于需要被照明区域的直径距离。例如设计道路照明的灯具，只在一侧照明时，光源高度约等于照明的宽度，两侧都照明时，灯的高度约为宽度的一半。当然灯具尺度与光源类型、强度也有一定关系。在交通状况比较简单的条件下，例如步行街或者庭院环境，尺度较小的灯具就可以满足亮度需求。

（2）选择灯具的参数

选择灯具时，应注意几个参数：

电压：首先应选择适合场地电源电压的灯具，一般来说，安全电压是 36V，一般家庭电压是 220V。

功率：功率是指物体在单位时间内所做的功，单位是瓦，功率越高，灯越亮。

光通量：发光强度为 1cd 的光源在 1sr 立体角元内发出的光。也就是人眼能感受到的光源的强弱，单位是流明。

光效：光源所发出的总光通量（流明、亮度）与该光源所消耗的电功率（瓦）的比值，称为该光源的

光效。同等功率下，光效越高，光亮越强。

色温：人们用与光源的色温相等或相近的完全辐射体的绝对温度来描述光源的色表（人眼直接观察光源时所看到的颜色），又称光源的色温。色温是以绝对温度 K 来表示。从视觉上看就是光源的冷或暖。一般来说，暖色光的色温在 3300K 以下，暖白光又叫中间色，它的色温在 3300~5300K 之间，冷色光：又叫日光色，它的色温在 5300K 以上。

（3）安全性：灯具的设计要求绝对的安全可靠。由于照明来自电源，故必须采取合格的防触电、防短路等安全措施，以避免意外事故的发生。

道路照明灯具的设计尤其强调其截光性。截光角是指光源发光体最外沿的一点和灯具出光口边沿的连线与通过光源光中心的垂线之间的夹角。它与遮光角互为余角。为了限制眩光，景观灯具分为截光、半截光和非截光三类。根据 CIE 的分类，截止型：80° 处光强不超过 30cd/klm；90° 处光强不超过 10cd/klm；半截止型：80° 处光强不超过 100cd/klm；90° 处光强不超过 50cd/klm；非截止型：无光强。根据规范要求，城市主干道严禁采用非截光灯具。

（4）体现环境特色

园灯的造型和布局要与所处的环境协调统一，突出地域特征和文化主题。例如北京天安门广场的玉兰花园灯把人民大会堂装扮得更加庄严雄伟；而江南古典园林则常用传统的宫灯表现其环境的精致典雅。

另外，灯具的设计完全可以和其他景观小品一起来整体考虑，构成环境中的点缀或具有实际功能的设施。例如结合座椅、围栏、景观墙体等本身具有高度和界面的构筑物来设计灯具，能够使环境更加整体。

（5）材料

园灯材料的质感也能对人们的心理感受产生一定的作用，并能直接影响到园灯的艺术效果。例如，用金属或石料制作的园灯灯杆和灯座，会使人感觉

到稳定和安全。如果环境要求形成玲珑剔透的水晶宫般的气氛，灯的材料就需要采用大量的玻璃或透明塑料；如果要创造富丽堂皇的气氛，则需使用镀铬、镀镍的金属制件；如果需要一种明快活跃的气氛，则可采用质感光滑的金属、大理石、陶瓷等材料；如要给人以温暖亲切的感觉，则常在园灯的适当部位采用木、藤、竹等材料。同一种园灯，其各部分材料的质感和色彩之间也应有对比和变化。园灯的材料选择还要注意防水、防锈蚀、防爆和便于维修等各种问题。

9.4.3　常见照明灯具类型

从功能上来说，园灯有两大类：一类是以功能为主，作为台阶、入口的界定，作为安全防护和作业照明等；另一类是强调造型美感，装点环境。从灯具产品的具体名称类别上，又有两种分类，一是按安装方式，可以分为嵌入式灯、投射灯、地埋灯、高杆灯、轨道灯特种灯；按照用途，又可分为地灯、步道灯、草坪灯、池底灯、庭院灯、路灯、台阶灯、壁灯。这里着重介绍几种景观园林中最为常见的灯具。

（1）高杆灯

一般指 15m 以上钢制柱型灯杆和大功率组合式灯架构成的照明装置。多使用在城市广场、车站、码头、货场，高速公路，体育场、立交桥等公共场合。高杆灯由灯头、内部灯具电气、杆体及基础部分组成。灯头造型可根据用户要求、周围环境、照明需要具体而定。内部灯具多由泛光灯和投光灯组成，光源采用 NG400 高压钠灯，照明半径达 60m。有的高杆灯带有升降系统，可以调节照明的高度（图 9-23）。

（2）道路灯

指给道路提供照明功能的灯具，泛指交通照明中路面照明范围内的灯具。安装地点常见于道路单侧或两侧，高度在 6~15m 之间。普通街道光源离地面

图 9-23　高杆灯

图 9-24　道路灯

是 6.5~7.5m；快车道灯不低于 8m；慢车道灯不低于 6.5m。道路灯由灯具，电器，光源，灯杆，灯臂，法兰盘，基础预埋件组成。近年多见太阳能板或风力装置提供光源的路灯，起到了很好的节能减排作用（图 9-24）。

（3）庭院灯

庭院灯是园灯中应用较为广泛的一种灯具，高度在 2.5~6m 之间，主要应用于城市广场、公园、居住区、庭院、街头绿地、大型建筑前等创造舒适幽静的夜晚景观氛围。庭院灯在满足照明的功能下，造型上也力求美观新颖，并充分运用高科技手段来表现生活和艺术，给人以舒适的美感（图 9-25）。

（4）草坪灯

草坪灯是用于草坪周围的照明设施，也是重要的室外家具。草坪灯的造型别致优雅，用于城市公园、街头绿地等的草坪周边以及步行街、停车场、广场等场所。草坪灯高度不宜超过 1m，间距在 6~10m 为宜。草坪灯也可以设计成各种艺术造型，成为环境的装饰和点缀（图 9-26、图 9-27）。

（5）壁灯

壁灯是室内照明灯具，也是室外照明灯具。它光线淡雅和谐，可以把环境点缀得优雅、富丽。壁灯的照明方式主要是间接照明，能展现出建筑物自身的特点和独特风格，使之获得艺术感染力。壁灯灯罩的选择应根据墙色而定，在大面积的单色墙壁上，点缀上别致的壁灯，给人以优雅醒目之感（图 9-28）。

（6）地灯

地灯又称地埋灯或藏地灯，是镶嵌在地面上的照明设施。地灯对地面、地上植被等进行照明，能使景观更美丽，行人通过更安全。现多用 LED 节能光源，

图 9-25　庭院灯

图 9-26　草坪灯 1

图 9-27　草坪灯 2

图 9-28　建筑外壁灯

表面为不锈钢抛光或铝合金面板，优质的防水接头，硅胶密封圈，钢化玻璃，可防水、防尘、防漏电且耐腐蚀。为确保排水通畅，建议地灯灯具安装时下部垫上碎石（图 9-29、图 9-30）。

　　另外，按光源类型的不同，还可以进行分类。主要有白炽灯（非常耗能，逐渐被淘汰）、金属元素灯（卤素灯，亮度很高）、荧光灯、LED 灯、太阳能灯、光导纤维、蜡烛或篝火等。目前的 LED（light emitting diode（发光二极管）的缩写）光源的灯具发展迅速，其优点是节能，可以适应各种造型的灯具、可以电脑控制变换颜色，遥控等，逐渐成为园林照明的主流，

而太阳能 LED 灯具响应了人们环保的需求，代表了未来潮流的发展方向（图 9-31、图 9-32）。

图 9-31　太阳能 LED 灯 1

图 9-29　地灯 1

图 9-30　地灯 2

图 9-32　太阳能 LED 灯 2

9.5 室外桌椅设计

9.5.1 室外桌椅概述

室外桌椅是指适合户外使用的，能够与园林景观特色相配合的桌、椅等户外家具。广义地说，只要是能够使人倚靠停留的平面，都可以成为座椅或桌子。园林中通常用自然形态的石头堆砌为园林的桌椅，巧妙浑然。大多数的园林桌椅是指工业化生产的，适合户外摆放与使用的园林景观休憩类产品。

主要在户外公共场合为人们提供停留、休息和娱乐之方便，例如缓解疲劳、欣赏美景、交谈、餐饮、阅读、下棋打牌等。另外，与环境相协调的圆桌园椅设计也能够为环境增色不少。它们应当耐用、舒适、美观。园桌园椅的功能设定一定要与具体的场地环境特点相结合，绝不能泛泛而谈。例如街道公共汽车站的座椅，就要考虑到人流量大，尽量减少人的停留时间，要足够结实耐用，易于清洁，若能提供上网设备或查询电子地图，就更理想了。若是一个景色优美的海滨度假村，就要设计最为舒适慵懒的，可以用各种姿势坐、靠、躺的椅子，并且椅子本身也是优美的海景。

9.5.2 室外桌椅设计要点

桌椅的设计应当重点考虑人的环境中的活动规律和心理。园桌园椅相当于户外的家具，其设置的位置，造型，数量都会引起不同的心理感受，从而引导人的行为。例如，人流量大，不希望人滞留的地方，设计造型简洁的座椅，有些地方，如公交车站，甚至仅仅提供倚靠的功能；而庭院或者公园里的桌椅设计，则要舒适美观富有情趣。

（1）耐久性与维护

要坚固耐用，不易损坏，例如在容易磕碰和磨损的部位设计防护的部件；造型设计上要防止积尘积水，例如设计成金属镂空或者比较饱满的造型，易于清洁保养。

（2）人在环境中的主要行为

例如，在广场中设置座椅就要考虑到小群生态的效应。环境行为学理论指出，商场广场等公共场合中大部分人的活动为单人或为2~3人的小群，所以公共空间的桌椅设计应当以双人、三人为主，三三两两的摆放。在校园内，可以考虑设计连续的，为十人左右小组设计的组团座椅，高低错落，兼有休息和展示的功能。

（3）尺度

以人机工程理论为参考，一般尺寸为：座椅坐面高30～40cm；坐面宽40～50cm；靠背倾斜角度为100°～110°。单人椅宽约60cm,双人椅约1.2m,三人椅约1.8m。扶手约0.9m。当然，很多园桌园椅的设计给游人的休憩提供了更多的享受与乐趣，因而造型也多种多样，有的可以弯腰压腿辅助锻炼，有的可以转动或弹起。

（4）材料与造型

桌椅都是直接与人体接触的家具，应当尽可能地使人感觉舒适愉悦，有安全感。例如金属等导热快的材料，会给人过冷或过烫的感受，应当避免直接使用。一些坚硬的材质，如玻璃等，应在人体尺度范围内禁止设计尖锐的造型，以排除伤害的隐患。

（5）与环境的结合

桌椅等户外家具分为活动式和固定式。活动式的桌椅造型独立，材质轻巧便于搬运，使用灵活，设计不强调个性而注重方便好用与环境百搭。固定式的家具往往是特定场所的一部分，设计应当考虑与周边事物的关系。例如：与台阶、花架、雕塑、围栏等结合考虑，应当突出设计的个性和人的感受。

9.5.3 常见室外桌椅类型

产品类的桌椅等户外家具一般按照材料分类：

（1）木材园桌园椅

木材具有细腻、自然的观感，也是历史上最悠久的天然材料之一。木材具有低导热性的特点，在使用过程中给人们带来冬暖夏凉的就座感觉。而科学技术的发展使木质材料的范畴越来越大，也符合目前生态环保的设计理念（图9-33、图9-34）。

（2）石材园桌园椅

石材具有坚实、抗压性强、吸水率小、耐磨、不变形、可磨光等特点。将经过加工处理后的不同色彩和质感石板材作为坐凳的面层材料，能使整个环境显得整洁、优雅。天然石材少经处理置于环境中，既是山石小品般的点缀，又可以提供休憩功能，特别适合不饰雕琢，浑然天成的品味与环境（图9-35、图9-36）。

（3）混凝土园桌园椅

混凝土具有坚固、经济、工艺加工方便等优点。利用混凝土的可塑性，可制作出不同纹理、不同造型的坐凳模型，从而塑造出不同效果的小品设施（图9-37）。

（4）金属材料园桌园椅

金属材料可以分为两大类。铁金属材料有不锈钢、铸铁、高碳铁等，这种材料硬度高、密度大；非铁金属材料则以含有铝、铜、锡及其他轻金属的合金为主，其硬度低但材料弹性大。铁艺的桌椅历史悠久，尤其是在西方园林中更为常见。铁艺精致优美的造型与马赛克、贝壳等材料结合，很有艺术感，且越旧越有韵味（图9-38、图9-39）。

（5）藤制桌椅

户外的藤制园林桌椅的藤条选用PE编藤经过人工编织而成。这些材料的藤家具柔韧性非常好，色泽稳定性很好，颜色能长久保持，编藤产品不发霉，容易清洗，环保。藤制桌椅造型舒适，有把室内的陈设置于室外的感受，相配套的坐垫靠枕等也是防水耐污的材料，造价较高，更适合庭院、会所等使用人群较少的场所。

（6）塑料及玻璃钢

塑料材料的含义很广泛，包括塑料和树脂，是合成的高分子化合物，可以自由改变形体样式，造价低廉，

图9-33　木材桌椅1

图9-34　木材桌椅2

图9-35　石材桌椅1

图9-36　石材桌椅2

图 9-37　混凝土园椅

图 9-38　金属材料园椅 1

图 9-39　金属材料园椅 2

是广泛使用的工业产品材料，其缺点是回收利用比较困难，无法降解，耐热性较差，易于老化。玻璃纤维或者玻璃钢，亦称作 GRP，即纤维强化塑料，质轻而硬，不导电，机械强度高，耐腐蚀，也广泛应用于室内外广告、雕塑、家具、游乐园设施、工艺品、工业制造等领域。塑料或玻璃钢的桌椅耐久易维护，造价低廉，常见于快餐店，食堂、体育场等人流量大、使用率高的场所。因此，塑料制作的园林桌椅总给人档次不高，舒适和亲切感不够的印象。

由于是一次成型，塑料或玻璃钢的园林桌椅可以设计成非常特殊的造型，给风景园林师充分的发挥空间，设计雕塑感很强的园林家具。有些塑料制作的仿编织或青铜质感的园桌园椅，几乎可以视觉上乱真。但是玻璃钢和塑料类似，很难自然降解和再次回收利用，因此这种材料的户外家具并不环保，设计应用应谨慎考虑。

（7）混合材料

园桌园椅作为园林中非常重要的家具，设计的方法也是不拘一格的。例如玻璃与石材、塑料与金属、铁艺与陶瓷砖的搭配使用，都得到了广泛的应用。只要掌握各种材料的特点，发挥各自的优势给以恰当的组合利用，往往能取得巧妙而精彩的效果（图 9-40、图 9-41）。

图 9-40　混合材料园桌园椅 1

图 9-41 混合材料园桌园椅 2

一处桌椅的的三视图和节点大样图。绘制透视图效果图，应体现出人们使用时的场景及各个小品的组合关系。编写设计说明，标注所使用的材料（图 9-43）。

作业案例

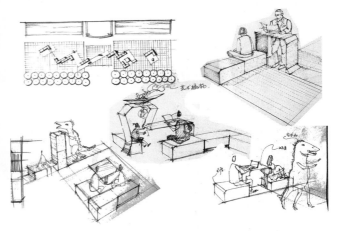

作业

题目：美术馆前的休闲桌椅

要求：

1. 场地是位于江南某海边城市的市级美术馆，请为场地设计一套组合的桌椅，可供 20 人左右使用。应成组设计。如图 9-42 所示，1 是美术馆建筑入口的平台，2 是美术馆建筑前的水池，3 是广场硬地铺装，最南侧是三排树阵。在 3 的位置进行设计（图 9-42）。

2. 应有比较明确的设计主题，与环境功能及气氛相符合。按比例绘制整体桌椅布局平面，绘制其中

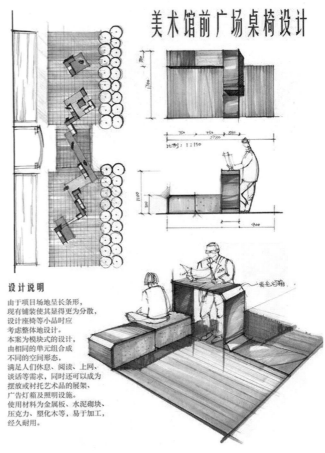

美术馆前广场桌椅设计

设计说明

由于项目场地呈长条形，现有铺装使其显得更为分散，设计座椅等小品时应考虑整体地设计。本案为模块式的设计，由相同的单元组合成不同的空间形态，满足人们休息、阅读、上网、谈话等需求，同时还可以成为摆放或衬托艺术品的展架、广告灯箱及照明设施。使用材料为金属板、水泥砌块、压克力、塑化木等，易于加工，经久耐用。

图 9-42 场地图

图 9-43 作业案例：学生作业

9.6 山石设计

9.6.1 园林山石概述

山石是东方园林的特色元素。中国传统园林讲究"裁山分水",其精髓在于山与水的布局和造型。有些名园如拥翠山庄等,由于自然条件所限而没有水景,但因有珍石佳峰,亦成名园。掇山理石的艺术和技巧是中国园林艺术最具特色和价值的宝贵财富,深刻地影响了以英国自然风致式园林为代表的西方园林和日本园林艺术。中国园林运用山石的手法主要有两种,一是土筑,二是叠石,依其使用的材料可以分为土山、石山和石土山三大类。北宋以前的假山很多是土山或石土山,规模和体量较大,意在模仿自然界山川的形态体貌。南宋宋徽宗营造的宫廷园林山石艮岳是土石结合的假山精品,在艺术和技术上达到了巅峰。宋以后的园林,以江南文人园林为代表,由于空间面积的限制,逐渐转为以"残山剩水"写意自然山水的意境,叠石的石山广泛流行,或者直接以美石置于庭院,单独欣赏。明清时期出现了"山石张"等擅长叠山的文人工匠家族,将掇山理石的艺术发挥到极高的水准。

常用的园林山石材料包括:

①湖石(太湖石 / 北太湖石)

太湖石主产于太湖,是一种石灰沉积岩,由于长期的流水冲蚀而形成剔透密集的孔洞,是江南园林造景的主角和特色。其色泽以白色居多,少有青灰,质地坚硬,较脆。白居易在《太湖石记》描述太湖石具有"如虬如凤""如鬼如兽"的象形,能使人有峰峦岩壑的精神感受。宋代,苏轼提出"石文而丑",而众所周知的"瘦漏透皱"的湖石审美标准则是米芾在《论石》中提出的。北太湖石也称作房山石,是北方皇家园林掇山的主要石材(图9-44、图9-45)。

图9-44 扬州何园湖石   图9-45 北海琼华岛北太湖石

②黄石

带橙黄色的细砂岩,产地很多,江苏一带比较常见。其外形比较有棱角,显得雄浑古朴。在造型上有仿效丹霞地貌的妙处。在中国古典园林中,常用黄石的古拙与太湖石的柔美相对比,掇山时追求雄伟的气势。图9-46为扬州个园内的黄石假山"秋山"。

③青石

一种与黄石相似的细砂岩,只是纹理没有黄石规整,北京西郊多产,常见于清代的皇家园林。如圆明园中一处描绘陶渊明作品世外桃源的"武陵春色"景区的桃花洞,和北海的濠濮涧的石景(图9-47)。

图9-46 扬州个园黄石假山

图 9-47　北海濠濮间青石

④英石

中国的四大名石之一，因生产与广东英德一带得名，广泛应用于广东园林中。英石有水石、旱石两种，多种颜色，黑色最为名贵。英石是一种方解石，纹理褶皱变化很多，显得层峦叠嶂，精巧多姿（图 9-48）。

图 9-48　英石

⑤石笋（剑石）

石笋是外形修长与竹笋的一类山石的总称，主要是沉积岩。由于其造型独特，一般不和其他石料混搭，而是特置或布置独立的小景（图 9-49）。

图 9-49　扬州馥园石笋

⑥灵璧石

灵璧石因产于安徽灵璧县得名。其形象险峭而空透，为史上藏石家所钟爱，位于《云林石谱》的首位。大型的灵璧石较少见，大多是用作小巧的盆景，或点缀河溪步石，池塘驳岸等（图 9-50）。

⑦人工山石材料

现在也有很多人工方法堆砌的假山，主要材料是灰塑、混凝土、树脂混凝土等，内置钢筋构架，外部用糊砌的方法仿造自然山石的效果。这种假山比较轻，容易施工，随着技术的发展其效果也越来越逼真。

随着立体雕刻技术的发展，目前可以利用电脑建模配合激光雕刻机设计制作出任何造型的置石，成为景观中既传统又前卫的一道风景（图 9-51）。

9.6.2　山石的设计要点

（1）石材的色彩选择

色彩在环境设计中最易创造情感和气氛的活跃因

图 9-50 灵璧石

图 9-51 人工山石材料所造的跌水景观

素。暖色调热烈、兴奋，冷色调优雅、明快。石材的色彩选择应与园林空间气氛协调。此外，地域和色彩是具有一定联系的，不同地理环境造就了不同的色彩表现，石材色彩选取具有地域特性的色彩可以表现出地方特色的景观。如扬州个园选用苍白的宣石堆砌"冬山"，其色彩和点絮状的表面肌理非常像冬日的积雪，配合墙后空洞产生的风鸣的效果，给人冬季雪后初霁清冷萧瑟的印象（图 9-52）。

（2）石材的质感选择

质感是由于感受到素材的结构而产生的材质感。不同的质感可以营造不同的气氛，给人不同的感受。自然面的石材表现出原始的粗犷感，而光面石材投射出的是华丽的精致质感。不同石材有不同质感，同一石材也可以加工成不同质感。利用质感不同的同种石材，很容易在变化中求得统一。在石景设计中巧妙灵活地利用石材质感可以给空间带来丰富的内涵和感受（图 9-53）。

图 9-52 个园宣石

图 9-53 香山饭店置石

（3）石与水组合

石之坚硬，水之绵柔，石与水的组合幻化出万千风情。在传统石景设计中有旱石景与水石景。岸石、滩石、矶石等水石景是因石在水中的位置不同而形成的不同称谓。传统园林中石与水的组合以摹写自然为主题，注重石景的观赏性和意境表达。在现代景观环境中，石与水的组合在满足观赏性的同时，更加注重趣味性、参与性和艺术化设计手法的运用（图9-54）。

图9-54　日本光丘公园溪流

（4）稳定与均衡的石景组合

均衡主要是把握石景各部分前后左右的轻重关系，并使其组合起来给人以安定、平稳的感觉。稳定是指整体上下的轻重关系，给人以安全可靠，坚如磐石的效果。可通过对称均衡的形式体现出不同石景组合的特征，获得整体统一的效果。稳定与均衡的石景组合可以没有明显的均衡中心和主从关系，在环境空间设计中运用更为广泛。

（5）主从分明的石景组合

复杂体量的石材，常常有主体部分和从属部分之分，要求达到完整统一的效果，组成整体的要素必须主从分明，使这些要素能够巧妙地结合成为一个有机的整体，而不能平均对待各自为政。主从分明的石景组合在现代景观设计中成为公共空间的视觉中心，起到类似于传统雕塑的点景作用。而现代石景自然的质感、人性化的尺度和自由随意的摆放，完全摆脱了传统雕塑所营造的庄严、肃穆的氛围，传达出追求轻松、愉悦、富有趣味性的设计态度。

9.6.3　常见山石

根据明代造园家计成所著《园冶》中的论述，把园林中的假山大致分为以下几类：

一是园山，即园林中构成地貌骨架的体量较大的"大山"，一般置于庭院中央，模拟全景式的山水景观。如苏州拙政园的池中岛山，沧浪亭的土石大假山，构成了全院景观的中心（图9-55）。

二是池山，指位于水池之侧的假山，以池水来衬托，形成山水相依的景色。如网师园中部水池北侧的假山"云岗"，用黄石堆叠成悬崖峭壁，浑厚的形体与水池南岸轻巧玲珑的建筑濯缨水阁相映成趣（图9-56）。

三是厅山，指位于厅堂之前的假山，或花台假山，起到观赏或障景的作用。如苏州留园的主厅是楠木梁

图9-55　环秀山庄假山

柱结构的五峰仙馆，其南侧的叠湖石假山，是苏州园林中规模最大的一处。此假山高约 5m，巧妙地遮挡了南侧厢房的北侧墙壁，把西侧的西楼和东侧的鹤所联系起来，种植了黑松、柏、碧桃和桂花，有石阶可以登入山顶，可欣赏，可游玩，想来应是旧日园主家中孩童理想的嬉戏之处了（图 9-57）。

四是楼阁山，指位于楼阁前的假山，或者与楼阁建筑巧妙结合，隐于楼阁之中。《园冶》在论及楼阁山石谈到："阁皆四敞也，宜于山侧，坦而可上，便以登眺，何必梯之。"意思是，有些楼阁建筑可以从外部循山石做成的磴道盘桓而上，既省略了楼梯，又可以丰富建筑与庭院的景观效果。如离宫的云山圣地楼，位于建筑群的末端，自前院自山石磴道上楼，很自然地衔接了窄小空间中的庭院与建筑（图 9-58）。

图 9-56 南京瞻园假山

图 9-57 扬州个园假山

图 9-58 北海环碧楼前假山

第 10 章　小型园林建筑设计

10.1　园林建筑设计概述

10.1.1　园林建筑的概念

"园林建筑"实质上应视为风景园林中最主要的人工构筑元素；从建筑的角度来说，应属于与自然环境密切相关的专门类型的建筑。根据《中国大百科全书》里汪菊渊先生的定义，"园林建筑一般是指园林中具有供人游览、观赏风景、休憩的功能，同时具有造景作用的建筑物"。按这个定义引申下来，园林建筑的范围应该包括专用于园林的建筑，如园亭、园廊、园桥、小的轩榭以及在其他环境场合为普通建筑的厅堂殿宇乃至寺庙楼塔等，只要在园林中起成景和得景作用的建筑，即可以属于园林建筑。从汉唐到明清，园林和风景中的建筑一直是中国建筑艺术创造最积极、最活跃的部分，对中国传统建筑文化的发展起着不可替代的重要作用（图 10-1）。

10.1.2　设计原则

1）以功能需求为出发进行设计

风景园林场地类型包括城市公园、广场居住区绿地等城市公共空间及郊野公园、风景旅游区等不同功能的空间，风景园林小建筑应当是能够满足人们在这些场地活动及行为需求的人工构筑物。因此，认真分析场地本身的性质和功能属性是在开始设计建筑物之间必须做好的功课。应当区分同样的行为在不同空间中不同的特

图 10-1　园林建筑示意图

点，例如：同样是给人"坐"的亭子，公共广场中等候班车的候车亭中的"坐"的行为和风景如画的公园里的"坐"的行为有何异同？这样两种场地内的亭子可以设计成一样的吗？强调理念和目的有利于新形式的创造，强调模式则可能产生因袭守旧和为了形式而罔顾宗旨的倾向。按照中国传统园林中的建筑模式来看，"亭、台、楼、阁、榭"等园林建筑已经形成了固有的模式的相对固定的做法，创作古典园林仍需恰当地运用这些模式，但是，更多的项目是包含大量新课题的新类型园林或传统类型的新园林，园林建筑的功能也发生了新的变化，形式也当进行创新。如北京园博园中武汉馆的创作，将楚汉文化符号的特征提取运用到展厅建筑的设计中，既能满足有较大人流量的现代展览展示的需求，又具有传统园林建筑亭廊造型的写意特色，兼备地域文化传统特色，使形式和功能取得了较好的平衡。

2）注意交通的组织与结构关系

风景园林场地中的交通组织是通过道路和建筑等人工构筑物来实现的。如果把人的逗留视作空间中的"点"，人的通行视作空间中的"线"，人的集体活动所占用的区域或视线观察到的整体区域视作空间中的"面"，那么，风景园林小建筑的形态和体量也是和这种点、线、面的抽象关系相匹配的。例如，亭子、独立花架、园门等构筑物可以视作"点"的建筑，在空间中起到让人暂时停留的作用；连续的花架、廊则是空间中人们行走的路径，是典型的线性的空间，而且人们是在动态过程中体验周边环境；展厅、露天剧场是聚集较多人流开展某种活动的建筑及构筑物的集群，属于风景园林场地中的"面"的空间，需要整体考虑人的行为过程、交通流线，设计最为合理的游览路线，较前两者的交通组织更为复杂。

3）成景与观景

无论东方还是西方的传统园林设计中，对其中的建筑都抱有"为自然带来它所缺乏的美"的期待，甚至"建筑成为自然中的风景"的作用超越了其实际的给人能提供的生理方面额功能需求。许多建筑本身即代表了整个地区的风景特色而声名远播，如滕王阁、扬州的五亭桥、颐和园佛香阁、北海白塔等等，这些单体建筑小品与周围环境融为一体，水乳交融，从任何角度或远或近观看都有不同情趣的效果。有些文人墨客撰写的亭记、阁记、馆记、庄记等，以建筑为载体展开对风景、各种文化活动和地域风情的描述，也体现了建筑在风景园林整体形象中的重要作用。

除具有自身的使用功能外，另外的作用就是把外界的景色组织起来，在园林空间中形成无形的纽带，引导人们由一个空间进入另一个空间，起着导向和组织空间画面的构图作用园林建筑小品还起着分隔空间与联系空间的作用，使步移景异的空间增添了变化和明确的标志。

10.2 亭的设计

1）亭的概念与发展

（1）中国亭

中国的亭的历史十分悠久，但古代最早的亭并不是供观赏用的建筑。如周代的亭，是设在边防要塞的小堡垒，设有亭史。到了秦汉，亭的建筑扩大到各地，成为地方维护治安的基层组织所使用。魏晋南北朝时，代替亭制而起的是驿。之后，亭和驿逐渐废弃。但民间却有在交通要道筑亭为旅途歇息之用的习俗，因而沿用下来。也有的作为迎宾送客的礼仪场所，一般是十里或五里设置一个，十里为长亭，五里为短亭。同时，亭作为点景建筑，开始出现在园林之中。到了隋唐时期，园苑之中筑亭已很普遍，如杨广在洛阳兴建的西苑中就有风亭月观等景观建筑。唐代宫苑中亭的建筑大量出现，如长安城的东内大明宫中有太液池，中有蓬莱山，池内有太液亭。又兴广宫城有多组院落，内还有龙池，龙池东的组建筑中，中心建筑便是沉香亭。宋代有记载的亭子就更多了，建筑也极精巧。在宋《营造法式》中就详细地描述了多种亭的形状和建造技术，此后，亭的建筑便愈来愈多，形式也多种多样。

以材料而言，木、石居多，砖亭较少；根据其结构特点，有三角亭、四方亭、长方亭、六角、八角、圆形、扇形、海棠形、梅花形等；组合式的亭有套方、套六角、十字形、人字形、下方上圆（八角）、下八角上方（圆）等、随意变化，只要造型美观，结构合理，都可以创新运用（图 10-2~图 10-8）。

（2）西方亭

在西方，亭子的概念与中国相近。英文称亭为"pavilion、gazebo 或 kiosk"，意指花园或游戏场上的一种轻便的或半永久性的建筑物，大多为举行户外的宴会、表演或舞会而建，具有较强的装饰性。西方

图 10-2　单檐六角亭立面图

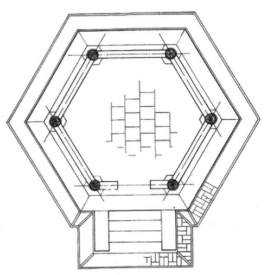

图 10-3　单檐六角亭平面图

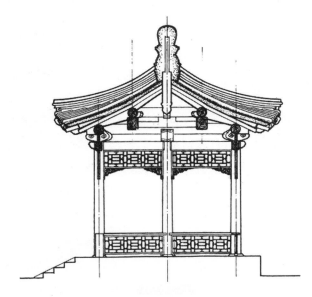

图 10-4　单檐六角亭剖面图

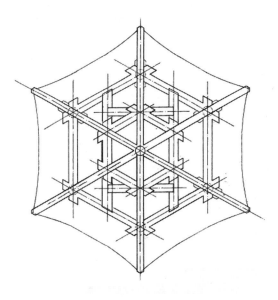

图 10-5　单檐六角亭构架平面图

图 10-6　中国亭范例 1

图 10-7　中国亭范例 2

图 10-8　中国亭范例 3

图 10-9　西方亭范例 1

图 10-10　西方亭范例 2

亭的造型特征与古典建筑语言接近，讲究比例尺度的和谐和对称之美。通常是石材或砖结构，其山墙、檐口、柱式、柱础的设计都遵守相应的传统法则（图 10-9、图 10-10）。

（3）现代亭

在新的材料和技术以及设计思想的影响下，现代亭的设计更加丰富多样，几乎可以不受约束地进行设计的创造。亭的材料也更加丰富了，如铁艺、塑料，人造石和膜结构的应用，使亭的设计充满创意。

现代都市公共空间中的亭的设计需要更多地考虑人流和使用功能，包括结合座椅，信息设备，照明等元素（图 10-11~ 图 10-17）。

2）亭的设计要点

（1）亭的选址

亭子不仅是供人憩息的场所，又是园林中重要的点景建筑，布置合理全园俱活，不得体则感到凌乱。一般而言，亭子的选址在看或被看之处，也是就说，或者建在山顶水岸，成为风景的一部分，或者建在休

图 10-11　现代亭范例 1

图 10-12　现代亭范例 2

图 10-13　现代亭范例 3

图 10-14　现代亭范例 4

图 10-15　现代亭范例 5

图 10-16　现代亭范例 6

图 10-17　现代亭范例 7

憩赏景之处。明代著名的造园家计成在《园冶》中有极为精辟的论述："……亭胡拘水际，通泉竹里、按景山颠，或翠筠茂密之阿、苍松蟠郁之麓"，可见在山顶、水涯、湖心、松荫、竹丛、花间都是布置园林建筑的合适地点，在这些地方筑亭，一般都能构成园林空间中美好的景观艺术效果。

（2）亭的结构

可划分为屋顶、柱身、台基三个部分。

亭顶：亭最上面的部分，主要用来遮阳避雨，所以一般是实顶，有时为了美观也做成空顶。从形式上，一般分为平顶和坡顶，以坡顶较为常见。平顶亭结构简单，柱上架梁即可；坡顶较复杂，多为梁架结构，裸露其精美巧妙的榫卯斗拱，饰以彩绘雕刻等装饰。其顶盖可用瓦片，毛草，木板铁皮等材料。

柱身：柱起到支撑的作用，柱的多少主要取决于亭子的平面形式。柱的形式有方柱，圆柱，多角柱，瓜楞柱，梅花柱等，架在柱墩（柱础）之上。柱的材料需承受一定的荷载，常用木、竹、石头、砖、钢筋混凝土、钢等材料。柱身的装饰也是设计的要点。

台基：台基包括台面和基础，位于亭子的最下部，供人们休息之用。台基的高度一般有三到五级，其厚度形成的体量感可以平衡亭顶的体量。

（3）亭的造型特点

可以概括为小巧，精致，通透。由于亭的结构比较简单，所以给个性化的设计提供了更多的空间，应当结合建筑特点，环境的现状，符号和装饰的主题等因素综合考虑。

亭的建筑面积通常在 4~10 平方米，四面通透，每个立面的造型都应当独立成景，与环境相协调。元人有两句诗："江山无限景，都取一亭中。"这就是亭子的作用，就是把外界大空间的无限景色都吸收进来。

3）案例

（1）BA_LIK 展示亭

该项目位于斯洛伐克共和国伯拉第斯拉瓦的一个历史悠久的广场上。长长的，可移动的创新型设计适应了这个狭小的公共空间。只是一个小小的改变，便对城市文化产生了很大的影响。

灵活性和可移动性是这个项目的主要特征。五个带有轮子的小亭子，既可以组合起来，又可以各自分开，以适应不同的活动需求。夏天，它可以用来举办各种文化活动——喜剧表演，音乐会或摄影展。没有特别演出时，亭子就是一系列现代城市家具，融合在广场之中（图 10-18~ 图 10-25 ）。

图 10-18　BA_LIK 展示亭实景图 1

图 10-19　BA_LIK 展示亭实景图 2

图 10-20　BA_LIK 展示亭实景图 3　　　　　图 10-21　BA_LIK 展示亭实景图 4

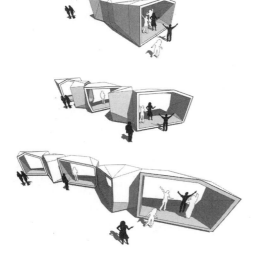 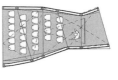 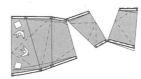 

LECTURE

CONCERT

EXHIBITION

VARIABLE USE

图 10-22　分析图

图 10-23　BA_LIK 展示亭实景图 5　　　　　图 10-24　BA_LIK 展示亭实景图 6

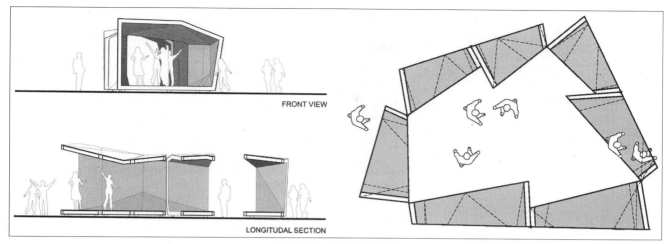

图 10-25　平面及立面图

（2）Pinar De Perruquet 公园

此公园由 ARTEKS 建筑事务所设计，公园中的凉亭是公园的设计亮点之一。

设计者希望通过带有松树意向的凉亭来创造一个人工的遮阴环境来补充已经被破坏的地块，既为大家提供了休憩的空间，又让人们回忆起曾经的松树林。凉亭是由一个六角形网状物构成的，带有波浪形的起伏，用非常有韧性的玻璃纤维为主要材料，玻璃纤维的变形程度比钢要好，耐腐蚀性也很强。这样在有风的天气下，凉亭会随风而动，营造出类似树林的效果。而凉亭的支柱设计灵感也取自松树的树干，轻微的向着主导风力方向倾斜。在"树冠"部分，由于不同的功能需要，用三种不同的构造结构支撑起"树冠"，第一种结构是对支柱进行加固，第二种结构是波纹型的六边形结构，第三种结构是同玻璃纤维带构成的可以提供阴凉的六角形网（图 10-26~ 图 10-31）。

（3）Space DRL10 亭

此建筑是国际设计大赛的获奖作品，大赛是由世界著名的伦敦建筑学会学校为庆祝毕业设计课程设置10 周年而举办的。建筑是为普通民众设计的，位于伦敦靠近大英博物馆的贝德福德广场，在那里它为民众提供了宝贵的休憩和非正式聚会场所。这个具有视觉冲击

图 10-26　Pinar De Perruquet 公园凉亭实景图 1

图 10-27　Pinar De Perruquet 公园凉亭实景图 2

图 10-28　Pinar De Perruquet 公园凉亭实景图 3

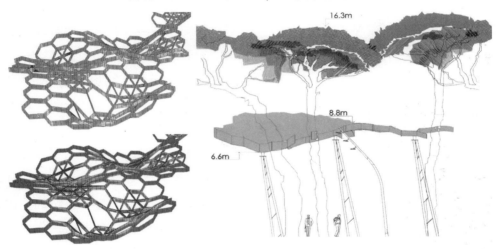

图 10-29　概念图

图 10-30　Pinar De Perruquet 公园凉亭实景图 4

图 10-31　Pinar De Perruquet 公园凉亭实景图 5

力的建筑在远处就很吸引人的眼球，走到近处会看到很多平坦而分散的水泥板与单一连续弯曲的外形相结合，其底部有一个厚厚的、为适应不同用途而成台阶状倾斜式分布的基座。当你走动时，亭子的外观由不透明变换成透明，产生一种绝妙的三维堆叠建筑效果。12m 长的跨越式结构围绕着小亭，为来往的行人提供一条穿越的路线，使路人分不清是置身亭内还是亭外，是在小屋里还是在舞台上（图 10-32~ 图 10-40）。

图 10-32　广场小亭实景图 1

图 10-33　广场小亭实景图 2

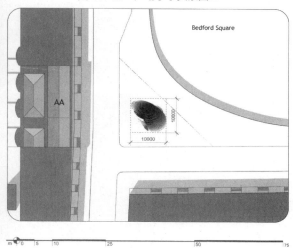

图 10-34　平面图

图 10-35　广场小亭实景图 3

作业

题目：多功能亭（图 10-41~ 图 10-45）

要求：

1. 场地是某东南沿海城市的市立图书馆的入口前广场。如图所示，现状已有环形图案的铺装、花坛植物和照明等。现在需要在标注尺寸的圆形铺装的场地设计一个现代风格的亭子，给人们提供休憩娱乐等功能。

2. 应当在形式和风格上充分考虑"信息"与"阅读"的主题，与图书馆周边的环境氛围吻合。

3. 按比例绘制亭子所在区域的平面图。绘制亭的立面图和效果图，并配上若干说明人们如何使用空间的设计草图。编写 200 字左右的设计说明。

图 10-36~ 图 10-39　广场小亭实景图及细部

图 10-40　广场小亭实景图及细部

图 10-41　场地平面图

范例：

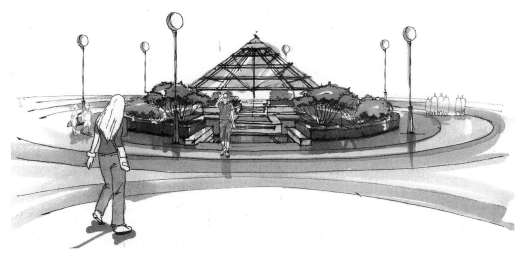

图 10-42 范例透视图

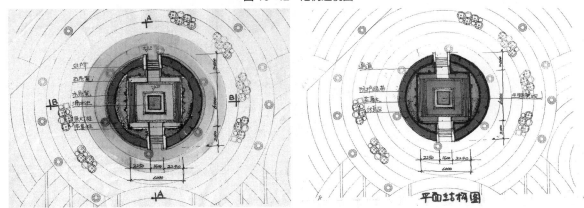

图 10-43、图 10-44 范例平面图及平面结构图

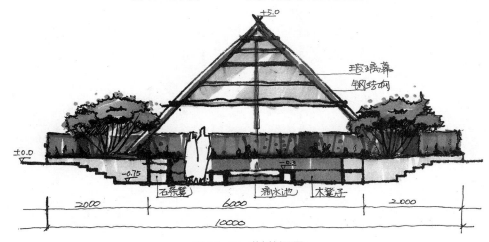

图 10-45 范例剖面图

10.3 花架的设计

1）花架概述

也称为绿廊，指园林中有刚性材料构架的、可以让植物攀援的构筑物。花架没有封闭的顶面，是以植物材料为顶的廊，相比于廊或亭，花架更接近自然，布局灵活多样，一般要根据配置植物的特点来构思花架。

花架的样式极为丰富，有棚架、廊架、亭架、门架等，也具有一定的实用功能。

（1）按结构类型分类，常见的有廊式花架，片式花架，独立式花架和组合花架等。

片式花架：是最为简单的网格式花架，主要为攀援类植物提供支架，宽度和高度可以根据环境的需要，任意调整。一般用木条或钢材或铁艺制作，在环境中起到单片景墙的作用。大部分藤本类植物都适合在花架上生长，如蔷薇、藤本月季、炮仗花等（图10-46）。

独立式花架：这样的花架一般起到园林中点景的作用，在造型方面要求比较高，既要考虑构架本身的造型优美，也要兼顾植物生长的要求和效果。由于独立式花架一般独自成景，所以常设计成雕塑感较强的造型，选用单一的常绿植物，构成仿生绿化的软雕塑（图10-47、图10-48）。

图 10-46 片式花架

图 10-47 独立式花架 1

图 10-48 独立式花架 2

廊架：这种花架是园林中最常见的形式。它们的结构是先立柱再架梁，然后再梁上按照一定的间距布置架条。廊架在园林空间中起到很重要的划分，连接等组织空间的作用。廊架分为单面花架和双面花架，单面花架是指只有一排支柱的花架，柱列位于顶面中间，造型简洁，施工容易；双面花架指有两排支柱的花架，分列于顶面的两侧，其构造更稳固，庇护感更强（图 10-49、图 10-50）。

组合花架：花架是结构简单，施工便捷的园林小型构筑物，很适合于其他园林小品组合设计。花架常与景墙、圆桌园椅、展示架、小型水景等结合，满足人们休闲，赏景，接受信息，参观展览等的各种需求，同时也能更加灵活地与实际环境配合，创造独特新颖的景观（图 10-51、图 10-52）。

（2）按材料分类

竹木花架：制作简便，给人亲切自然的感受，使人减轻压力，心情放松。竹木的花架突出了野趣和雅趣，其微妙变化的质感和肌理有种高雅朴素的美感，在富有诗意的文人园林和禅意的日本庭院中备受青睐。但是它们的使用寿命不长，容易腐烂变形，需要及时地维护。目前炭化木，塑化木的技术日益成熟，可以弥补这个弱点（图 10-53）。

图 10-49　廊架 1

图 10-50　廊架 2

图 10-51　组合花架 1

图 10-52　组合花架 2

图 10-53　竹木花架

砖石花架：花架的柱以砖石等厚重的材料为基础，其上用木梁或钢筋假设。非常坚固，同时具有厚重的质感。砖石花架能够更好地与建筑相配合，在古典的西方园林中十分常见。砖石的表现力也很强，既可以天然质朴不饰雕琢，也可以精致细腻华丽高贵，配合浮雕或石材本身的纹理，随着时间的推移历久弥新（图 10-54）。

金属铁艺花架：金属的花架可以任意弯曲，易于加工，富有装饰美感，同时经久耐用，适合回收再利用，也是理想的花架材料。近年金属表面的镀膜或喷漆技术多样，可以达到各种需求的效果，拓展了它的应用空间（图 10-55、图 10-56）。

钢筋混凝土花架：在现代建筑的影响下，钢筋混凝土作为最经济耐久的材料，广泛应用于现代的风景园林设计之中。钢筋混凝土花架适合简约几何造型。由于它良好的结合性，也可以局部使用更有品质感的材料，增加装饰美感（图 10-57、图 10-58）。

2）花架的设计要点

（1）选址布置

花架是非常灵活便捷的构筑物，非常适合配合环境的需求起到点缀或补充的作用。例如，在雕塑、假山等景观节点周围设置环形的花架，可以起到很好的

图 10-54　砖石花架

图 10-55　金属铁艺花架 1

图 10-56　金属铁艺花架 2

图 10-57　钢筋混凝土花架

图 10-58　钢筋混凝土花架

烘托景物的效果；在园林或建筑的角落设置花架，可以弥补琐碎空间死角的问题，令环境更整体舒适，有些花架与建筑的出入口相结合，扩大了过渡灰空间，提高了人们户外活动的品质同时兼具便利性；在面积较大的广场或公园绿地周边设置花架，可以强化向心空间的凝聚感，聚拢人气，增强场所氛围。

（2）景观功能

花架主要可用作空间过渡元素，也可独立成景。花架这种半通透的效果使得园林的美景很好地与构筑空间相融合，给人以画中游、景中走的感受，同时植物构造的立面和顶面又给人以庇护感，是理想的户外与室内的过渡空间。风景园林中的花架做线装布局的时候，与廊的功能相似，能够连接各个园林建筑，组织游览路线。起到分割空间、串联空间、引导空间的作用。和地形起伏巧妙结合的花架能够给人新颖有趣的感受。

花架种类多样，造型多变，本身有着很高的观赏价值。点式布置的花架与亭类似，可作为点景之用。花架也很适合与景墙，廊等其他园林小品建筑结合起来，构成独特的新的景观。

（3）结构与尺度

花架一般由基础、柱、梁、椽四个构件组成，其

造价低廉、施工方便。花架的尺度取决于其所在空间和观赏距离。如果环境较开阔，观赏距离也比较远，花架的尺度可以大一些，开间也大一些，反之则小巧些。总体来说，花架的尺度和亭、廊类似，由于其更通透，所以尺度更小或更大些都不会给人不适的感受。廊架一般开间 3~4m，高度一般是 2.5~3m，进深为 2~4m。弧形的花架应保证顶面内侧的弧线半径大于 7m，不宜过于曲折。

花架的材料一般只使用一到两种，不宜过于复杂，应当突出植物的美感。

（4）花架与植物的配置

花架不同于其他景观建筑及小品的重要一点即其附着植物的属性。设计花架时必须研究其周边环境条件，考虑清楚所选植物是否能在该环境下生存，植物是否在花架的承重范围之内，以及预期几年之内的生长状况。花架的尺度、结构、梁的宽窄以及外部造型都对植物有重要影响，过密或过宽的空隙很可能会导致植物的枯萎。此外花架的周围要留出不小于40cm的种植池，并且应合理设计，使之不影响花架的整体造型。植台尽量略高于地面，又利于攀援植物的生长。

常用来搭配花架的植物有紫藤、蔷薇、牵牛花、金银花、葡萄等。另外，常春藤耐荫，凌霄、木香则是喜光的，应当注意选择品种及周边环境。

3）案例

（1）该项目位于美国佛罗里达州迈阿密的林肯公园。积云状的花架是林肯公园的特别之处。其灵感来源于南佛罗里达州热带气候中所固有的膨胀积云层。手工制作喷涂的铝结构不仅仅提供了阴凉，也支撑着壮观盛开的九重葛藤蔓，五彩斑斓的色彩在公园入口就让游人眼前一亮（图 10-59~ 图 10-65）。

（2）该项目位于一所宁静的中学校园的活动广场之上。旨在为学校提供一个鲜明的可辨识的形象，重

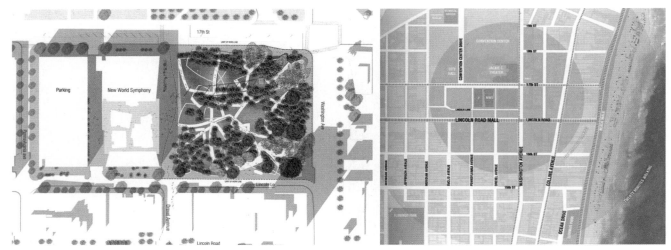

图 10-59、图 10-60 平面图及区位图

图 10-61 鸟瞰图 1

图 10-62 鸟瞰图 2

图 10-63 积云状花架实景图 1

图 10-64 积云状花架实景图 2

图 10-65 积云状花架实景图 3

新定义现有公共空间。最开始客户的设想是在广场上安放一个纪念性的主题雕塑，并且已经为该雕塑搭建好了一个高台。然而通过分析，风景园林师认为广场真正缺少的是一个有效的能让学生聚在一起交流的公共空间。学校真正需要的不是校园中心的纪念碑，而是一个集人文与功能为一体的集聚性空间，让学生休憩的同时还能举办一些校园活动。因此，一个高效的公共空间的方案渐渐浮出水面。设计师设计了一个连续弯折类似"过山车"的带状形象，通过三维折叠，创造了一系列与环境融合的空间，包括开放式的花园、阴影展馆和展览甬道等。整个建筑的弯曲形态，都最大限度地考虑了保留广场现有的树木以及利用现有树冠投射下的阴影，令建筑建成的伊始，就具有成熟的使用形态。过山车般的结构，为学校建立了一个有趣的形象，不仅辨识度很高，也非常受学生的欢迎（图 10-66~ 图 10-74）。

图 10-66 实景图

图 10-67 实景图

图 10-68~ 图 10-74　实景图及细部图

10.4　廊的设计

1）廊的概述

屋檐下的过道及其延伸成独立的有顶的过道称廊，廊也是亭的延伸。《园冶》："廊者，庑出一步也，宜曲宜长则胜。古之曲廊，俱曲尺曲。今于所构曲廊，之字曲者，随形而弯，依势而曲。或蟠山腰，或穷水际，通花渡壑，蜿蜒无尽，斯寝园之'篆云'也。予见润之甘露寺数间高下廊，传说鲁班所造。"

（1）中国古典廊的分类

双面空廊。两侧均为列柱，没有实墙，在廊中可以观赏两面景色。双面空廊不论直廊、曲廊、回廊、抄手廊等都可采用，不论在风景层次深远的大空间中，或在曲折灵巧的小空间中都可运用（图 10-75、图 10-76）。

单面空廊。有两种：一种是在双面空廊的一侧列柱间砌上实墙或半实墙而成的；一种是一侧完全贴在墙或建筑物边沿上。单面空廊的廊顶有时作成单坡形，以利排水（图 10-77）。

复廊。在双面空廊的中间夹一道墙，就成了复廊，又称"里外廊"。因为廊内分成两条走道，所以廊的跨度大些。中间墙上开有各种式样的漏窗，从廊的一边

图 10-75　拙政园廊桥

图 10-76　颐和园长廊

图 10-77　单面空廊

透过漏窗可以看到廊的另一边景色，一般设置两边景物各不相同的园林空间。如苏州沧浪亭的复廊就是一例，它妙在借景，把园内的山和园外的水通过复廊互相引借，使山、水、建筑构成整体（图 10-78）。

双层廊。上下两层的廊，又称"楼廊"。它为游人提供了在上下两层不同高程的廊中观赏景色的条件，也便于联系不同标高的建筑物或风景点以组织人流，可以丰富园林建筑的空间构图（图 10-79）。

（2）西方的廊

西方古典园林中廊的尺度一般较大，平面形状通常为直线形、半圆形、门字形等。遵循古典柱式定式，显得庄严而典雅。在西方现代园林中，廊的运用十分自由、灵活，柱子较细，跨度较大，造型依环境而变化（图 10-80、图 10-81）。

（3）现代廊

现代廊多采用钢筋混凝土材料。由于廊通常有相

图 10-78　复廊

图 10-79　双层廊

图 10-80　西方的廊 1

图 10-81　西方的廊 2

图 10-82　现代廊范例

同的单元构成，所以可以实现单元标准化，制作工厂化，施工装配化，大大提高了建造的效率，降低建造的成本。塑料、玻璃、竹等材料也被大量应用，丰富设计效果和突出地方特色（图 10-82）。

2）设计要点

（1）充分考虑廊与环境的关系

在园林中，廊不仅作为个体建筑联系室内外的手段，而且还常成为各个建筑之间的联系通道，成为园林内游览路线的组成部分。它既有遮荫避雨、休息、交通联系的功能，又起组织景观、分隔空间、增加风景层次的作用。在设计之初就应当考虑好廊架的所在位置以及所起到的功能。通过廊在院中巧妙的穿插，形成景观的层次，使得空间深幽而意境更为丰富。在水边或山地上建廊，可以使之既成为舒适的观景平台，又是整体景致的点睛之笔。

（2）注意游览路线的组织

如果说亭台楼阁等园林建筑是空间中点的设计，那么廊在园林中可视为联系他们的线，可以分割空间，引导通行，联系景观元素，或者成为障景、框景、漏景、透景的界面，也可称为展览展示的界面。设计时应设身处地地构思游人行进时所经历的景观，所看到的事物，以及可能驻足停留的位置。

（3）注重其造型、结构、体量尺度

廊是以相同的单元所组成，其特点是有规律的重复和有组织的变化，形成韵律美感。中式廊通常设计在庭院中，开间不宜过大，在 3m 左右，而柱距也在 3m 左右；欧洲传统的廊常设计在城市广场或者建筑外部，强调恢宏的气势，尺度较大，开间和柱距在 4~5m 左右。现代廊的设计通常宽在 2.5~3.0m 之间，以适应现代的公园设计尺度。

廊的檐口高度一般在 2.4~2.8m 之间，因顶的形式不同而总体高度有所不同。廊柱一般直径在 150~200mm 左右，应当在满足承重需求的情况下尽可能纤巧（图 10-83、图 10-84）。

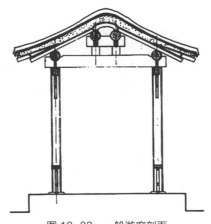

图 10-83　一般游廊剖面

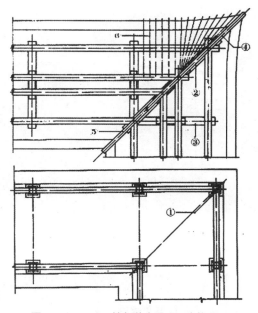

图 10-84　90° 转角游廊平面及木构平面

1. 角柱　2. 递角梁　3. 圆架插梁　4. 角梁　5. 凹角梁　6. 椽分位线

3）案例

该项目位于美国德克萨斯州圣安东尼奥市，这是一个以丰富色彩而闻名的城市。廊架的设计灵感来源于圣安东尼奥的传统手工艺和当地多元的文化和种族历史。廊架被设计成一串交织的缎带，以钢架为支撑，鲜艳的色彩和绿树蓝天形成鲜明对比。彩色长条从钢架两边以不同的角度重叠交织，每座廊架上重叠排列的长条组合能提供 74.3m² 的阴凉地，随着游客所在位置的不同，彩色长条也会产生不一样的视觉效果，随着太阳位置的改变，遮阴的效果也有所不同（图 10-85~ 图 10-92）。

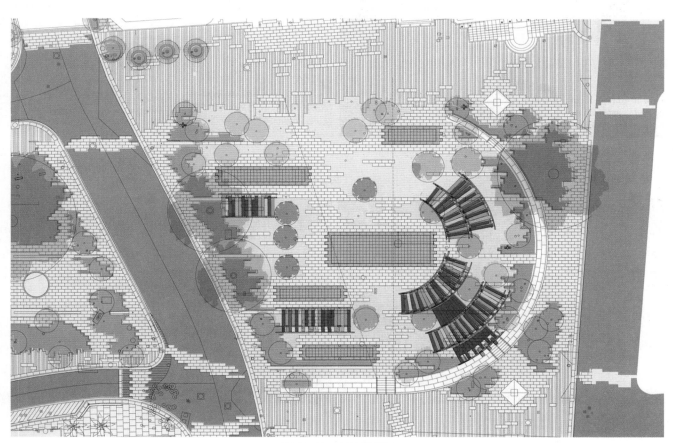

图 10-85　场地平面图

图 10-86 实景图 1

图 10-87 实景图 2

图 10-88 实景图 3

图 10-89 实景图 4

图 10-90 实景图 5

图 10-91 实景图 6

图 10-92 实景图 7

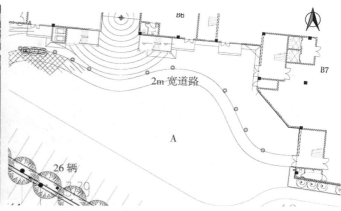

图 10-93 场地平面图

作业

题目：廊与花架（图 10-93~ 图 10-97）

要求：

1. 场地为北京某住宅区周边环境，西南侧为停车场，北侧环形铺装区为楼间通道。现有一条 2m 宽的道路从小区穿过。请以此现有道路为主要路径，设计一条现代风格的廊架，在 A 的位置设计一个独立的花架，面积和造型风格自定。

2. 廊与花架可以穿插设计，形成整体风格。应考虑住宅区的使用功能。

3. 按比例绘制整体平面图。分别绘制廊与花架的立面图，绘制整体鸟瞰效果图，编写设计说明。

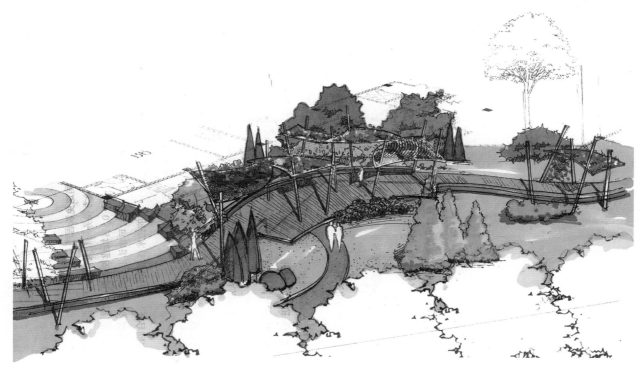

图 10-94 作业范例：鸟瞰图

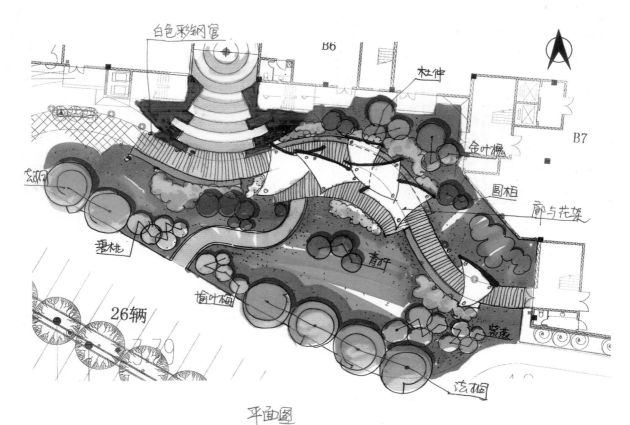

平面图

图 10-95 作业范例：平面图

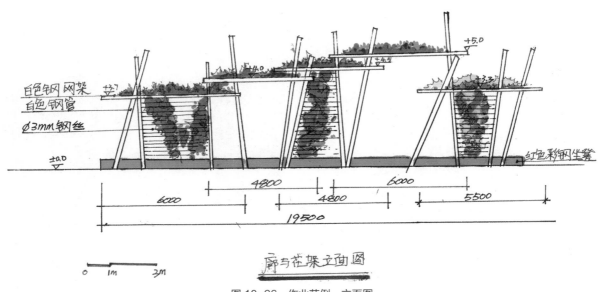

廊与花架立面图

图 10-96 作业范例：立面图

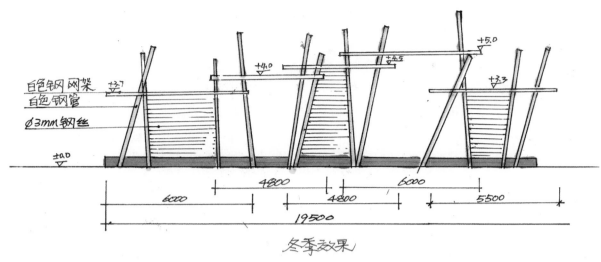

白色钢网架
白色钢管
Ø3mm钢丝

±0.0

6000　4800　4800　6000　5500

19500

冬季效果

图 10-97 作业范例：立面图

10.5 园门的设计

1）园门概述

园门主要指园林的主要出入口的起到门的作用的建筑物。

园门的功能主要包括以下几点：

（1）标志空间

"园门好似花园的眼睛，透过它，你能看见一个美妙的世界"。可以说，园林景观中的园门，是诗篇的标题，是散文的序言，是乐章的开篇，引领人们走入一个艺术的世界。一个一个序列的园门，是一个一个空间的注解，或者凝练概括了空间的精神，或者设置了引发好奇的悬念，给人提示和遐想，增加了园林的艺术美感。当然，园门最主要的功能是作为园林空间的注解和名片，必须具有很强的识别性。例如，中国四大名园中的个园的园门，不仅书法提名，让人"望名心晓"领会主人的情趣和爱好，而且在空间设计上与竹和石巧妙搭配，展现一幅凝练整个园子个性气质的抒情画卷。

（2）划分空间

和景墙类似，园门主要起到划分空间、界定空间的作用。风景园林的园门虽然不设门扇，不能完全隔离空间，但是必须能够提示人们，门外和门内属于不同的领域。场地较大的园林有很多园门构建序列空间，之间应当形成造型与意境的连贯。

（3）交通集散与人流疏导

园门不仅界定了空间，而且形成一个入口的场所。从交通上来讲，门的设置必然形成人流或车流的停滞，是一个缓冲的空间。或者说，园门是一段行程的终点或是另一段行程的起点。因此，整个园门周围必须保证有较为开敞的空间。

园门的设计应当起到交通重新分流的作用，界定车行和人行的位置、方式、通过量与通过速度，以及安全保卫工作的便利性。

大型公园的园门设计通常考虑多种通过方式，通过管理园门的数量和开启时间段来适应不同的需求。当有大型活动或紧急疏散时，所有的园门打开，保证最高效的疏散，而平时可以只开一扇门，保证检票、安检等活动的顺利进行。

另外，公共场合的园门有很重要的安全保护功能，应考虑摄像头、检票机等设备的合理安置。

（4）小型服务

现代园林园门的设计，由于更多向公众开放，应具有更多的服务功能。要考虑到避雨、安检、休息、清洁等问题。常见的服务空间和设施主要有：等候亭、售票处、检票机、收发室、录像监控室、小卖部、垃圾箱、照明设施、指示牌与地图、停车等。园门的设计应当巧妙地将这些功能整合起来，使其方便易用，井然有序。

2）园门的分类

（1）入口大门

公园入口大门是联系园内与园外的交通枢纽和重要景观节点，是由街道空间过渡到园林景观空间的转折和强调，是园内景观和空间序列的起始，在整个园林中有着十分重要的作用。

大门最主要的功能是交通集散和保卫管理。另外，公园大门是游人接触的第一个园林建筑，给人的印象最为深刻，它体现了整个公园的特征和格调，在设计上要力求给人清晰深刻的印象，或惊奇，或优雅，或敬畏，或幽默。另外，大门也对街道的立面形态起重要的影响，应考虑与周边环境的结合。

大门出入口的确定取决于公园和城市规划的关系、园内分区的要求以及地形的特点，园门对外应与城市主要干道（但避免设在对外过境交通的干道上）对接，配合人流的方向。对内要配合公园的规划设计要求与园内道路联系方便，符合导游路线（图 10-98、图 10-99）。

（2）过渡园门

园林中连接相邻两分割的空间之间的园门，如传统园林中的月洞门、垂花门（图 10-100~ 图 10-102）。

（3）装饰性园门

这类园门并没有起到真正出入口的作用，但其形象起到了点出主题和强化景观特性的重要作用，也是园林景观的重要组成部分。牌坊是中国传统建筑中非常重要的一种建筑类型，是中国封建社会时期宣扬礼教、标榜功德、荣宗耀祖、旌表贞烈而建的纪念性建筑物。牌坊也是祠堂的附属建筑物，昭示家族先人的高尚美德和丰功伟绩，兼有祭祖的功能。牌坊不同于牌楼，在立柱和横板上没有斗栱及屋顶结构的称为牌坊，而在立柱和横板上有楼的称为牌楼。

作为中国特有的入口门式建筑，牌坊广泛应用于寺庙道观、市井街道、皇家园林和村落入口等场合，可视为典型的中式园门，其装饰功能远甚于使用功能（图 10-103、图 10-104）。

3）设计要点

根据园门所在场地的特点，综合考虑园门的功能与服务对象。园门是进入园林的必经之路，需合理组织交通、保证无障碍设计，满足人流量需求。

园门的立面是整个公园带给人的第一印象，需要富有标志性，让人印象深刻。

图 10-98　入口大门范例图 1

图 10-99　入口大门范例图 2

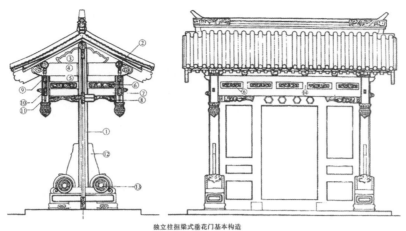

独立柱担梁式垂花门基本构造
1. 柱　2. 檩　3. 角背　4. 麻叶抱头梁　5. 随梁　6. 花板　7. 麻叶穿插枋　8. 骑马雀替　9. 檐枋
10. 帘笼枋　11. 垂莲柱　12. 壶瓶牙子　13. 抱鼓石　14. 折柱

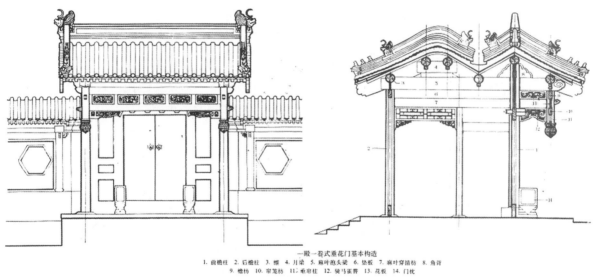

一殿一卷式垂花门基本构造
1. 前檐柱　2. 后檐柱　3. 檩　4. 月梁　5. 麻叶抱头梁　6. 垫板　7. 麻叶穿插枋　8. 角背
9. 檐枋　10. 帘笼枋　11. 垂莲柱　12. 骑马雀替　13. 花板　14. 门枕

图 10-100、图 10-101　过渡园门垂花门基本构造图

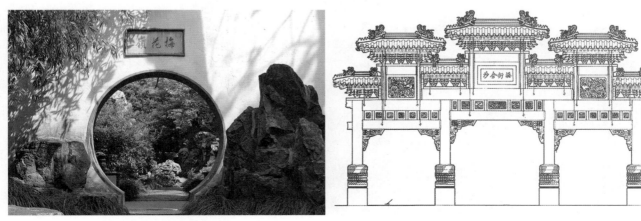

图 10-102　月洞门范例图　　　　　　　　　　　图 10-103　牌楼

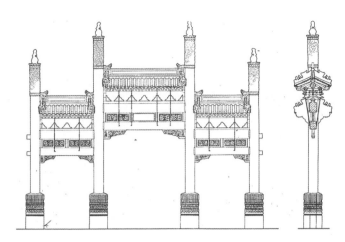

图 10-104　四柱三间三楼出头牌楼

具体园门的风格形态要依照游园的服务对象及其主要活动内容而决定。儿童游园的园门应轻巧、活泼，尺度要小些，色彩要鲜艳些。园门的形式要新颖而有变化，以适应儿童的好奇心理并有利于开发儿童智力。在城镇的街头绿地，或者在为老人服务的以弈棋、阅读书报为主要活动的小游园，其入口处的处理，虽也要求轻快活泼，但形式宜简洁，色彩宜朴素淡雅，以给人们宁静、亲切的感觉。园门的设计也可与雕塑、小品结合。

同时园门的设计本身要和其他建筑和空间的造型特点相协调。尺度过大易给人压迫感，尺度过小又不够醒目。尺度上，园门要满足人车的通行，高度一般不低于 2m。园门整体的尺度要和场地的比例相协调，否则由于使用频率高、有划分和安全防护的功能，所以园门的设计必须保证坚固耐久。

4）案例

广运门是 2011 年西安世园会的主入口，位于园区东北部，横跨 60m 宽的世博大道，其设计概念紧扣西安园艺博览会的主题。它的平面布局从停车场的人流动线来考虑，由坡道把上下台层相联系，在充分考虑了残疾人通行需求的同时，对进出人流进行交通分流，高峰期每小时可满足 2 万多人的通行。大门作为整个景观园区的起点，运用植栽，水景等元素，桥上设植物廊架形成垂直绿化并提供遮阳，来达到与长安花谷融为一体的效果。总的来看广运门气势恢宏，具有极强的视觉冲击力，夜景灯光五颜六色，十分壮观（图 10-105~ 图 10-113）。

图 10-105　鸟瞰图 1

图 10-106 鸟瞰图 2

图 10-107 庭门实景图 1

图 10-108 庭门实景图 2

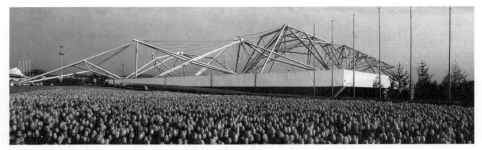

图 10-109　庭门实景图 3

图 10-110　庭门实景图 4

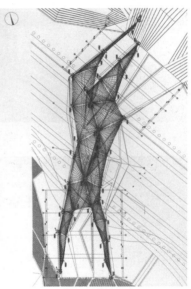

图 10-111　平面图

图 10-112　庭门实景图 5

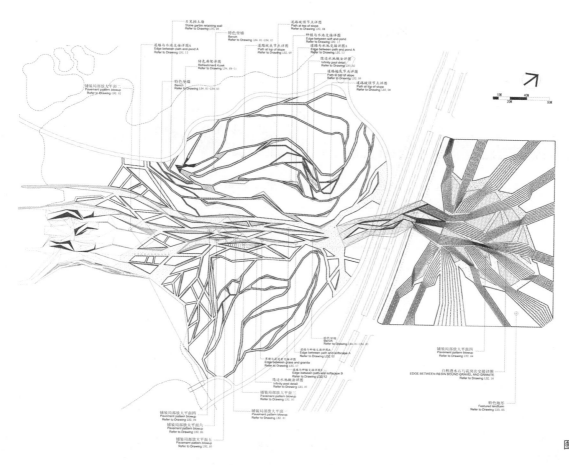

图 10-113　平面图

作业

题目：雕塑公园入口

要求：

1. 场地是东北某城市主题雕塑公园现状。原机动车可以驶入，人行道位于道路两侧，现在根据需要，禁止机动车驶入。要求重新设计公园大门，使得公园从视觉上更为突出醒目，同时便于管理。

2. 周围微地形和植被不变，等高距为 1m。

3. 园门设计风格不限，应突出雕塑公园的主题。要求设计管理用房约 30m²，售票处约 20m²。

4. 绘制场地总平面、大门立面图、效果图。编写设计说明约 200 字。

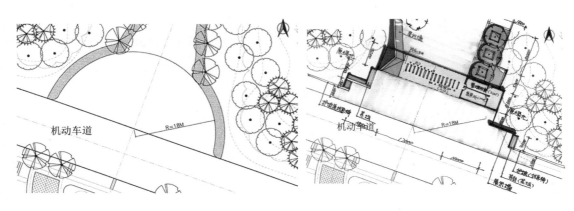

图 10-114　场地平面图（左）
图 10-115　范例平面图（右）

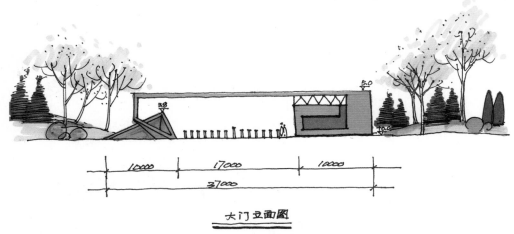

大门立面图

图 10-116 范例立面图

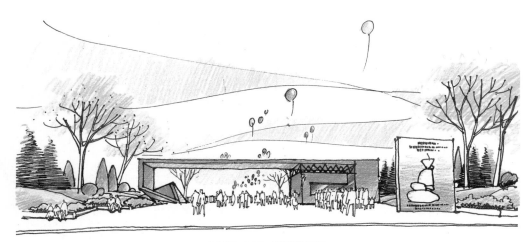

图 10-117 范例效果图

10.6 展室建筑设计

1）展室概述

展室是非常常见的园林建筑，多用于在公园中展出科普教育常识、当地特色风土人情、历史文化典故或临时性的画展、摄影展等主题展览。展厅中通常设有一个到多个展厅，并配有附属的展务人员工作室、会议中心、茶室或小卖部等配套设施。

2）设计要点

展室建筑首先要满足布展需求，符合《展览建筑设计规范》JGJ218-2010。展室的室内宽度及净高满足相应展品的需求，例如若展出大型的船帆等器具则展室净高至少应为 8~12m。

其次要有合理的交通路线和功能分区组织，辅助办公部分宜与公众的游览路线分开，设置单独的出入口，以免相互干扰。

最后，展室建筑终归是园林中的展室建筑，必须与周边环境良好结合，体现建筑的景观功能。注意设计游人进入建筑—观看展览—休息—离开建筑的整体空间序列组织。力求使建筑成为公园中灵动的一景。

3）案例

（1）岩田健母与子博物馆

为纪念岩田健先生的雕塑博物馆是由伊东丰雄建筑事务所设计。由于展出雕塑大多为铜像所以并不需要一定在室内展陈，最初也有仅做一个露天场地的方案。然而最终完成的是以圆弧形的墙如帷幕一般围合出场地的博物馆。悬挑出檐的倒 L 形混凝土墙以两种曲率交错缓缓相接，围合出直径 30m 大的圆形范围。打开 1~2m 左右的空隙将人与光引入的同时也适时的引导展示空间的流线。雕塑以不同的高度和方向散落在白墙前或中庭草地上，背景的柑橘田山谷、蓝天、校舍屋顶等随着不同的观看角度而变化。弯曲的墙面配合鸟语、海浪声，宛如一只大耳倾听博物馆内外的声音。为了让人慢慢的欣赏一切，中庭、路旁多处都设置了混凝土的椅子。在一个雕塑家的作品中，人、建筑与自然重合，营造出了深远的世界。希望来访者在母与子主题的雕塑中所寄托的那样，在这样一个场所中获得安宁（图 10-118~ 图 10-123）。

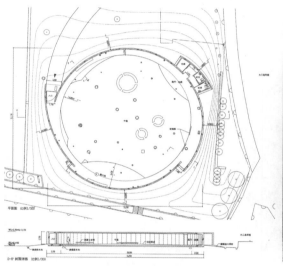

图 10-118 平面图

图 10-119 鸟瞰图

图 10-120 博物馆实景图 1

图 10-121 博物馆实景图 2

图 10-122、图 10-123　博物馆实景图 3、4

（2）SCI-ARC 临时展馆

　　每年九月，美国洛杉矶的南加州建筑学院（SCI-ARC）都会举行学生毕业典礼。SCI-ARC 的老师和学生会为这一大典设计一个临时展馆。2011 年的展馆以绳子、钢管、遮阳面料为主要材料，创建出如同树冠般的绳索体系，让遮阳面料漂浮在观众上方，其遮阳面料向西倾斜，可以有效为典礼提供遮阴。该项目在多变的立体构架上采用双层衬垫式网状系统，营造出一个三维的如同海浪般的遮阳百叶结构，展馆基于传统的编织技术，就像织毛衣那样，具有可变性，让编织延展并符合立体造型。与传统的网不同的是，此编织并未在交结处进行固定，这使得网的形状可以在上下范围内能够扭曲。而这种扭曲特别之处在于，当遮阳百叶被其拉伸时会变成跨越这些空间并具有动势的面料，不断的如浪般飘扬飞舞（图 10-124~图 10-127）。

图 10-124~ 图 10-127　SCI—ARC 临时展馆图 1-4

作业

题目：体育主题展厅（图 10-128~ 图 10-134）

要求：

1. 场地位于北京举办奥林匹克运动会的国家体育场和国家游泳馆中间的纪念广场。除了游泳馆右侧的双向机动车道，其他区域均为步行空间。目前决定在 80m×120m 的矩形空间内新建一个建筑面积约 1500m² 的展厅，用于举办体育运动主题的展览活动等。

2. 建筑为一层，位于矩形场地内，从四个方向均可进入。

3. 按比例绘制展厅的平面图，建筑的功能平面图和交通流线图。根据需要绘制建筑的主要立面和空间效果图。编写设计说明。

图 10-128　场地平面图

图 10-129　范例平面图

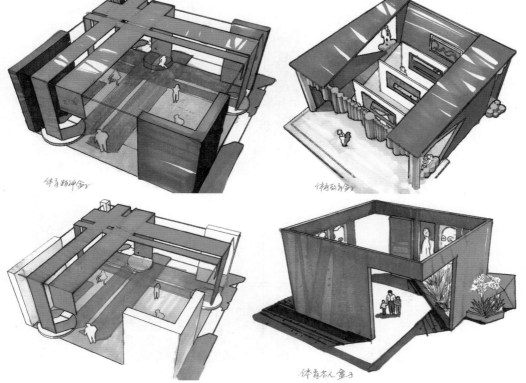

图 10-130~ 图 10-133
范例分析图

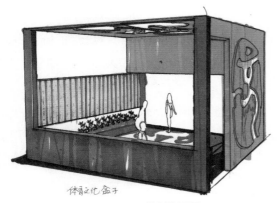

图 10-134 范例效果图

10.7 露天剧场设计

1）露天剧场概述

展室是非常常见的园林建筑，多用于在公园中展出科普教育常识、当地特色风土人情、历史文化典故或临时性的画展、摄影展等主题展览。展厅中通常设有一个到多个展厅，并配有附属的展务人员工作室、会议中心、茶室或小卖部等配套设施。

2）设计要点

露天剧场由看台和舞台两部分组成。看台为多依山坡开辟出可乘坐的阶梯，舞台在地势低处。最需要注意的是室外光线的考虑，通常舞台在北，看台在南侧，这样自然光能够打在舞台的表演者上，而且观众顺光观看表演，要避免正东西向的设计，尤其不可使看台朝西，以避免午后强烈的西晒。由于露天剧场在举办演出使会聚集大量的人流，因此看台要留出多余足够的停留空间。考虑到部分观众可能并不游园，只来观看演出，因此需将剧场位置尽量设置在出入口和停车场附近，并与其他活动场地分开。

3）案例

（1）千禧公园

千禧公园（Millennium Park）位于密歇根大道，占地 24.5 公顷，于 2004 年建成并对公众开放。整个

项目由著名建筑师弗兰克·盖瑞（Frank Gehry）承担，同时吸引了世界许多有声望的艺术家、建筑师、城市规划师和景观风景园林师的参与，历时 6 年、耗资 4.75 亿美元。公园内建筑物包括露天音乐厅（Jay Pritzker Music Pavilion）、皇冠喷泉（Crown Fountain）以及云门（Cloud Gate）（图 10-135~ 图 10-137）。

图 10-135~ 图 10-137 千禧公园实景图 1~3

（2）德国大众汽车城主题公园之保时捷馆室外剧场

德国大众汽车城主题公园位于德国沃尔夫斯堡市，是一处集建筑设计、规划设计和景观设计为一体的综合项目。保时捷馆位于主题园的轴线之上，其外形独特，其曲线流畅，富有变化，象征着流畅驾驶体验的无缝外壳，形成了园区泻湖上的独特标志。该展馆外环境设计独特，其入口形成悬臂悬挑于水面之上，逐渐开展了室外空间，形成了小剧场，其弯曲蜿蜒的景观形态、周围水景和树木的整合，使得保时捷馆与周围环境无缝衔接。在整个受保护的空间之下，室外剧场空间与建筑形态在视觉上融为一体，形成了一个封闭的声场，可以提供数百个座位，使得此处成为该主题公园独具活力和特色的地方（图 10-138~图 10-143）。

图 10-138~图 10-143　室外剧场空间 1~6

作业

题目：爵士音乐节场地

要求：

1. 场地位于北京某音乐主题公园内部，是以爵士音乐为主题的区域。考虑到这个区域需要经常举办户外现场音乐活动，公园决定在此处设计建造一个户外音乐剧场，可以容纳 300 人左右。设计范围是旱喷广场斜向道路的南侧空间。

2. 应当以爵士音乐表演为主题，设计固定舞台和约 100 人的固定座位。应当考虑到平日和音乐节期间的不同效果。

3. 按比例绘制整体平面图。根据需要绘制局部剖面和效果图。平面和效果图要体现出音乐节和平时的不同效果，编写设计说明。

范例（图 10-144~ 图 10-147）

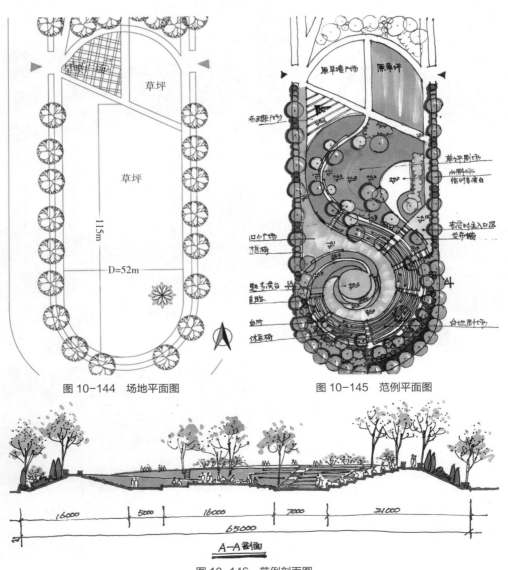

图 10-144　场地平面图

图 10-145　范例平面图

图 10-146　范例剖面图

图 10-147　范例鸟瞰图

10.8　茶室的设计

1）茶室概述

茶室是在园林中提供茶水饮料，为游人提供休息场所的功能性建筑，游人可停留较长时间，为赏景、会客等活动提供条件。尤其是风景名胜区内，山水俱佳，优美的景色可以为品茗增色不少。自古以来，文人墨客特别喜爱在山涧、泉边、林间、石旁等处品茗赏景，从而留下了很多名句名画，成为千古流传的珍品。现代，几乎全国各个风景名胜区皆设有茶室，风格各异，游客在一路饱览大好风光之余，可于绿荫掩映中的茶室小坐片刻，泡一壶当地出产的名茶，慢慢品饮。任窗而坐，远眺湖光山色尽收眼底，近观则佳木扶疏、鸟语花香。

一般茶室可由以下房间组成：

门厅，作室内外空间的过渡，缓冲人流，在北方冬季有防寒作用。

营业厅，园林茶室营业厅应考虑最好的风景面，

及室内外营业的可能。

备茶及加工间，不论茶室或冷、热饮，均需有简单的备制过程，备茶室应有售出供应柜台。

洗涤间，用作茶具的洗涤、消毒。

烧水间，应有简单的炉灶设备。

贮藏间，主要用作食物的贮在。

办公、管理室，一般可与工作人员的更衣、休息结合使用。

厕所，一般应将游人用厕所与工作人员用内部厕所分别设置。

小卖部，一般茶室设有食品小卖，或工艺品小卖部等。

杂务院，作进货入口，并可堆放杂物，及排出废品。

2）茶室的设计要点

（1）茶室的选址

为游人游览方便，茶室可以选在交通人流集中活动的景点附近。与一般园林建筑一样，茶室的选址要

充分考虑有可赏景，可以结合水面布置，建筑物造型本身也可为园林造景。大的风景园林可分区设置，靠近各主景点，既方便到达，又可以与主景点及主路有一定距离或高差，这样既可以做到赏景又不妨碍主景效果。如将茶室地平高出路面标高就便于远眺，同时避免主路近处看到茶座上杯盘桌椅等不整齐的形象，使建筑的外观轮廓更为完美。

（2）功能分区

茶室建筑可分划为营业与辅助两部分：

营业厅要有最好的景观朝向，能够观赏到周边最美的景观。营业厅内要合理布置餐桌椅，此外还要考虑客人与服务人员分别的出入通道，交通上不可互相影响。茶室建筑入口直到进入茶室内部的空间序列要着重进行设计，力求给客人轻松愉快的感受。

辅助部分要求隐蔽，但也要有单独的供应道路来运送货物与能源等。这部分应有货品及燃料等堆放的杂物院，但要防止破坏环境景观。若园内没有完整的上、下水道及电力热供应，则建筑应靠近园外水、电、热等公共设施为宜。

（3）造型设计

茶室的设计要讲求因地制宜、有特色，避免千篇一律，创造有特点的景观。

如杭州平湖秋月利用景点上赏月的水上平台而设茶室。根据环境条件在水上可以建成水榭、画舫等形式的茶室。如广州白云山凌香馆冰室就建成水榭外观。

园林茶室在景观上应做到内外相互渗透，室内装饰与室外亭廊配合互为景观。在缺少外景条件时，也要将室内用山石、水景，以及植物装饰起来。如广州文化公园内，园中院利用楼内空间加上石、水景、植物等处理成为有园林特色的茶室。茶室建筑风格、体量大小要与园林整体相适应，并注意对环境的呼应。有些较大园林宁可分设几处，也要避免过大的体量与主景不相称。

3）案例

（1）Castell D'emporda 酒店露天餐饮空间

Castell D'emporda 酒店露天餐饮空间由 Concrete 公司负责设计。应客户要求 Concrete 公司在酒店户外空间搭建一个兼具遮风避雨功能的户外遮蓬。设计的首要目标是使新建的遮蓬在古建筑的背景下不显得突兀，同时还要保持露台通透，视野开阔的感觉。风景园林师认为，这也是一项具有生态意义的工程，新设计可以使这座历史悠久的古建筑更好的满足现代宾客的需要。

一般来说，露台即是户外空间，人们可以在露台上充分感受到户外空气的舒爽，必要时会使用遮阳伞来遮挡阳光和风雨，但却不能阻挡人们欣赏周围的美丽景观的视线。为了实现这一目标，设计团队为露台打造了一把巨大的抽象遮阳伞。他们将 12 个直径不同的圆盘不规则的组合在一起，使重叠的地方自然相接，同时在未重叠的空隙处镶上玻璃。

遮阳伞的形状使坐在露台上的人们仍会拥有身处户外的感觉，同样也使遮蓬保持周围古老的建筑风格不受影响。太阳伞顶部边缘使用的是绣色金属，这种色调与周围古老建筑风格搭配起来十分协调。周围透明的滑道窗帘只在较冷的季节里放下，其余时间一直敞开。当遇到飓风和极端天气时，户外遮蓬可以在短短几分钟内迅速收拢起来。遮蓬下圆形和正方形的桌子和白色皮革沙发椅家具也别具一番风味，这些户外家具与白漆金属立柱和充满创意的遮蓬共同营造出一个开放，明亮的户外空间（图 10-148~ 图 10-154）。

（2）麦当劳餐厅裕廊中央公园店

裕廊中央公园生态环境优美，为使新建成的麦当劳餐厅能和谐地融入原有的环境背景，风景园林师将苍翠繁茂的绿色植物围绕于建筑周围，蘑菇型的屋顶绿化更使建筑与周围环境自然相融。除美学装饰功能外，屋顶绿化还可以起到防紫外线，防水及保护建筑

图 10-148　露天餐饮空间图 1

图 10-149　露天餐饮空间图 2

图 10-150　露天餐饮空间图 3

图 10-151　露天餐饮空间图 4

图 10-152　露天餐饮空间图 5

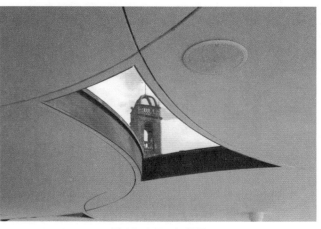

图 10-153　细部图

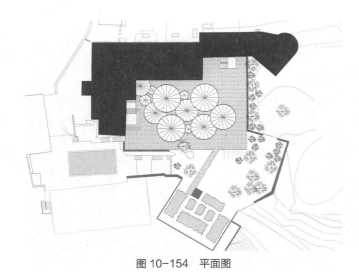

图 10-154 平面图

的作用。屋顶采用先进的结构系统，保水及排水性能突出，可有效的排除过量雨水，同时在干燥季节为植物储备水分及养料。此举既降低了频繁灌溉的需要，又可以确保植物健康成长。

此外，屋顶绿化还使室温被大大降低，即使在外墙被强烈的阳光照射时，室内也能保持凉爽。因此新餐厅降低了对空调系统的需求，减少能耗的同时，也有效的缓解了城市热岛效应。新颖独特的建筑及景观设计和生态环保的主流理念使其成为首家荣获 BCA 绿色建筑白金奖的餐厅（图 10-155~ 图 10-162）。

图 10-155 餐厅周边环境 1

图 10-156 餐厅周边环境 2

图 10-157 餐厅周边环境 3

图 10-158 餐厅周边环境 4

图 10-159　餐厅周边环境 5

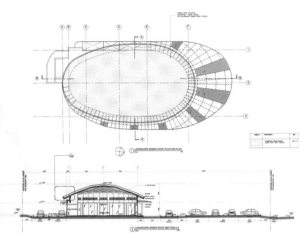

图 10-160　平面图与剖面图

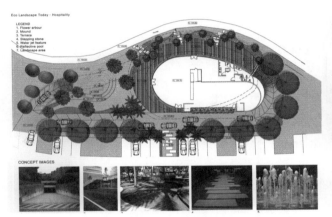

图 10-161　平面图 1

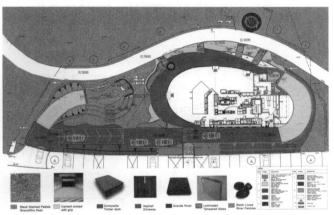

图 10-162　平面图 2

作业

题目 1：某园林文化展览馆（图 10-163~ 图 10-165）

1. 功能空间：

展示厅、咖啡厅、纪念品销售、门卫室、接待室、藏品库等。

2. 面积要求：

展厅 800m²、藏品库 80m²、纪念品销售 30m²、接待室 30m²、咖啡厅 120m²、卫生间男女各 16m²。总面积 1500m²。建筑面积可在 10% 范围内浮动。

设置两部楼梯（坡道），两个对外出入口，一部电梯。建筑主体两层，局部可以三层。

3. 设计要求：

满足功能要求，符合各项基本的建筑设计规范要求。具有优美的建筑外部形象，与周边建筑关系协调，营造良好的外部环境。流线（人流、车流、物流）尽量降低交叉干扰，设置 2 辆临时停车位。设计满足无障碍设计要求。

4. 图纸要求：

总平面图 1：500

平面图 1：200

立面图 2 幅 1：200

剖面图 2 幅 1：200

效果图、相关分析图、必要文字说明

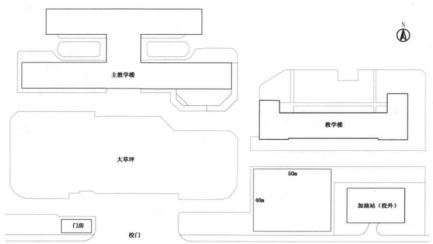

图 10-163　场地平面图

园林文化展览馆设计

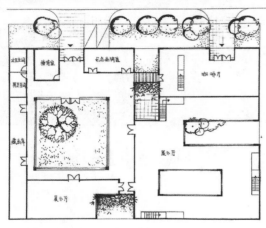

一层平面图 1:200

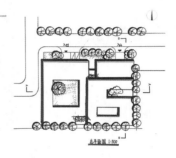

总平面图 1:500

设计说明

此方案是一处校园园林文化展览馆设计，设计充分考虑建筑功能，同时将建筑与景观相融合，使展览馆参观者在参观动线中始终有好的景观视角。空间布局上，接待、销售等休闲服务空间安排在展馆入口处，使廊道式展厅及景观庭院保持统一。建筑立面材质统一采用米白色糙面大理石，以简洁石材为背景承托庭院景观节点，一方面将建筑环境相容，一方面呼应园林文化展览功能。

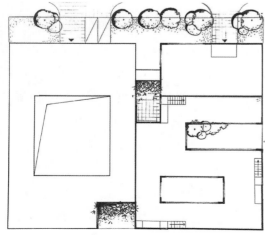

一层平面图 1:200

图 10-164　作业范例：文化展览馆图

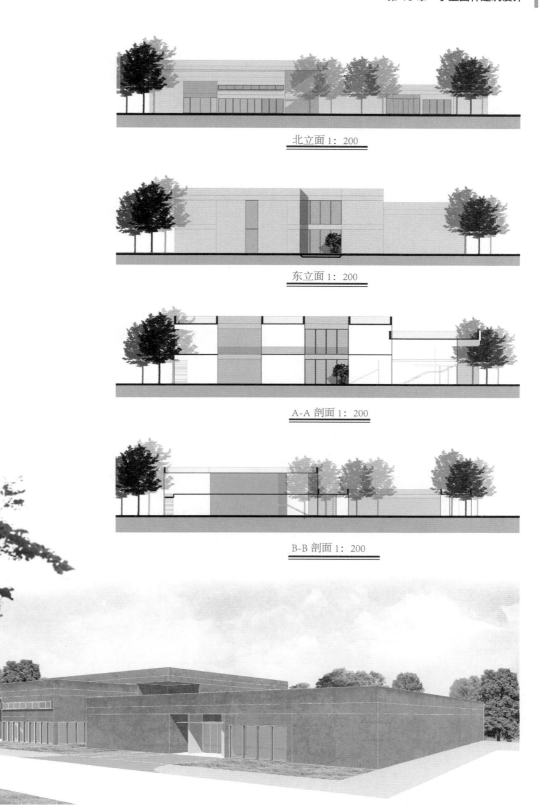

北立面 1：200

东立面 1：200

A-A 剖面 1：200

B-B 剖面 1：200

图 10-165　作业范例：剖面图及效果图

题目 2：某茶艺馆设计（图 10-166、图 10-167）

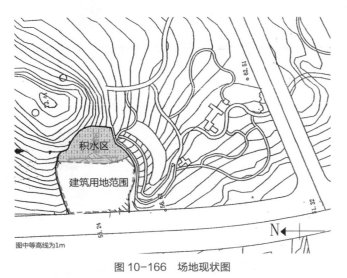

图 10-166 场地现状图

图中等高线为 1m

1. 位置：位于中国某城市近郊小型风景区的出入口附近

2. 建筑用地位于一长 × 宽约 36m×26m（详见图 10-167）的废弃采石 矿坑内的平地上，坑内现有积水池保留。

3. 设计内容：以小型茶室或酒吧为主要内容，兼具值班管理的风景区建筑，主要包括：

门厅约 60m^2；茶室（或酒吧间）约 120m^2；操作间约 40m^2；卫生间约 8m^2；储藏室约 10m^2；值班室（可与管理用房合用）约 20m^2。建筑面积宜控制在约 200~300m^2（平台，露台不计入建筑面税）。

4. 设计要求：建筑要考虑与废弃采石矿坑及山体的关系，建筑风格不限，建筑层高 1~3 层。

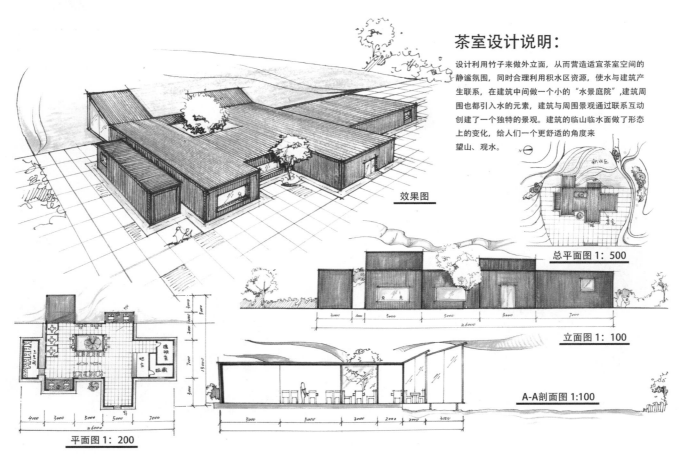

茶室设计说明：

设计利用竹子来做外立面，从而营造适宜茶室空间的静谧氛围，同时合理利用积水区资源，使水与建筑产生联系，在建筑中间做一个小的"水景庭院"，建筑周围也都引入水的元素，建筑与周围景观通过联系互动创建了一个独特的景观。建筑的临山临水面做了形态上的变化，给人们一个更舒适的角度来望山、观水。

效果图

总平面图 1：500

立面图 1：100

A-A 剖面图 1:100

平面图 1：200

图 10-167 作业范例：茶室

5. 图纸内容：

建筑平面一张（1：200）；

建筑立面一张（1：100）；

建筑剖面一张（1：100，需反映建筑与山体关系）；

总平面一张（1：500）；

效果图一张；

设计说明约 200 字。

题目 3：某公园露天剧场设计（图 10-168、图 10-169）

1. 功能空间：

举行室外表演，可以满足小型音乐会、戏剧、演艺活动的需求，有观众席和舞台。

2. 面积要求：

舞台 80m²、控制间 30m²、化妆间 30m²。观众席满足 150 人座位。

3. 设计要求：

满足功能要求，符合各项基本的建筑设计规范要求。具有优美的外部形象，与周边环境关系协调，设计满足无障碍设计要求。

4. 图纸要求：

总平面图 1：500

平面图 1：200

立面图 2 幅 1：200

剖面图 2 幅 1：200

效果图、相关分析图、必要文字说明

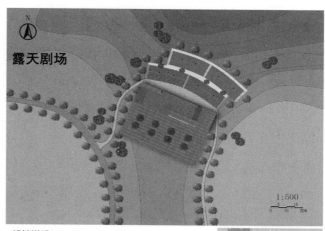

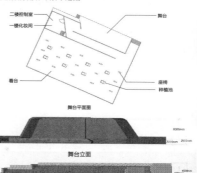

设计说明：

设计场地位于公园缓坡山脊处，整个舞台分为建筑和看台两大部分，建筑的控制室与化妆间隐藏在舞台西侧，整个建筑空间外侧观看到的是纯粹的表演舞台，南侧则为休闲广场，一方面，可供表演者练习彩排，一方面，木凳仿佛是从地板上置出来的，树木也从木凳之间的缝隙间生长出来，提供了休憩场所，另一方面，可观坡地之下的风景舞台尽头。观众区的座椅依据看台高低设计了两部分，前面是木制的台阶座椅，后面是草坪阶梯，作为与周围草坪的过渡。剧场材料为石头、木材、大理石。

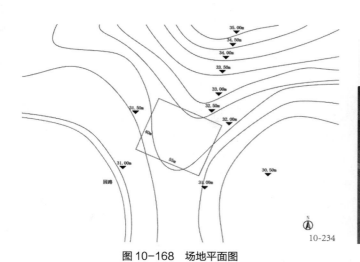

图 10-168　场地平面图

图 10-169　作业范例：露天剧场

第 11 章　综合场地设计

11.1　私家花园设计

11.1.1　私家花园设计要点

　　欧美大多地区，一个家庭在自己持有的小面积土地上，委托房地产公司设计建造房屋，而花园部分，多可以依据主人自身的喜好进行个性的设计。私家庭院花园是主人一家人每日生活的一部分。园子的内容和精致程度取决于主人的财力以及其文化水平。富翁的庭院必然以奢华精美为目标设计，而中产家庭更讲求实用性、合理紧凑地利用有限的土地面积以及构成更优美的生活氛围。

　　分析设计过程中一方面要着重考虑园主人的喜好和生活方式，毕竟是长期生活的环境。有幼童的可以设计一处安全的游乐区；爱好户外娱乐的，可以开辟出一处室外聚餐烧烤的区域；植物爱好者可以优先考虑植物的种植搭配；如果是上班族则要考虑不需太多耗费过多时间维护的庭院设计。

　　当地的气候、地质、水文条件是需要注意的另一方面，只有符合外界环境条件，才是能够长期保持景观特色的成功设计。比如在干旱热带气候地区，可采用岩生植物设计，水景宜小而精致，不宜出现大面积的水面，既难以维持又形成了资源的浪费。而在海滨地区的庭院，则要充分考虑院子与海滨的关系，可设立户外冲凉区，淡水的小型游泳池，考虑使用本土耐盐碱风暴的植物。

　　此外还要考虑整个庭院与住宅建筑的关系，尤其是：大门至建筑入口的景致，客厅窗外的景观，厨房与户外活动聚餐地点的关系，主人游览于自家庭院时的路径设置。

11.1.2　案例分析

案例 1

　　此案例为一座典型的家庭式庭院，容纳了各种社交活动以不同年龄层次的家庭成员的需要，划分出多个独立的空间，满足这个充满活力的家庭不断变更的需要。开敞空间（6、7）与其他部分的封闭空间相穿插，野生植物区（7）与小树屋（12）是理想的儿童探险游乐区，10-15 是紧凑的蔬菜花草种植区，提供了文雅的游览路径和足够的休息空间，宅前露台（1a，1b）整体外形与大草坪相称，露台有足够的空间作为户外活动或聚餐的场所。露台（1a）一角的两棵小树与住宅形成对景，视线沿庭院中的花架（3）一直延伸到红土台上的青铜雕像（4）处。花架及由花架立柱（8）与花格面板（9）组成的系列花廊形成了园中分割空间的屏障。露台（1b）则有池塘的景致。小池塘（5）与旁边的小菜园（13）和盆栽收藏园（14）共同构成了一幅优美的田园风光画卷，池塘与旁边的砂石小路相连，垂柳树（16）轻抚，优美而自然（图 11-1）。

案例 2

本住宅建筑古朴素雅，庭院更强调植物细致的搭配。

庭园前门（1）两边是朴素的柱形棚栏篱笆上则爬满了玫瑰。推开大门可见一日晷（2），两边以矮黄杨（4）作绿篱，中间是色彩缤纷的植物（3）。为每日回家的路径增添了幽静怡人的氛围。小路（6）贯穿全园，用砖砌成，可允许手推车通过。车道（5）是用混凝土、砾石铺面、小卵石镶边。后方庭院由绿篱分割成几个区域，包括蔬菜园（10）、开敞的露台和草坪（11、14）、由大梨树（9）及下方玫瑰品种和灌木构成的幽静散步区，均由砖石小路串联着。

砖和砾石建成的露台（11）周围种有各种花卉和香草。正对着大铁门（8）的围墙边缘有一个雕塑（7）。

三角形的假山（12）被草和一些高山植物所围绕。住宅的旁边有一个温室（13）。迷人的苹果树（15）下是草坪（14），草坪在树荫下更具吸引力。庭园的边界则种植卫矛属植物（16）。雕塑（17）是整个蔬菜园的焦点，同时工具房（18）与堆肥池（19）并不冲突（图 11-2）。

案例 3　现代风格的住宅庭院

庭院风格是应当符合园主的喜好和审美观的，此案例便应用了大量现代设计元素，整体构图简单明快，装饰简约又不失艺术性，选用大量适于当地气候的旱地植物装衬边角区域。

另外还有坐落于水边，出挑于水面之上的园林建筑，专称为水榭。有些更模拟船的造型，以体现园主人的渔翁之趣（图 11-3、图 11-4）。

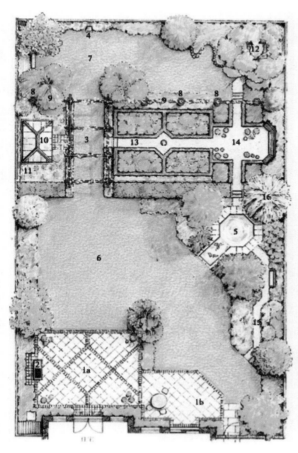
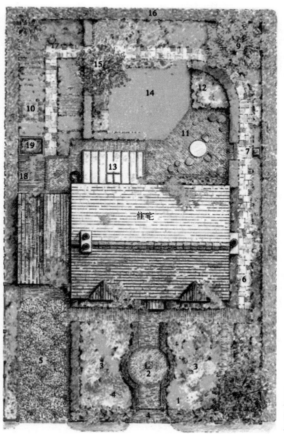

图 11-1　案例 1 平面图（左）
图 11-2　案例 2 平面图（右）

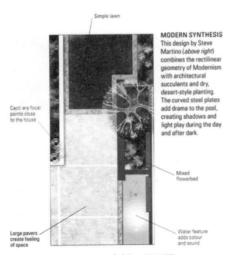

MODERN SYNTHESIS
This design by Steve Martino (*above right*) combines the rectilinear geometry of Modernism with architectural succulents and dry, desert-style planting. The curved steel plates add drama to the pool, creating shadows and light play during the day and after dark.

Simple lawn

Cacti are focal points close to the house

Mixed flowerbed

Large pavers create feeling of space

Water feature adds colour and sound

图 11-3　案例 3 平面图

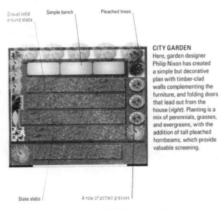

Gravel infill around slabs

Simple bench

Pleached trees

CITY GARDEN
Here, garden designer Philip Nixon has created a simple but decorative plan with timber-clad walls complementing the furniture, and folding doors that lead out from the house (*right*). Planting is a mix of perennials, grasses, and evergreens, with the addition of tall pleached hornbeams, which provide valuable screening.

Slate slabs

A row of potted grasses

图 11-4　案例 3 平面图

图 11-5　兰特庄园

案例 4　兰特庄园

历史上的著名园林多为当时的贵族及领主的私家花园。兰特庄园（Villa Lante）是著名的 16 世纪意大利庄园。由建筑师维尼奥拉和工程师托马索济努齐为当时的红衣主教建造的。可谓是一座杰出的文艺复兴时期风格的花园。

花园为严格的对称结构，中轴线上最主要的位置为层叠的喷泉，两座对称的主建筑位居后面两侧。最底层的台地被分为 18 个方格。中央四格是水池，四座桥通往中央的小岛，岛上为一座圆形喷泉。周围 12 方格为法式模纹花坛，主要由黄杨组成，并由果树镶边，每一方格内还种植着一些草本花卉。第二至第三层台地的中轴运用一系列水景强化出轴线效果。每层台地之间由挡土墙分割，中轴线处的设有多层的跌水景观以强调节点处的壮观之感（图 11-5~图 11-8）。

案例 5　网师园

我国古代的私家园林的经典案例比比皆是，苏州网师园就是一个很经典的例子，园子面积仅为 0.4 公顷，但空间设计十分精妙，亭廊穿插，不乏山环水绕之势（图 11-9~图 11-12）。

作业

北京郊区某别墅庭院设计，东西方向 31m，南北方向 34m 的方形庭院

设计要求：绿地率 ≥ 60%，实现三季有花、四季有景

图纸内容：庭院设计平面图 1:200、植物种植平面图 1:200（附表）、剖面图 2 张、效果图 2 张、设计说明，a3 图幅

图 11-6 兰特庄园

图 11-7 兰特庄园

图 11-8 兰特庄园

图 11-9 网师园

图 11-10 网师园

设计说明

本案为北京郊区某别墅区内A栋别墅庭院概念设计方案。该别墅区场地周边地势平坦开阔，可远眺群山，北侧地势较高且略有起伏，别墅区内有可利用的水资源充足。A栋别墅整体格局呈南宅北园之势，东西邻接其他别墅，南北园接为小区内道路。

本设计应对场地条件、功能需求和业主愿望采用中国古典山水园林的理念，将户外的休闲、游览、聚会、农作等活动融合在一起，通过挖地堆山叠石及借景、对景、框景、漏景、障景等手法，结合榭、亭、廊、舫、花架、景墙等小品，创造具有"山水清音"意境的美好生活环境。

为满足业主对于中国传统文化的特殊追求和兴趣，围绕着古人九雅的主题的意境设置。寻幽林泉石上，酌酒远意亭台前，抚琴一曲伴山洞轻响蔚花侯蝶卧望满池荷香；凭栏听雨，踏雪寻梅；煮酒邀明月，品茗雪烹香；农桑有四时，儿童采蝶忙。

总平面图

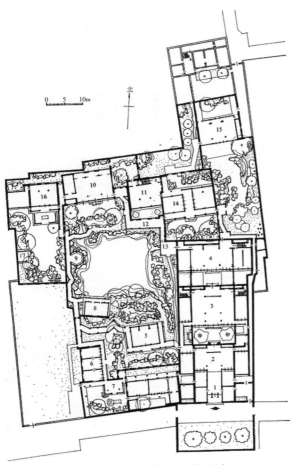

网师园平面图（摹自《苏州古典园林》）

1- 宅门 2- 轿厅 3- 大厅 4- 撷秀楼 5- 小山丛桂轩 6- 蹈和馆 7- 琴室 8- 濯缨水阁 9- 月到风来亭 10- 看松读画轩 11- 集虚斋 12- 竹外一枝轩 13- 射鸭廊 14- 五峰书屋 15- 梯云室 16- 殿春簃 17- 冷泉亭

图 11-11　网师园平面图

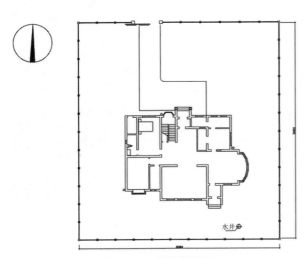

水井

图 11-12　场地平面图

图 11-13　作业范例

具体节点包括，如意轩、邀月廊、清音坊、曲桥、飘香榭、远香台、品茗架（紫藤架）、荷花池、牡丹芍药园、游戏沙坑、竹林、桃园、月季园、采园、花窗景墙等。假山主体采用房山石堆叠而成，以瑞云峰、凝翠峰、仙人石和飞龙瀑为主景，游步道环绕山间，时隐时现，忽明忽暗，借鉴欧阳修"渐闻水声潺潺而泻出于两峰之间"的诗画意境。

在竖向设计方面，将石峰与土山结合形成山环水抱之势，利用地形变化把雨水排到水池之中。水池底采用防水材料，驳岸采用自然土坡与山石结合的手法。水体平均深度保持在60厘米。

建议主要植物采用北京地区生长良好植物，包括白皮松、油松、桧柏、鹅掌楸、白玉兰、合欢、银杏、白蜡、臭椿、北美红枫、柿树、杏树、山楂、龙爪槐、樱花、碧桃、贴梗海棠、紫薇、早园竹、连翘、月季、牡丹、芍药、紫藤、金银花、荷花、睡莲、菖蒲、萱草、二月兰、菊花、结缕草、麦冬以及西红柿、茄子、大白菜、丝瓜等，形成四时有景而各具特色的植物景观。

园路和铺装采用冷色系透水材料铺砌，夜景照明采用LED灯和太阳能灯，灯具有草坪灯、庭院灯、壁灯、射灯。

该庭院总面积2873平方米，别墅建筑面积896平方米，绿地面积989平方米，硬质铺装面积728平方米，白体建筑占地面积234平方米，水域面积912平方米，绿地率为67%。

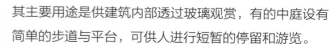

图 11-13　作业范例（续）

11.2　建筑中庭设计

11.2.1　建筑中庭设计概述

建筑中庭是由建筑四周或三面围合而成的室外空间，有的中庭可能也是大门与建筑入口之间的过渡空间，其主要用途是供建筑内部透过玻璃观赏，有的中庭设有简单的步道与平台，可供人进行短暂的停留和游览。

因此建筑中庭的设计重点在于构成优美的如画景观，能够满足在建筑内部多角度的观赏需求，但并不像其他开敞的户外空间那样强调参与性。

整体的平面及立面构图的艺术性是庭院设计的关键，设计风格上可以大胆一些，可根据场地的环境需求选择相应的设计风格，古典的或前卫的艺术形式根据需要均可应用。

11.2.2　案例分析

案例 1

慕尼黑海德城区某内院设计，设计吸收自然古典元素，是一座带有小水景和浅色砾石的日式花园。设计主导思想为带有理想化瀑布的陆上景观花园，一片浅色的花岗岩碎石以传统的枯山水形式暗示了流水的存在（图 11-14~ 图 11-19）。

图 11-14　案例 1 实景图 1

图 11-15　案例 1 实景图 2

图 11-16~ 图 11-18　案例 1 实景图 3~5

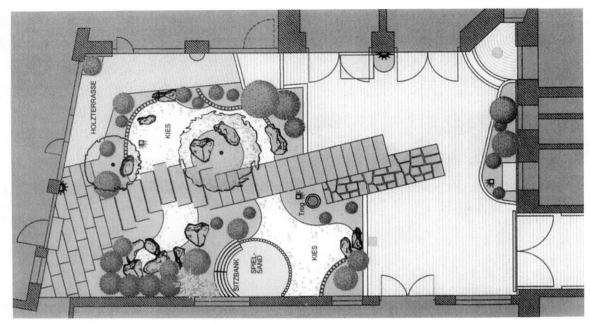

图 11-19　案例 1 平面图

案例 2

此庭院为位于纽姆芬堡宫殿旁边的医院中庭。庭园简洁，色彩淡雅，符合医院宁静的氛围。设计富有现代艺术的趣味性，巨大的兰草样绿色构筑物有三层楼高，为整个五层高建筑提供了立体化的风景。整体风格形式由与建筑周边景观整体设计相协调（图 11-20~ 图 11-24）。

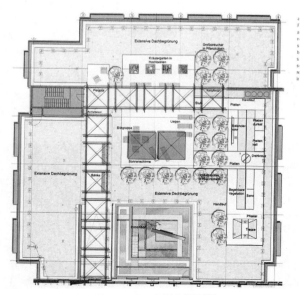

图 11-20　案例 2 平面图

图 11-21　案例 2 实景图

图 11-22~图 11-24　案例 2 实景图

11.3　小型公共广场设计

11.3.1　广场设计概述

　　城市中的公共广场一般地处交通要道，具有人流量大、人流通过速度高等特点，是典型的交通集散广场，同时又兼具组织小型集会，供过往行人休息交流的作用。

　　因此，在设计时首要分析场地的交通条件。分析应包括机动车流线、停车场、步行人流的主要路线、停留点和无障碍通道等。商场外环境聚集了大量的人流，应遵守车流避让人流，以人为本的通用设计原则。场地应便捷、安全、舒适，能够使老人和小孩及行动不便的人得到最大程度的照顾，避免任何安全隐患的可能性。场地地形应平坦，通过性强，若场地本身有较大高差，也应尽量简化成台地形式，避免地形过多的曲折起伏。

　　广场既是面积有限仍具有城市"客厅"的功能，是城市空间的过度和商业空间的延续，应当充分考虑各种功能需要，结合建筑特点设计实用而有特色的城市家具，充分考虑遮荫、绿化、休憩、上网、售卖、喷泉、灯箱照明、垃圾回收等等。设施的设计需在造型、色彩、材料等方面寻找共性特色，避免内外环境脱节。以增强场地的吸引力。由于商场外环境可能具有举办活动、聚会、展示等多种功能，设施设计也应当考虑临时性设施和永久固定设施两方面可能。商家根据不同的季节、节日和不同主题的商业活动，需要设计一些临时设施或装置等营造商业气氛，应单独考虑。此外需强调氛围的照明设计，广场周边的商场通常营业到夜间，事实上人流量最大的时间段也往往集中在工作结束后的傍晚到夜里 10 点前之间，如果是白天炎热的亚热带及热带地区，则通常会延续到午夜十分。因此，灯光照明的设计对于营造广场的氛围和视觉效果尤为重要。

11.3.2　案例分析

（1）奥克兰商业街广场

　　该广场位于新西兰奥克兰市靠近海港的商业街终端，紧邻购物商场，整体布局简洁明快，中央轴线上是可以俯瞰地下层的天井，夜晚有灯光射出。留出供大量人流穿行的通行空间的前提下，广场南侧为装衬了阵列的不规则自然岩石的旱喷泉，北

图 11-25~ 图 11-27　奥克兰商业街平面图及实景图

侧为简洁的草坪，供行人休息、聚会（图 11-25~图 11~27）。

（2）奥克兰街头广场

在地形变化较大的街角，用一座跌水喷泉解决高差，并成为整个广场的视觉焦点，水池及周围树荫出提供了大量的休息用座位，周边办公楼的白领多于中午在此就餐、休息、交流。水景设计风格现代而富有创意为场地提供了轻松愉快的氛围（图 11-28~图 11-33）。

（3）布里斯本街头广场

广场设计为下沉的广场，以青铜的女王雕塑作为广场的视觉焦点，使原本风格现代的广场拥有了古典主义的情怀。广场为规整的八边形设计，其中三个方向为坡道，供来自不同方向的人流顺利抵达广场中央，靠近建筑一侧的台阶设置可在有表演或集会时作为看台使用。周围大树的扇形树冠既起到遮荫作用，又掩挡了周边道路的噪声（图 11-34~ 图 11-38）。

11.4　儿童游戏场设计

儿童游戏场是居住区内及住宅区附近的公园或广场中的重要组成部分，2004 年 5 月建设部颁布

图 11-28 奥克兰街头广场平面图

图 11-29 奥克兰街头广场实景图

图 11-30~ 图 11-33 奥克兰街头广场实景图

的《居住区环境景观设计导则（试行稿）》中规定居住区要划出固定区域，一般为开敞式，设立专门儿童游乐设施。而儿童游戏场绝不只是放置游戏活动器械的场地，更应是一个场所，一个自然的充满情趣的活动空间。所以，我们应当把它放在大环境中，作为景观的部分来对待，设计得自然化、安全舒适、纯真、艳丽而又无障碍，具有相当的面积，围合成相对独立的空间。

图 11-34　布里斯本街头平面图

图 11-35　布里斯本街头实景图

图 11-36　布里斯本街头实景图

图 11-37　布里斯本街头实景图

图 11-38　布里斯本街头实景图

11.4.1　儿童心理活动及特点

（1）儿童的成长（表 11-1）

0~3 岁的婴儿：在活动中获得他们的行为经验和学习控制自身的动作。他们倾向于独自游戏，通过碰触，视觉和声音来感受世界。喜欢玩沙、泥巴、水，在大人的帮助下进行滑滑梯或者秋千，吊高等游戏。

3~6 岁的幼儿：开始有社会意识，自发分组游戏，以此培养人际关系和社交能力。这个阶段的孩子喜欢有意义的事物，例如把石头想象成桌椅等，同时也很喜欢秋千，滑梯等运动性的娱乐。

6~8 岁的孩子：这个阶段的孩子被动作游戏所吸引，因此来发展社交组织和运动技巧。他们喜欢类似攀爬网之类的需要较高敏捷和力量的游戏，对有更为复杂的电动装置的设施也很感兴趣。

8~12 岁：随着青春期接近，孩子选择自己的群体，排斥成人的监督和指导，组织有规则的集体游戏。他

不同年龄期儿童游戏的特点　　　　　　　　　　　　　　　　表 11-1

特点分析年龄期	主导活动	游戏特点	游戏时间
婴儿期（0~3 岁）	简单游戏	游戏简单，以玩具为主，关心物件	几分钟
幼儿期（3~6 岁）	游戏	开始讲游戏规则，以模仿常见的生活场景为主，关系过程	30 分钟以上
学龄期（6~12 岁）	学习	游戏目的性强，组织性提高，对智力活动更感兴趣，关心结果	一小时以上

不同年龄组的游戏行为　　　　　　　　　　　　　　　　表 11-2

年龄	游戏形态	游戏种类	群组内的场地	自立度	攀、登、爬
婴儿期	沙坑、广场、椅子等静的游戏，固定游戏器械	单独玩耍，偶尔和别的孩子一起玩	在住宅附近，亲人照顾	在分散游戏场有半数可自立，集中游戏场可自立	不能
幼儿期	喜欢变化多样的器具，千秋经常玩，四岁后玩沙较多	参加结伴游戏，同伴人逐渐增多	在住房周围	分散散戏场可以自立，集中游戏场完全能自立	部分能
学龄期	开始出现性别差异，女孩利用游戏器具玩，如橡皮筋、踢毽子等，男孩喜捉迷藏等运动	同伴人多，有邻居、同学、朋友等	可在住房看不见的地方玩	有一定的自立能力	能

们更加有求知欲，喜欢在复杂的攀爬类游戏中表现他们的力量和平衡和协调性。

（2）心理与生理——游戏的类型与孩子的成长相关

身体的锻炼——高强度的运动，例如跑、跳、旋转、匍匐、攀爬。这样的设计重点考虑经久耐用的器械和完备的防护措施。

想象力与创造性游戏——可以被塑造的材料，例如沙、草、水、泥是培养孩子想象和创造的最好玩具。这些材料的物理特性。

不同年龄的儿童处在生长发育的不同阶段，在生理、心理和体力诸方面都存在着差异，表现出不同的游戏行为（见表 11-2）。

11.4.2　儿童心理活动及特点

（1）滑梯

滑梯是儿童甚至成年人都十分喜爱的一项游戏，能够体验失重与快速穿行的快感，设计时尤其需要注意其安全性，要留出足够的缓冲空间。滑梯种类主要有三种：直接滑落的，波浪形滑落的，管状的。滑梯主要包含 3 个部分，分别是起滑处，滑落面和缓冲带（图 11-39~ 图 11-41）。

图 11-39　滑梯示意图

图 11-40　攀爬类游戏示意图

图 11-41　综合游戏设施示意图

（2）攀爬类游戏

攀爬类游戏是孩子非常喜爱的活动，主要有几种类型。如，在硬质的缓坡上攀爬，攀岩（需要保护措施），攀爬绳子网：绳子或者梯子。各种攀爬类游戏场地应当注意减震的设计，设施的材料要防腐防蛀。

（3）综合游戏设施

当前的儿童游戏场地设施的设计更倾向于多种娱乐功能的综合。把滑梯、攀爬、积木、沙坑等项目结合起来设计，并且能够根据场地和使用的需要拆装和组合。这样的设施不仅可以节省场地，还可以创造新的娱乐项目，例如，在攀爬的设施里提供孩子躲猫猫的空间。

（4）从感官学习

12岁以下的儿童的身心发展具有自身的特点，尤其是视力、听力和触觉等生理功能都在发育成长过程中，孩子自身也具有强烈的用感官探索世界的愿望，尤其是6岁以下较小的孩子更加依赖用手去摸，用嘴去尝的方式来认识新的事物。很多儿童游戏场所的设计能够抓住这个特点，给孩子营造一个调动全身心去感受世界的环境，受到了孩子们的欢迎。在一些成年人的医疗场所也有"感官花园"的概念，包括种植芳香植物、使用具有明显特征的表面肌理的材料、设计一些发声装置等手段来激发病人的体验，可以起到降

低血压，减轻焦虑情绪、镇定、平和等疗养的作用。事实上，这些强调感官体验的设计目的都是使人摆脱现实社会的压力极其给人带来的异化，回到敏锐的童年体验中，从而起到身心恢复的作用。

（5）激发想象力的游戏

或许成年人很难真正理解孩子们所想象的世界，但是我们都知道想象力的培养的重要意义。事实上，我们这个世界所有的人类文明都是由童年的想象力推动的，真正的创造总是源于特别单纯的愿望。积木、沙子、泥巴、水等没有具体有意味的形态的材料最适合激发孩子们的创造和想象。涂鸦墙也是能够激发想象力的好场所，因为它总是在变化，永远可以重新开始。总之，想象力的保护神就是自由，所有这些培养孩子们创造力的游戏必须给孩子营造一个无拘无束的、非常自由和亲切的环境，而不是那些充满了规矩、标语、偶像和守则的环境。

在户外做沙坑和水池都需要比较细致的维护和管理；一些游戏装置可以设计成便于儿童自己拆装组合的形式，让孩子们自己设计自己的游戏。

（6）滑行类游戏

旱冰滚轴、自行车和三轮车都是孩子非常喜欢的娱乐活动，场地条件允许的情况下应当尽量设计。然而，速度和平衡控制不当会给孩子和行人带来伤害，所以，

滑行类游戏的场地应当设计独立的坡道或广场，与人行道接近或平行，高程设计略有变化为宜。滑行场地与人行道之间要设计栏杆作为隔离和保护。换言之，道路的边界应当非常清晰的设计出来，同时也要考虑自行车架、补给站等相应的设施。

11.4.3　儿童游戏场地设计要点

设计首先要考虑活动的安全性，儿童游戏时发生跌倒摔伤是难以避免的，而风景园林师可以做的是尽可能地通过设计将伤害的可能性减轻到最低。例如，在场地使用天然的纱或者人造塑胶等可以减震的铺装用于缓冲区域的设计；游戏器械周边应清除障碍物等。

不同年龄段的儿童的活动内容不同，在设计时要做到合理分区。同时在设计中可加入能够让成年家长共同参与的活动类型，增加趣味性教育性。在游乐场地周围也可适当增加成年人活动健身的场所，以便于家族性的共同参与。在场地周边要设计大量的休息座椅，供家长及游戏过后的儿童使用。

设计时注意每个年龄段的身高尺度差异，针对不同年龄段进行不同的尺度设计。

11.4.4　案例分析

（1）悉尼 TUMBALONG PARK

综合性的游乐公园，儿童游乐区除设有常见的攀爬设施、滑梯以外，最核心的设计是富有趣味性的戏水溪流设计，水源为压力井，可由家长与孩子一同将地下水压出，下游溪流布局精巧，设有多座闸门，儿童可自行扳动闸门，见证满水和泄洪的过程，富有乐趣又让儿童亲身体验了自然界的水流原理。周边还设有乒乓球桌等设施可供成年人活动健身（图 11-42~图 11-46）。

（2）澳大利亚某户外驿站

澳大利亚墨尔本郊区，邻近南端海岸的河流旁边

图 11-42~图 11-45　悉尼 TUMBALONG PARK 实景图

图 11-46 悉尼 TUMBALONG PARK 实景图

的一座供驾车的旅客休息的户外驿站。除能供大量人员使用的桌椅、停车场、公共厕所之外，还设有一座构思精巧的儿童游乐场，游乐场以海洋为主题，用细沙铺地，设有鲨鱼、乌贼等造型的可攀爬雕塑，并有鱼骨状立柱组成的攀爬设施，勾勒出空间感，充满了神奇的海洋气息（图 11-47~ 图 11-50）。

11.5 水景园设计

11.5.1 水景概述

水景是园林中十分常用的元素，因为其灵动、清凉的特性，常作为设计的中心景观处理。

在现代风景园林设计中，水体主要有水面、流水及喷泉三种类型。

（1）水面

静态水池又成为"水镜"，主要在环境中起到反射烘托周围环境的作用，营造平静庄严肃穆的气氛，从视觉上扩大空间。很多西方的古典建筑采用水镜的形式作为建筑环境的衬托。例如法国古典主义时期的宫殿建筑，都带有这一特色（图 4-51、图 4-52），法国凡尔赛的太阳神喷泉雕塑形成倒影的清晰度取决于水池的深度和水池底面的颜色。较

图 11-47~ 图 11-50 澳大利亚某户外驿站实景图

图 11-51、图 11-52　太阳神喷泉雕塑

浅的水池可以着重设计池底的质感和肌理，形成趣味。

（2）流水

流水是利用水体的流动性所形成的水景观，一般指被限制在特定渠道的带状水系，常见的动态流水景观有溪涧、瀑布、跌水等形式。这些水具有动态效果，且会因流量、流速、水深等差异具有丰富的景观效果。动态的流水之景能够烘托气氛，营造热烈，轻松，愉快等氛围，配合山石、花木等可以营造出别具一格的园林水景（图 11-53、图 11-54）。

图 11-53　流水示意图 1

（3）喷泉

现代喷泉从水池来区别，有水喷泉和旱喷泉两大类。水喷泉使用地上蓄水池的明水，而旱喷是使用地下蓄水池或管线中的暗水。从观赏应用的角度划分，现代喷泉有四种类型：

一是观赏喷泉，包括各种喷头、灯光和始终控制定点喷射的喷泉组合，根据水压变化的原理，采取多种手法组合形成的水景。常见的形态有：壁泉——结合建筑或景墙及小品雕塑设计，形成水帘或多股水流；涌泉——常与静态水池结合，形成涟漪或水柱；跳泉——线状的水柱，在计算机控制下课精确地变化长度、水流和进入点等等。喷头有很多选择，例如单

图 11-54　流水示意图 2

射流喷泉、蘑菇形喷头，混合了空气的气泡喷头等，这些喷头经过精心设计，组成了独特的流体造型艺术（图 11-55、图 11-56）。

二是音乐喷泉，也称为音控喷泉，也就是由音乐控制喷水节奏的水景装置，可以配合舞台艺术，载歌载舞，表现令人震撼的视觉效果。音乐喷泉可以根据预先录制好的音乐和喷泉程序循环播放，也可以作为乐队即兴演奏的辅助效果，也需要有专业人员配合操作。在许多公园、广场等人流量较大的场地设计音乐旱喷，是非常有吸引力的，这样的场地也可以和户外剧场结合起来设计。

三是游戏喷泉，也就是具有浓厚娱乐趣味的喷泉。文艺复兴时期的意大利庄园庭院中喷泉的设计往往带

图 11-55 观赏喷泉示意图

图 11-56 音乐喷泉示意图

有这种戏剧性的、恶作剧般的喷泉装置。例如埃斯特庄园著名的"水风琴"，就是一个利用水流发声原理巧妙设计的巨大的"水的乐器"。现代常见有"呼喊泉"，人对着特制的话筒用语音命令红色管道喷水，则所有的红色管道的水流应声喷出，给人很强的互动体验感。还有脚踏泉，即压力感受的喷泉，人的脚踩到开关上，喷头就会喷水。另外，还有"拍手泉"，"移动喷泉"等等。总之，现代喷泉设计的理念更加强调与人的互动和娱乐意识，人们也早已不满足于仅仅把喷泉当作动态雕塑一般观望欣赏，而是渴望能够参与其中，体验到水带给人的清凉、惬意和欢乐（图 11-57、图 11-58）。

四是雾化喷泉，也就是常说的水雾状喷泉。雾状喷泉所营造的迷离梦幻的感受是任何其他喷泉所无法替代的，尤其适合与富有情境感的盆景山水等诗情画意的空间相结合。庐山烟雾缭绕、气雾氤氲，令东坡感叹"不识庐山真面目，只缘身在此山中"，孕养出独特的庐山诗画流派。甚至电影《庐山恋》也因为这妙曼的环境而褪去许多革命理想的冲动决绝，而滋生许多的多情浪漫，令人感怀难忘。可见，雾化喷泉营造的效果具有很强烈的感染力，适合清幽淡雅或者神秘婉转的环境，需要精心设计喷泉周边的造型景观，才能凸显其感染力的优势。

11.5.2 水景的设计要点

（1）从自然界汲取灵感

水具有柔美之灵性，是自然界中不可缺少的组成部分。自然界中水的形态千变万化，动态的有瀑布、溪流、涌泉、水帘、喷雾、山涧等等，静态的有池塘、湖、江、海等等，可以说任何一种人工水景都有其自然界的原型。因此，在设计水景时，如果能够充分调查当地的自然水系形态的特点并加以吸收利用，其地域性特质得到充分的了解和尊重，那么设计也一定会事半功倍。

图 11-57　游戏喷泉示意图

图 11-58　雾化喷泉示意图

（2）尊重当地地形与环境

水景必须根据空间地形、地貌进行设计，脱离了固有的地貌特征而进行的水景设计是不可取的。在水景设计中必须遵循"利用自然形态、维护自然原始形态"这一原则。自然界的水从大小形态上分为泉、溪、瀑布、潭、池、沼泽、河、湖、江和海，人工水景总是在塑造微观的自然，或者模拟自然水景中局部的意象。

具体说来，要设计水景，首先要了解当地自然水系的特点，所谓"因地制宜"，还有气候、降水量、蒸发量的规律，才能使得水景的形态给人自然不造作的审美感受。中国传统的风水理论关于山形水系的堪舆有着非常宝贵的经验积累，值得借鉴。如果特意为设计水景而不惜破坏自然生态，就会弄巧成拙，适得其反。其次，要根据地形的特点设计水景。水总是往低处流，那么在地形陡峭地带适合设计瀑布跌水，在地形低洼地带适合安置蓄水池，高处适合设计成水源。如美国波特兰大市的伊拉·凯勒广场的设计中巧妙地利用基地自身的高差组织了大小高低数十组叠水，形成浪漫的"瀑布的交响诗"，巧妙地掩盖了旁边路过往车辆的噪声，在城市环境中为人们架起了一架通往自然的桥梁（图 11-59）。

图 11-59 波特兰大市的伊拉·凯勒广场

（3）水的主题

空间环境里的水景设计要具有生气。空间环境水景的设计的各个组成要素必须围绕空间的特性来进行组织。水景设计要充分考虑动态水景与静态水景相互呼应、彼此映衬。为水景确定特定的主题，能够更加深刻地体现水的文化属性。例如意大利文艺复兴时期著名的兰特庄园里的"百泉台"，意在集中展示意大利山间美丽各种溪涧泉流的姿态；而埃斯特庄园里壮观的"水风琴"，则是利用水的动态和能量创造"水的交响乐"，令人惊叹。中国传统文人文化中将流水比喻成"智慧的君子"，道德的典范，青春的源泉等，更有"流觞曲水"的文人活动传统，在流杯亭饮酒作诗，赏曲作画等。现代公共空间中水景的设计创意更加丰富，与雕塑结合体现翻腾出海的巨鲸、踏河而过的马群等，显得尤其生动；在建筑的一角设计一片 2cm 薄的水面，成为天然的镜面，又是戏水的空间。

11.5.3 案例分析

（1）拉夫乔伊广场（爱悦广场）

美国景观风景园林师劳伦斯·哈普林设计的拉夫乔伊广场（爱悦广场），吸取了当地落基山脉的特点，抽象成舞台般的效果，根据地形陡峭或平缓的特点，模仿自然山林中水池、湍流、溪涧的景观，既具有现代感，又使人联想到当地的特色（图 11-60~图 11-64）。

图 11-60 拉夫乔伊广场 1

图 11-61 拉夫乔伊广场 2

图 11-62 拉夫乔伊广场 3

图 11-63　拉夫乔伊广场 4

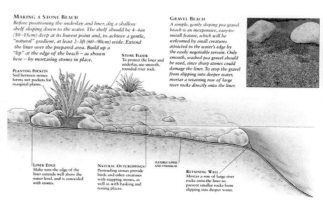

图 11-65　案例示意图

图 11-64　拉夫乔伊广场 5

图 11-66　案例平面图

（2）自然水景园

私家小庭院采用木栈道贯穿整个自然山水园，院落位于温暖气候地区，植物茂盛，设计有多种低矮的一年生植物。营造了繁茂的自然山水景观（图 11-65、图 11-66）。

作业

题目：四季泉

要求：

1. 场地为南方某城市文化创意园区的公共空间，如图 11-67 所示，广场北侧是展览空间建筑，左右两侧为种植香樟树阵的种植池。两个圆形是现有场地的铺装图形范围。请在内侧圆形的范围内设计一个以四季为主题的水景。要求结合一些简单的构筑物或水池、喷泉等，体现出四个季节的意境和效果。

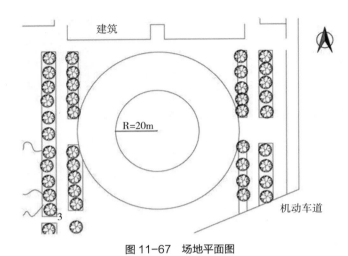

图 11-67　场地平面图

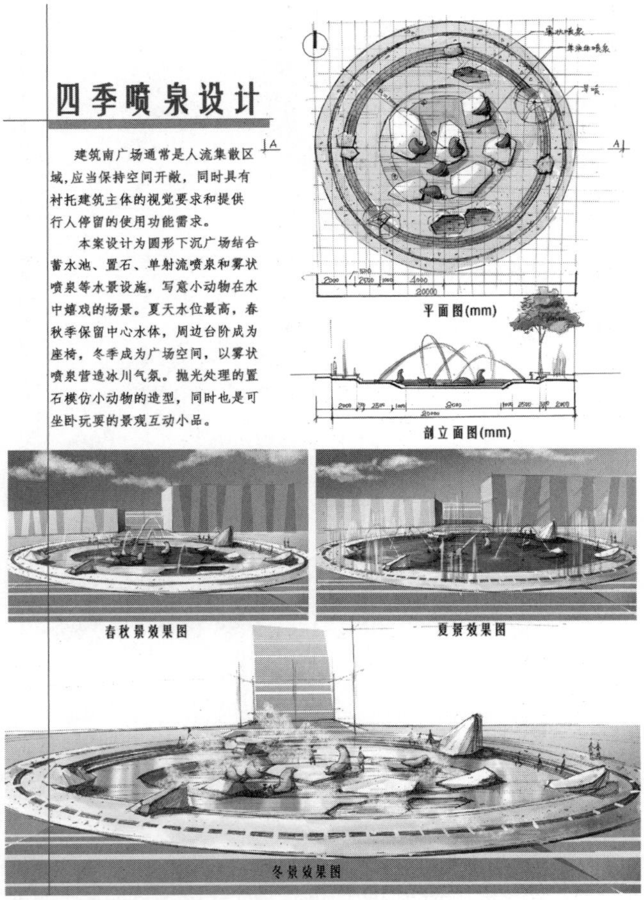

四季喷泉设计

建筑南广场通常是人流集散区域，应当保持空间开敞，同时具有衬托建筑主体的视觉要求和提供行人停留的使用功能需求。

本案设计为圆形下沉广场结合蓄水池、置石、单射流喷泉等水景设施，写意小动物在水中嬉戏的场景。夏天水位最高，春秋季保留中心水体，周边台阶成为座椅，冬季成为广场空间，以雾状喷泉营造冰川气氛。抛光处理过的石模仿小动物的造型，同时也是可坐卧玩耍的景观互动小品。

平面图（mm）

剖立面图（mm）

春秋景效果图　　夏景效果图

冬景效果图

图 11-68　作业范例：四季泉

2. 按比例绘制喷泉的平面图，绘制四个季节的水景的效果图，编写 200 字左右的设计说明。

11.6　雨水园设计

11.6.1　雨水园概述

（1）雨水园概念

雨水是一种宝贵的资源，城市雨水利用技术与环境景观设计的结合的应用正日益受到业内重视。随着环境保护理念的普及，风景园林设计中雨水园的概念也在近年屡屡被提及，形成新的趋势潮流。

雨水花园又叫做生物滞留区域（Bioretention Area），是一种有效的雨水自然净化与处置技术，一般建在地势较低的区域，通过天然土壤或更换人工土和种植植物净化、消纳小面积汇流的初期雨水，还可通过吸附、降解、离子交换和挥发等过程减少污染。它具有建造费用低，运行管理简单，自然美观，易与景观结合等优点而被欧美澳等许多国家推崇采用。雨水园也可以视作绿色设计的一个分支，也就是在城市的雨季发挥蓄水，过滤和回收雨水功能的景观设计。雨水园的设计通常需要与市政的排水系统结合起来考虑，利用地形和建造材料达到良好的收集雨水，排水和改善生态微环境的作用。

真正意义上的雨水花园则形成于 20 世纪 90 年代。在美国马里兰州的乔治王子郡（Prince George's County），一名地产开发商在建住宅区的时候有了一个新的想法，就是希望用一个生态滞留与吸收雨水的场地来代替传统的雨洪最优管理系统（BMPs）。在该郡环境资源部的协助下，最终使雨水花园在萨默塞特地区被广泛地建造使用。该区每一栋住宅都配建有 $30\sim40m^2$ 的雨水花园。建成后对其进行了数年的追踪监测，结果显示雨水花园平均减少了 75% ~80%地面雨水径流量。此后，在世界各地都开始广泛地建造各种形式的雨水花园（图 11-69、图 11-70）。

（2）雨水园的主要构成要素

雨水花园主要由 5 部分组成。其中在填料层和砾石层之间可以铺设一层砂层或土工布。根据雨水花园

图 11-69、图 11-70 雨水花园示意图

与周边建筑物的距离和环境条件可以采用防渗或不防渗两种做法。当有回用要求或要排入水体时还可以在砾石层中埋置集水穿孔管。

（a）蓄水层

为暴雨提供暂时的储存空间，使部分沉淀物在此层沉淀，进而促使附着在沉淀物上的有机物和金属离子得以去除。其高度根据周边地形和当地降雨特性等因素而定。一般多为 100~250mm。

（b）覆盖层

一般采用树皮进行覆盖，对雨水花园起着十分重要的作用，可以保持土壤的湿度，避免表层土壤板结而造成渗透性能降低。在树皮土壤界面上营造了一个微生物环境，有利于微生物的生长和有机物的降解，同时还有助于减少径流雨水的侵蚀。其最大深度一般为 50~80mm。

（c）植被及种植土层

种植土层为植物根系吸附以及微生物降解碳氢化合物、金属离子、营养物和其他污染物提供了一个很好的场所，有较好的过滤和吸附作用。一般选用渗透系数较大的砂质土壤，其主要成分中砂子含量为 60%~85%，有机成分含量为 5%~10%，黏土含量不超过 5%。种植土层厚度根据植物类型而定，当采用草本植物时一般厚度为 250mm 左右。种植在雨水花园的植物应是多年生的，可短时间耐水涝，如大花萱草、景天等。

（d）人工填料层

多选用渗透性较强的天然或人工材料，其厚度应根据当地的降雨特性、雨水花园的服务面积等确定，多为 0.5~1.2m。当选用砂质土壤时，其主要成分与种植土层一致。当选用炉渣或砾石时，其渗透系数一般不小于 5~10m/s。

（e）砾石层

由直径不超过 50mm 的砾石组成，厚度 200~300mm。在其中可埋置直径为 100mm 的穿孔管，经过渗滤的雨水由穿孔管收集进入邻近的河流或其他排放系统。通常在填料层和砾石层之间铺一层土工布是为了防止土壤等颗粒物进入砾石层，但是这样容易引起土工布的堵塞。也可在人工填料层和砾石层之间铺设一层 150mm 厚的砂层，防止土壤颗粒堵塞穿孔管，还能起到通风的作用。

11.6.2 雨水园设计要点

（1）选址

为了避免雨水侵蚀建筑基础，雨水花园的边线距离建筑基础至少 2.5m；雨水花园的位置不能选在靠近供水系统的地方或是水井周边；雨水花园不是水景园，所以不能选址于经常积水的低洼地。如果将雨水花园选在土壤排水性较差的场地上，雨水往地下渗透速度较慢，会使雨水长时间积聚在雨水花园中，既对植物生长不利，同时又容易滋生蚊虫；雨水花园适合建造在地势比较平坦的地区，且易于维护；应当尽量避免建造在树荫底下，最好选择采光良好的地点。

（2）检验土壤的渗透性

渗水性较好的砂质土壤比较适合建造雨水园，可以用渗透实验来初步检验土壤性质。可以在场地挖掘一个 15cm 的小坑，注满水，如果 24 小时还没有渗透完，则说明该区域不适合建造雨水花园。

（3）确定结构和深度

雨水花园主要由蓄水层、覆盖层、种植土层、人工填料层及砾石层构成。植物的根系能够对雨水起到较好的过滤和吸附作用。种植土的厚度根据所种的植物决定。花卉和草本植物需要 30~50cm 的覆土，种植灌木需要 50~80cm 厚，乔木则需要 1m 以上深的土壤。种植土层和砾石层中间应当铺设人工填料，即沙或者土工布，目的是为了防止土壤的颗粒进入砾石层引起排水管的堵塞，同时起到通气的作用。

雨水花园的渗水层的深度一般在 7.5~20cm 之间，不宜过浅或过深。太浅达不到存贮雨水的作用，太深则会使雨水驻留时间过长，滋生蚊虫，不易维护。另外，雨水花园的深度与场地的坡度有一定的关系一般来说，坡度小于 4%，深度 10cm 左右比较合适；坡度在 5%~8% 之间，深度 15cm 左右；坡度在 9% ~12% 之间，则雨水花园的深度可以达到 20cm。

一般来说，"雨水园"用各种类型的石头作为主要的景观材料，采用柔性的工程构造加以铺设，这种工程手法使得雨水能够很容易的下渗，同时又不会带走泥沙；小溪底部的石板下面的砂石层具有很强的吸水性，在碰到不是特别大的降雨的时候雨水可以被完全的吸收；同时这些碎石和砂土还能过滤掉水中的杂物，树叶和灰尘等等，也可以借此种植水生植物，增加城市景观的多样性。城市的路牙、绿化带、停车场等区域都非常适合做小型的雨水园的改造。

（4）选择合适的植物

在我国适合雨水花园种植的宿根花卉有：鸢尾、马蔺、落新妇、紫鸭跖草、沼泽蕨、萱草类、景天类、芦苇、金光菊等等；草本植物有：鼠尾草、莎草、玉带草、藿香蓟、半枝莲等等；灌木主要有：冬青、杜鹃、棣棠、山茱萸属、接骨木、齿叶荚迷、木槿、柽柳、海棠花、西府海棠、常山、夹竹桃等等；乔木主要有：红枫、麻栎、钻天杨、旱柳、白蜡、杜梨、乌桕、榕树等。总的来说，雨水花园的植物应以耐旱又耐短暂水湿的乡土植物为主，根系要发达，并且散发香味，可以吸引昆虫。雨水花园植物的配植应综合考虑植物的姿态、色彩、质感、花期、大小搭配等形成具有野趣或其他不同风格的花园景观。

（5）确定面积和布局

雨水花园的面积主要与其有效容量、处理的雨水径流量及其渗透性有关，计算方法比较复杂，场地实际情况不同的情况下也要采用不同的计算方法。简单地说，将要建造的雨水花园的面积是屋顶、地面和草坪的汇水面积的总和。雨水花园的平面布局形式自由，但是长宽比应当大于 3 ：2，能更好地发挥雨水花园的作用。

附录 常用园林植物

华北地区常用园林植物表

序号	中文名	拉丁名	科属	特征	习性	景观应用	照片
1	白皮松	*Pinus bungeana*	松科松属	常绿乔木，高达30m。幼树树皮灰绿色，老树树皮灰褐色或成白色，裂片脱落后露出粉白色内皮。叶为3针1束，长5~7cm。球果卵圆形，长5~7cm。种子有短翅。果次年10~11月成熟。	为喜光树种，耐瘠薄土壤及较干冷的气候，在气候温凉、土层深厚、肥润的钙质土和黄土上生长良好	孤植、对植，也可丛植成林或作行道树，它适于庭院中堂前，是一个不错的历史传统绿化传统树种	
2	雪松	*Cedrus deodara*	松科雪松属	常绿乔木，树冠尖塔形，大枝平展，小枝略下垂。叶针形，长8~60cm，质硬，灰绿色或银灰色，在长枝上散生，短枝上簇生。10~11月开花。球果卵圆形，椭圆状卵形，熟时赤褐色	在气候温和和凉润、土层深厚排水良好的酸性土壤上生长旺盛	有较强的防尘、减噪与杀菌能力，宜作工矿企业绿化树种，建筑前植于草坪中央，或广场中心的两侧	
3	华山松	*Pinus armandii*	松科松属	乔木，高达35m，胸径1m；幼树树皮平滑，灰绿或淡灰，老则灰色，裂成方形厚块片着于树干上，针叶5针一束，稀6~7针一束，雄球花黄色、卵状圆柱形，球果圆柱形，花期4~5月，球果第二年9~10月成熟	阳性树，但幼苗略喜一定庇荫。喜温和凉爽、湿润气候，稍耐干燥瘠薄的土地	可用作园景树、庭荫树、行道树及林带树，亦可用于丛植、群植并系高山风景区之优良风景林树种	
4	黑松	*Pinus thunbergii*	松科松属	乔木，高达30m，胸径达2m；幼树树皮暗灰则灰黑，粗厚裂成块片脱落。针叶2针一束，雄球花淡红褐色、圆柱形，雌球卵圆形、淡紫红色或淡褐红色。球果成熟前绿色，花期4~5月，种子熟时褐色，第二年10月成熟	喜光，耐干燥瘠薄，不耐水涝，耐海雾、抗海风，也可在海滩盐土地方生长	黑松是经济树种，园林可提供更新造林、绿化及庭园造景，也是著名的海岸绿化树种	

常绿乔木

续表

	序号	中文名	拉丁名	科属	特征	习性	景观应用	照片
常绿乔木	5	油松	*Pinus tabuliformis*	松科松属	乔木，高达25m，胸径可达1m以上；树皮灰褐色或褐灰色，裂成不规则较厚的鳞状块片，裂缝及上部树皮红褐色。针叶2针一束，雌球花圆柱形聚生成穗状。球果卵形成熟前绿色，熟时淡褐黄色，常宿存数年。花期4-5月，球果第二年10月成熟	油松为喜光、深根性树种，喜干冷气候，在土层深厚、排水良好的酸性、中性或钙质黄土上均能生长良好	在古典园林中作为主要景物，在园林配植中，除了适于作独植、丛植、纯林群植外，亦宜行混交种植	
	6	龙柏	*Sabina chinensis*	柏科圆柏属	形树冠，小枝密集，叶密生，树皮深灰色，纵裂，尖塔状，全为鳞叶，果面略具白粉	喜阳，稍耐阴。喜温暖、湿润环境。抗干旱，忌积水，适生于干燥、肥沃、深厚的土壤。对土壤酸碱度适应性强，较耐盐碱	应用于公园、庭园绿墙和高速公路中央隔离带	
	7	侧柏	*Platycladus orientalis*	柏科侧柏属	树冠广卵形，小枝扁平，排列成1个平面，叶鳞形，紧贴小枝上，呈交互对生排列，雌雄同株，花雌雄同株。球果当年成熟，种鳞木质化，开裂，种子不具翅或具有棱脊	喜阳，幼时稍耐阴，适应性强，对土壤要求不严，耐干旱瘠薄，萌芽能力强	常为阳坡造林树种，也是常见的庭园绿化树种	
落叶乔木	1	银杏	*Ginkgo biloba*	银杏科银杏属	落叶大乔木，胸径可达4m，枝近轮生，叶互生，它的叶形式为"二歧状分叉的叶脉"。花雌雄异株，单性。4月开花，10月成熟。种子卵圆形或近圆球形，被白粉，外种皮肉质，熟时黄色或橙黄色	银杏为喜光树种，深根性，对气候、土壤的适应范围较宽，但不耐盐碱土及过湿的土壤	广泛应用于城市绿化、行道树、庭荫树等	
	2	旱柳	*Salix matsudana*	杨柳科柳属	落叶乔木，高达18m，胸径达80cm，树冠广圆形，树皮灰黑色，幼枝有毛，芽褐色。微有毛。叶披针形，花序与叶同时开放，花期4月，果期4-5月	喜光，耐寒，湿地、旱地皆能生长	中国北方常用的庭荫树、行道树。常栽培在河湖岸边孤植于草坪	

续表

序号	中文名	拉丁名	科属	特征	习性	景观应用	照片
3	绿柳	*Salix matsudana*	杨柳科柳属	落叶大乔木，高可达20~30m，径50~60cm，叶互生，线状披针形，两端尖削，边缘具有腺状小锯齿，表面浓绿色，背面为绿灰白色，花开于叶后，雄花序为葇荑花序，果实为蒴果	喜光，耐寒性强，耐水湿又耐干旱。对土壤要求不严，干瘠砂地、低湿沙滩和弱盐碱地上均能生长	对空气污染、二氧化硫及尘埃的抵抗力强。适合于都市庭园中生长，尤其是水池或溪流边	
4	垂柳	*Salix babylonica*	杨柳科柳属	小枝细长下垂，淡黄褐色。叶互生，披针形或狭披针形，具细锯齿，托叶披针形。花期3~4月；蒴果黄褐色，果熟期4~6月	喜光，喜温暖湿润气候及潮湿深厚之酸性及中性土壤。较耐寒，特耐水湿	最宜配植在水边，与桃花间植可形成桃红柳绿之景，是江南园林春景的特色配植方式之一。也可作庭荫树，还是固堤护岸的重要树种	
5	馒头柳	*Salix matsudana var.*	杨柳科柳属	乔木，高达18m，树冠半圆型，状如馒头。叶披针形，上面绿色，下面苍白色或带白色，有细腺锯齿缘，花序与叶同时开放；花期4月，果期4~5月	阳性，喜温凉气候，耐污染，速生，耐寒，耐湿，粘重土壤上生长不良。不耐庇荫，喜水湿又耐干旱	是北方地区主要造林和园林绿化树种	
6	毛白杨	*Populus tomentosa*	杨柳科杨属	乔木，高达30m。长枝叶阔卵形或三角状卵形，基部心形或截形，边缘深齿牙缘或波状牙齿，上面暗绿色、光滑，下面密生毡毛，后渐脱落，蒴果圆锥形或长卵形，2瓣裂。花期3月，果期4月	深根性，耐旱力较强，黏土、壤土、沙壤土或低湿地轻度盐碱土均能生长。在水肥条件充足的地方生长最快	优良庭园绿化或行道树，也为华北地区速生用材造林树种	
7	国槐	*Sophora japonica*	豆科槐属	乔木，高达25m，树皮灰褐色，具纵裂纹。羽状复叶，花冠白色或淡黄色，圆锥花序顶生，荚果串珠状，种子肾形，淡黄绿色，干后黑褐色，花期6~7月，果期8~10月	喜光而稍耐荫，土层深厚，喜土质肥沃、排水良好的沙质壤土为宜。其对中性、石灰性和微酸性土质均能适应，但干旱、瘠薄及低洼积水地生长不良	单植于草地或建筑物旁，可供公园、绿地及风景区美化，又是公路及城市街道的优良行道树	

落叶乔木

续表

序号	中文名	拉丁名	科属	特征	习性	景观应用	照片
8	刺槐	*Robinia pseudoacacia*	豆科刺槐属	落叶乔木，树皮灰褐色至黑褐色，浅裂至深纵裂，稀光滑。树叶根部有一对1~2mm长的刺；总状花序腋生，花为白色，有香味，穗状花序上实为荚果，花期4~6月，果期8~9月	喜土层深厚、肥沃、疏松、湿润的壤土、沙质壤土，在积水、或黏湿土，通气不良的黏土上生长不良，喜光，不耐庇荫。萌芽力和根蘖性都很强	优良固沙保土树种，可作为行道树，庭荫树。工矿区绿化及荒山荒地绿化的先锋树种	
9	法国梧桐	*Platanus orientalis*	悬铃木科悬铃木属	干皮灰褐色至灰白色，呈薄片状剥落。叶掌状5~7裂深裂达中部，裂片长大于宽，叶基阔楔形或截形，叶缘有齿牙，掌状脉；托叶圆领状。花序头状，黄绿色。多数坚果聚果序头状圆球形，3~6球成一串	喜光，喜湿润温暖气候，较耐寒。对土壤要求不严，抗空气污染能力较强，抗烟尘耐修剪	世界著名的优良庭荫树和行道树，作为街坊，厂矿绿化颇为合适	
10	美国梧桐	*Platanus occidentalis*	悬铃木科悬铃木属	落叶大乔木，高40余m，叶大，阔卵形，通常3浅裂，基部截形，阔心形边缘有数个粗大锯齿。花通常4~6数，单性，聚成圆球形头状花序。头状果序圆球形，坚果	喜光，喜湿润温暖气候，较耐寒	世界著名的优良庭荫树和行道树	
11	香椿	*Toona sinensis*	楝科香椿属	落叶乔木，树皮粗糙，深褐色，片状脱落，叶呈偶数羽状复叶，两性花白色，果实是椭圆形蒴果，花期6~8月，果期10~12月	喜温，喜光，较耐温，适宜生长于河边、宅院周围肥沃湿润的土壤中，以砂壤土为好	观赏及行道树种。园林中配置于疏林，作上层滑干树种，其下栽以耐阴花木	
12	臭椿	*Ailanthus altissima*	苦木科臭椿属	落叶乔木，高可达20余m，树皮平滑而有直纹，叶为奇数羽状复叶，花淡绿色，圆锥花序长，翅果长椭圆形花期4~5月，果期8~10月	喜光，不耐阴。适应性强，除黏土外，各种土壤都能生长，适宜生于深厚、肥沃、湿润的砂质土壤。耐寒，耐旱，不耐水湿	可作石灰岩地区的造林树种，也可作园林风景树和行道树	

落叶乔木

续表

序号	中文名	拉丁名	科属	特征	习性	景观应用	照片
13	洋白蜡	*Fraxinus pennsylvanica*	木樨科白蜡树属	落叶乔木，高10~20m；树皮灰色，粗糙，皱裂。羽状复叶长18~44cm，去年生枝上，花密集，圆锥花序，雄花与两性花异株，与叶同时开放；翅果狭倒披针形，花期4月，果期8~10月	喜光，耐寒，耐水湿也耐干旱，对土壤要求不严格	多见于庭园与行道树	
14	白桦	*Betula platyphylla*	桦木科桦木属	落叶乔木，树可达25m高，有白色光滑像纸一样的树皮，可分层剥下来，叶为单叶互生，叶边缘有锯齿，花为单性花，雌雄同株，雄花序柔软下垂，坚果狭矩圆形或卵形	喜光，不耐荫。对土壤适应性强，喜酸性土、沼泽地、干燥阳坡及湿润阴坡都能生长	孤植、丛植于庭园、公园之草坪、池畔、湖滨或列植于道旁。可在山地或丘陵坡地成片栽植组成美丽的风景林	
15	栾树	*Koelreuteria paniculata*	无患子科栾树属	树皮厚，灰黑色，纵裂；叶丛生于当年生枝上，平展，一回或不完全二回羽状复叶，花淡黄色，聚伞圆锥花序，蒴果圆锥形，花期6~8月，果期9~10月	喜光，稍耐半荫，耐寒；不耐水淹，耐干旱和瘠薄，适应性强，喜欢石灰质土壤，耐盐渍及短期水涝	作为庭荫树、行道树及园景树，同时也作为居民区、工厂区及村旁绿化树种	
16	泡桐	*Paulownia fortunei*	玄参科泡桐属	树皮灰褐色，老时纵裂，单叶，对生，叶大，卵形、淡紫色或白色，全缘或浅裂，顶生圆锥花序，花冠钟形或漏斗形，蒴果卵形或椭圆形	喜光，较耐荫，喜温暖气候，耐寒性不强，对黏重薄土壤有较强适应性	较强的净化空气和抗大气污染的能力，是城市和工矿区绿化的优良树种	
17	元宝枫	*Acer truncatum*	槭树科槭属	高8~10m；树皮灰褐色。叶，单叶对生，主脉5条，掌状，叶柄长3~5cm。伞房花序，顶生，花黄绿色。花期在5月，果期在9月	弱阳性，耐半荫，耐寒，较抗风，不耐干热和强烈日晒	著名秋季观红叶树种，宜作庭荫树、行道树或风景林树种。也是优良的防护林、用材林、工矿区绿化树种	
18	鹅掌楸	*Liriodendron chinensis*	木兰科鹅掌楸属	小枝灰色或灰褐色。叶马褂状，花杯状，主脉有9，花被片9，聚合果长7~9cm，具翅的小坚果花期5月，果期9~10月	喜光及温暖湿润气候，有一定的耐寒性，喜深厚肥沃、适湿而排水良好的酸性或微酸性土壤，不耐干旱，忌低湿水涝	行道树、庭荫树种，无论丛植、列植或孤植	

落叶乔木

续表

序号	中文名	拉丁名	科属	特征	习性	景观应用	照片
19	白玉兰	*Magnolia denudata*	木兰科玉兰属	高达17m，树皮灰色；嫩枝及芽密被淡黄白色微柔毛，叶薄革质，长椭圆形或倒卵状椭圆形，花白色，极香；花被片10片，披针形，菁蕾熟时鲜红色。花期4~9月，夏季盛开，通常不结实	适宜生长于温暖湿润气候和肥沃疏松的土壤，喜光。不耐干旱，也不耐水涝	北方早春观花树木，古时多在亭、台、楼、阁前栽植。现多见于园林、厂矿中孤植、散植，或于道路两侧制作行道树	
20	樱花	*Cerasus yedoensis*	蔷薇科樱属	乔木，高4~16m，树皮灰色，叶片椭圆卵形或倒卵形，基部圆形。花序伞形总状，花序有3~5朵，先叶开放，花瓣先端缺刻，花色多为白色。核果近球形，花期4月，果期5月	性喜阳光和温暖湿润，有一定抗寒能力，对土壤的要求不严，但对烟及风抗力弱，因此不宜种植在有台风的沿海地带	宜群植，可植于山坡、庭院、路边、建筑物前，还可作小路行道树、绿篱或制作盆景	
21	山桃	*Prunus davidiana*	蔷薇科桃属	乔木，高可达10m，树皮暗紫色叶片卵状披针形，两面无毛，叶边具细锐锯齿，先于叶开放，花粉红色，果实近球形，花期3~4月，果期7~8月	喜光，耐寒，对土壤适应性强，耐干旱、瘠薄，怕涝	园林中宜成片植于山坡并以苍松翠柏为背景，方可充分显示其妍艳之美。在庭院、草坪、水际、林缘、建筑物前零星栽植也很合适	
22	山杏	*Armeniaca sibirica*	蔷薇科杏属	树皮暗灰色，近圆形，基部圆形至近心形，叶缘有细钝锯齿，两面无毛。花单生，白色或微红色，花期3~4月，果期6~7月	适应性强，喜光，深入地下，根系发达，具有耐寒、耐旱的特点	黄河流域重要乡土树种，可作沙荒防护林的伴生树种	
23	蜡梅	*Chimonanthus praecox*	蜡梅科蜡梅属	落叶灌木，常丛生。叶对生，椭圆状卵形至卵状披针形，先花后叶，芳香，花期11月至翌年3月，果期4~11月	性喜阳光，能耐阴，略耐寒，耐旱，忌渍水	以孤植、对植、丛植，群植配置于园林，亭周、窗前屋后、墙隅及草坪、水畔、路旁等处，也可为盆栽桩景	
24	紫薇	*Lagerstroemia indica*	千屈菜科紫薇属	落叶灌木，树皮平滑，灰色或灰褐色，叶互生或有时对生，纸质，椭圆形、阔矩圆形或倒卵形，花淡红色或紫色、白色，深红，大红，粉红，玫瑰色，顶生圆锥花序，蒴果，花期6~9月，果期9~12月	喜暖湿气候，喜光，略耐阴，喜肥，尤喜深厚肥沃的砂质壤土，亦耐干旱，忌涝，具有较强的抗污染能力	作为小干行道和公路的绿化树种，庭院、公共绿地观赏树种，单位、工矿区绿化树种，孤植于园林中	

落叶乔木

续表

序号	中文名	拉丁名	科属	特征	习性	景观应用	照片
1	大叶黄杨	*Buxus megistophylla*	黄杨科黄杨属	灌木，高 0.6~2m，小枝四棱形，光滑，无毛。叶革质，薄革质，卵形、椭圆状、叶面光亮，仅叶面中脉基部及叶柄被微细毛，其余均无毛。花序腋生。蒴果近球形，花期 3~4 月，果期 6~7 月	喜光，稍耐荫，有一定耐寒力，对土壤要求不严	栽植绿篱及背景种植材料，也可单株栽植在花境内，更适合用于规则式的对称配植	
2	千头柏	*Platycladus orientalis*	柏科侧柏属	树皮浅灰褐色，纵裂成条片；生鳞叶的小枝扁平，排成一平面。叶鳞形，雄球花黄色，卵圆形，雌球花近球形，蓝绿色，被白粉。球果近卵圆形花期 3~4 月，球果 10 月成熟	适应性强，对土壤要求不严，但需排水良好，水大易导致植株烂根，喜光	作绿篱树或庭园树种	
3	铺地柏	*Sabina procumbens*	柏科圆柏属	匍匐小灌木，高达 75cm，贴近地面伏生，叶全为刺叶，3 叶交叉轮生，叶上面有 2 条白色气孔线，下面基部有 2 白色斑点，球果球形，内含种子 2~3 粒	阳性树，能在干燥的砂地上生长良好，喜石灰质的肥沃土壤，忌低湿地点	在园林中可配植于岩石园或草坪角隅，也是缓土坡的良好地被植物，亦经常盆栽观赏	
4	叉子圆地柏	*Sabina vulgaris*	柏科圆柏属	匍匐灌木，枝皮灰褐色，裂成薄片脱落，叶二型；刺叶与鳞叶并存，鳞叶交互对生，雌雄异株，稀同株；雄球花椭圆形或矩圆形，熟前蓝绿色，熟时褐色至紫蓝色或黑色	喜光，喜凉爽干燥的气候，耐寒，耐旱，耐基薄，对土壤要求不严，不耐涝	常植干坡地观赏及护坡，或作为常绿地被和基础种植，增加层次。作良好的地被树种。作水土保持及固沙造林用树种	
5	锦带花	*Weigela florida*	忍冬科锦带花属	灌木，叶椭圆形或卵状椭圆形，缘有锯齿，花冠漏斗状钟形，玫瑰红色，裂片 5。蒴果柱形；种子无翅。花期 4~6 月	喜光，耐荫，耐寒；对土壤要求不严，怕水涝，萌芽力强	适宜庭院墙隅，湖畔群植；也可在树丛林缘作花篱、丛植配植；点缀于假山、坡地	
6	金银木	*Lonicera maackii*	忍冬科忍冬属	落叶灌木，叶纸质，通常卵状椭圆形至卵状披针形，花冠先白色后变黄，花芳香，圆形，花期 5~6 月，果实暗红色，花果期 8~10 月	喜光，耐半阴，耐旱，耐寒	常被丛植于草坪、林缘、路边或建筑周围观果、老桩可削作盆景	

灌木

续表

序号	中文名	拉丁名	科属	特征	习性	景观应用	照片
7	金叶女贞	Ligustrum × vicaryi Hort.	木樨科女贞属	落叶灌木，单叶对生，椭圆形或卵状椭圆形，总状花序，小花白色。核果阔椭圆形，紫黑色。金叶女贞叶色金黄	性喜光，稍耐荫，耐寒能力较强，不耐高温高湿	主要用来组成图案和建造绿篱	
8	紫丁香	Syringa oblata	木樨科丁香属	树皮灰褐色，小枝黄褐色，初被短柔毛，后脱落。嫩叶簇生，后对生，卵形、倒卵形或卵状针形，圆锥花序，花淡紫色、紫红色或蓝色，花冠筒长6~8mm。花期5~6月	生长习性喜阳，喜土壤湿润而排水良好	广泛栽植于庭园、居住区等地；常丛植于建筑前、草坪区凉亭两旁；散植于园路两旁、草坪	
9	连翘	Forsythia suspensa	木樨科连翘属	株高约3m，枝干丛生，小枝黄色，拱形下垂，中空；叶对生，单叶或三小叶，卵形或卵状椭圆形，缘具锯齿。花冠黄色，果卵球形、卵状椭圆形或长椭圆形，花期3~4月，果期7~9月	喜光，有一定程度的耐阴性；喜温暖、湿润气候，耐寒，怕涝，耐干旱瘠薄，不择土壤	是早春优良观花灌木，可以做成花篱、花丛，花坛等	
10	月季	Rosa chinensis	蔷薇科蔷薇属	直立灌木，四季开花。一般为红色，或粉白色，偶有白色和黄色，果红色，果期6~11月	以疏松、肥沃、富含有机质、微酸性、排水良好的壤土较为适宜。性喜温暖、日照充足、空气流通的环境	美化庭院、装点园林，布置花坛、配植花架，月季栽培容易，可作切花	
11	黄刺玫	Rosa xanthina Lindl.	蔷薇科蔷薇属	落叶灌木。小枝褐色具刺。奇数羽状复叶，小叶近圆形或椭圆形，边缘有锯齿；花黄色，单瓣或半重瓣，无苞片。花期5~6月，果期7~8月	喜光，稍耐荫，耐寒力强，耐干旱和瘠薄，在盐碱土中也能生长，不耐水涝，少病虫害	可供观赏。可作保持水土及园林绿化树种	
12	绣线菊	Spiraea salicifolia	蔷薇科绣线菊属	直立灌木，叶片长圆披针形至披针形，花序为长圆锥形或金字塔形的圆锥花序，花瓣粉红色，蓇葖果直立，花期6~8月，果期8~9月	喜光也稍耐荫，耐寒、抗旱、喜温暖湿润，萌蘖力和萌芽力均强，耐修剪	应用较为广泛，夏季优良的观花树种，丛植、列植、植篱效果均佳	
13	珍珠梅	Sorbaria sorbifolia	蔷薇科珍珠梅属	落叶灌木，羽状复叶，小叶片对生，顶生大型密集圆锥花序，分枝近于直立，白色，花期7~8月，果期9月	珍珠梅耐寒、耐半荫，耐修剪。在排水良好的砂质壤土中生长较好	夏季优良的观花树种，可孤植、列植，植树果效果甚佳	

灌木

续表

序号	中文名	拉丁名	科属	特征	习性	景观应用	照片
14	平枝栒子	*Cotoneaster horizontalis*	蔷薇科栒子属	半常绿葡匐灌木，叶片近圆形或宽椭圆形，花1~2朵顶生或腋生，花瓣粉红色，果近球形，鲜红色。花期5~6月，果期9~10月	喜温暖湿润的半荫环境，耐干燥和瘠薄，不耐湿热，有一定的耐寒性，怕积水	枝密叶小，红果艳丽，适用于园林地被及制作盆景等	
15	棣棠	*Kerria japonica*	蔷薇科棣棠花属	小枝有棱，绿色，无毛。叶卵形或三角形，花单生于侧枝顶端，瓣黄色，宽椭圆形；瘦果黑色，花期4~6月，果期6~8月	喜温暖湿润和半荫环境，耐寒性较差	宜作花篱、花径，群植于常绿树丛之前，配植疏林草地或山坡林下或水边	
16	鸡麻	*Rhodotypos scandens*	蔷薇科鸡麻属	落叶灌木，小枝紫褐色，嫩枝绿色，光滑。叶对生，单花顶生，花瓣白色。花期4~5月。果期6~9月	喜光，耐半荫，耐寒，怕涝	适宜丛植于草地、路旁、角隅或池边，也可植山石旁	
17	凤尾兰	*Yucca gloriosa* L.	龙舌兰科丝兰属	常绿灌木，叶密集，排列茎端，质坚硬，有白粉，螺旋剑形，圆锥花序高，乳白色。花蒴果椭圆状卵形，不开裂。花期6~10月	喜温暖湿润和阳光充足环境，性强健，耐瘠薄，耐寒，耐荫，耐旱也较耐湿	常植于花坛中央、建筑前、草坪中、池畔、台坡、建筑物、路旁及绿篱等栽植用	
18	紫珠	*Callicarpa bodinieri*	马鞭草科紫珠属	落叶灌木，高约2m；叶片卵状长椭圆形至椭圆形，聚伞花序，花冠紫色，果实球形，6~7月开花，8~11月结果	喜温，喜湿，怕风，怕旱	园林绿化或庭院栽种，也可盆栽观赏。其果穗还可剪下瓶插或作切花材料	
19	金叶莸	*Caryopteris × clandonensis*	马鞭草科莸属	人工培植的落叶灌木，单叶对生，叶长卵形，叶面光滑，鹅黄色，叶背具银色毛。聚伞花序紧密，花期在夏末秋初的少花季节（7~9月），可持续2~3个月	耐土壤瘠薄，萌蘖力强，有一定耐寒性，喜光	在园林绿化中适宜片植，做色带、色篱，地被也可修剪成球	
20	红瑞木	*Cornus alba* Linnaeus	山茱萸科山茱萸属	落叶灌木。老干暗红色，枝桠血红色，叶对生，椭圆形。聚伞花序顶生，花乳白色。花期5~6月，果实白色或蓝白色，成熟期8~10月	喜欢潮湿温暖的生长环境，光照充足，喜肥，在排水通畅、养分充足的环境，生长速度非常快	庭院观赏、丛植。观茎植物，也是良好的切枝材料	

灌木

续表

序号	中文名	拉丁名	科属	特征	习性	景观应用	照片
1	玉簪	*Hosta plantaginea*	百合科玉簪属	多年生宿根草本花卉。顶生总状花序，着花9~15朵，花白色，筒状漏斗形，有芳香，花期7~9月。蒴果圆柱状，有三棱，花果期8~10月	性强健，耐寒冷，性喜阴湿环境，不耐强烈日光照射，要求土层深厚，排水良好且肥沃的砂质壤土	公园常见地被	
2	紫花地丁	*Viola philippica*	堇菜科堇菜属	多年生草本，叶片下部呈三角状卵形或卵状披针形，花中等大，紫堇色或淡紫色，蒴果长圆形，花果期4月中下旬至9月	性喜光，喜湿润的环境，耐荫也耐寒，不择土壤，适应性极强，繁殖容易	适合用于花坛或早春模纹花坛的构图	
3	白三叶	*Trifolium repens*	豆科车轴草属	全株无毛，掌状三出复叶；托叶卵状披针形，花冠白色、乳黄色或淡红色，具香气。荚果长圆形	喜欢黏土耐酸性土壤，不耐阴蔽，具有一定的耐寒性，喜温暖湿润气候，不耐干旱和长期积水	可用于园林、公园、高尔夫球场等绿化草坪的建植	
4	八宝景天	*Hylotelephium spectabile*	景天科八宝属	多年生肉质草本植物，地下茎肥厚，地上茎簇生，粗壮而直立，全株略被白粉，呈灰绿色。叶对生或3叶轮生，肉质，具波状齿。伞房花序密集如平头状，花序径10~13cm，花淡粉红色	性喜强光和干燥、喜通风，稍耐阴，十分耐寒，喜排水良好的土壤，耐贫瘠和干旱，忌雨涝积水	布置花坛、花境和点缀草坪、岩石园的好材料	
5	假龙头	*Physostegia virginiana*	唇形科假龙头花属	多年生草本植物，叶对生，披针形，叶缘有细锯齿，成株丛生状，穗状花序聚成圆锥花序状。小坚果，8~10月	性喜温暖、阳光和疏松肥沃、排水良好的沙质壤土。它较耐寒、耐旱、耐肥，适应能力强	宜布置花境、花坛背景或野趣园中丛植	

地被及藤木

续表

序号	中文名	拉丁名	科属	特征	习性	景观应用	照片
6	婆婆纳	*Veronica polita Fries*	玄参科婆婆纳属	叶仅2~4对，叶片心形至卵形，两面被白色长柔毛。总状花序根长；花冠淡紫色，蓝色，粉色或白色，蒴果近于肾形，花期3~10月	喜光，耐半荫，总苞冬季疲劳。喜肥沃，湿润，深厚的土壤	种植于岩石庭院和灌木花园，适合花坛地栽，可作边缘绿化植物	
7	紫松果菊	*Echinacea purpurea*	菊科紫松果菊属	多年生草本。全株具粗硬毛，茎直立。基生叶端渐尖，盘边（瓣状）舌状花黑紫色，管状花橙黄色，突出呈球形	喜欢温暖，性强健而耐寒，喜光，耐干旱，不择土壤	是野生花园和自然地的优良花卉，也可用于花境或植于树丛边缘；水养持久，是优良的切花品种	
8	黑心菊	*Rudbeckia hirta L.*	菊科金光菊属	多年生草本，全株被毛，近根出叶，上部叶互生，叶匙形及阔披针形，头状花序，呈球状半球形。花心隆起，紫褐色，周边瓣状小花金黄色，花期5~9月	露地适应性很强，不耐寒，耐旱，不择土壤，应选择排水良好的沙质土及向阳处栽植，喜向阳通风的环境	适合庭院布置，花境材料，或布置草地边缘成自然式栽植	
9	荷兰菊	*Aster novi-belgii*	菊科紫菀属	多年生草本，叶片稍圆形，单生，蓝色。叶呈线状披针形，光滑，幼蕾时微呈紫色，在枝顶成伞状花序，花色蓝紫或玫红，花期10月	喜阳光充足和通风的环境，适应性强，喜湿润但耐干旱，耐寒，耐瘠薄，对土壤要求不严	适于盆栽室内观赏和布置花坛，花境等。更适合作花篮，插花的配花	
10	金鸡菊	*Coreopsis drummondii*	菊科金鸡菊属	多年生宿根草本，叶片多对生，花单生或成圆锥花序，总苞两列，每列3枚，基部合生。舌状花1列，宽舌状，呈黄色，棕色或粉色。管状花黄色至褐色	耐寒耐旱，对土壤要求不严，喜光，但耐半荫，适应性强，对二氧化硫有较强的抗性	极好的疏林地被，在屋顶绿化中作覆盖材料效果极好，还可作花境材料	

地被及藤木

续表

序号	中文名	拉丁名	科属	特征	习性	景观应用	照片
11	麦冬	*Ophiopogon japonicus*	百合科沿阶草属	茎很短, 叶基生成丛, 禾叶状, 总状花序, 白色或淡紫色, 种子球形, 直径7~8mm。花期5~8月, 果期8~9月	麦冬喜温温暖湿润, 降雨充沛的气候条件	园林常见地被材料	
12	地锦	*Parthenocissus tricuspidata*	葡萄科地锦属	茎葡匐, 叶对生, 矩圆形或椭圆形, 有时淡红色, 叶背淡绿色, 两面被疏柔毛; 花序单生于叶腋, 蒴果三棱状卵形球形, 花果期5~10月	耐荫植物。喜阴湿, 攀援能力强, 适应性强	园林和城市垂直绿化	
13	紫藤	*Lagerstroemia indica*	豆科紫藤属	落叶藤本。奇数羽状复叶, 纸质, 总状花序, 卵状椭圆形至卵状披针形, 花冠紫色, 荚果倒披针形, 花期4月中旬至5月上旬, 果期5~8月	适应性强, 较耐寒, 能耐水湿及瘠薄土壤, 喜光, 较耐阴	作庭园棚架植物, 适栽于湖畔、池边、假山、石坊等处, 具独特风格, 盆景也常用	
14	金银花	*Lonicera japonica*	忍冬科忍冬属	卵形叶子对生, 枝叶均密生柔毛和腺毛。花成对生于叶腋, 花初开为白色, 渐变为黄色, 球形浆果, 熟时黑色。花期4~6月, 果熟期10~11月	适应性很强, 喜阳, 耐阴, 耐寒性强, 也耐干旱和水湿, 对土壤要求不严	制作花廊、花架、花栏、花柱以及缠绕假山石等	
15	凌霄	*Campsis grandiflora*	紫葳科凌霄属	攀缘藤本; 茎木质, 叶对生, 为奇数羽状复叶; 顶生疏散的短圆锥花序, 花萼钟状, 花冠内面鲜红色, 外面橙黄色, 蒴果顶端钝。花期5~8月	凌霄喜充足阳光, 也耐半荫。适应性较强, 耐寒、耐旱、耐瘠薄、耐盐碱	为庭园中棚架、花门之良好绿化材料, 用于攀援墙垣、枯树、石壁, 均极适宜	

地被及藤木

东北地区常用园林植物表

序号	中文名	拉丁名	科属	特征	习性	景观应用	照片
1	樟子松	Pinus sylvestris	松科松属	乔木，高达 25m，胸径达 80cm；大树树干下部灰褐色或黑褐色，树皮深裂成不规则的鳞状块片脱落。针叶 2 针一束，雄球花圆柱状卵圆形，有短梗，淡紫褐色，花期 5~6 月，球果第二年 9-10 月成熟	阳性树种，耐寒性强，抗逆性强，寿命长	东北地区主要速生用材、防护绿化、水土保持优良树种，也可作庭园树	
2	华山松	Pinus armandii	松科松属	乔木，高达 35m，胸径 1m；幼树树皮平滑，灰绿色或淡绿色，老则灰色，裂成方形厚块片固着于树干上，针叶 5 针一束，稀 6~7 针一束，雄球花黄色，卵状圆柱形，球果圆锥状长卵圆形，花期 4-5 月，球果第二年 9-10 月成熟	阳性树，但幼苗略喜一定庇荫。喜温和凉爽、湿润气候，稍耐干燥瘠薄的土地	可用作园景树，庭荫树、行道树及林带植，亦可用于丛植，群植，并系高山风景区之优良风景林树种	
3	黑松	Pinus thunbergii	松科松属	乔木，高达 30m，胸径可达 2m；幼树树皮暗灰色，老则灰黑，粗厚裂成块状片脱落。针叶 2 针一束，雄球花淡红褐色，圆柱形，雌球花卵圆形，淡紫红色或淡褐红色。球果成熟前绿色，熟时褐色，花期 4-5 月，种子第二年 10 月成熟	喜光，耐干旱瘠薄，不耐水涝，耐海雾，抗海风，耐海盐土也可在海滩土地方生长	黑松是经济树种，可提供更新造林，园林绿化及庭园造景，也是著名的海岸绿化树种	
4	油松	Pinus tabuliformis	松科松属	乔木，高达 25m，胸径达 1m 以上；树皮灰褐色，裂成不规则鳞状块片，裂缝及上部树皮红褐色；针叶 2 针一束，雄球花圆柱形聚生成穗状。球果成熟前绿色，熟时浅褐黄色，常宿存数年。花期 4-5 月，球果第二年 10 月成熟	油松为喜光，深根性树种，喜子冷气候，在土层深厚、排水良好的酸性，中性或钙质黄土上均能生长良好	在古典园林中作为主要景物，在园林配植中，除了适作单植，丛植，纯林群植外，亦宜行混交种植	
5	圆柏	Sabina chinensis	柏科圆柏属	乔木，高达 20m，胸径达 3.5m，叶二型，即刺叶及鳞叶；雌雄异株，雄球花黄色，椭圆形，球果近圆球形，两年成熟，熟时暗褐色，被白粉或不被白粉而脱落	喜光树种，较耐荫，喜温凉、温暖气候及湿润土壤，忌积水，耐修剪，易整形	中国传统的园林树种，可群植草坪边缘作背景，在庭园中用途极广，可作绿篱、行道树和桩景，盆景材料	

常绿乔木

续表

序号	中文名	拉丁名	科属	特征	习性	景观应用	照片
6	臭冷杉	*Abies nephrolepis*	柏科冷杉属	乔木，高达30m，胸径50cm；老树树皮则呈灰色，裂成长条裂块，叶列成两列；球果卵状圆柱形或圆柱状，花期4~5月，球果9~10月成熟	为耐荫、浅根性树种，适应性强，喜冷湿的环境	优良的庭园观赏树种	
7	辽东冷杉	*Abies holophylla*	柏科冷杉属	乔木，高达30m，胸围达1m。树皮幼时淡褐色，老时暗褐色，浅纵裂，不剥裂。雄雄同株。雄球花圆筒状，着生叶腋；雌球花长圆状，种子三角状。花期4~5月，果熟期9~10月	耐荫，喜冷湿气候、耐寒	适于风景区、公园、庭园及街道等地栽植。可用于纪念林	
8	红皮云杉	*Picea koraiensis*	柏科云杉属	高达30m以上，胸径60~80cm；树皮灰色或淡红褐色，树冠尖塔形，小枝上有明显的圆柱状叶枕。球果卵状圆柱形或圆柱状矩圆形，熟前绿色，熟后黄的褐或淡褐色；种鳞薄木质，三角倒卵形，种子上端有膜质长翅。花期5~6月，球果9~10月成熟	喜空气湿度大，土壤肥厚而排水良好的环境，较耐荫、耐寒，也耐干旱	可作东北地区的造林及庭园树种	
9	青扦	*Picea wilsonii*	柏科云杉属	乔木，高达50m，胸径1.3m，树冠圆锥形。球果状长卵圆形或圆柱状卵色，成熟前绿色，成熟时黄褐色或淡褐色，花期4月，球果10月成熟	耐荫，喜温凉气候及湿润、深厚而排水良好的酸性土壤，适应性较强	已成为北方地区"四旁"绿化、园林绿化、庭院绿化树种的佼佼者，并在黑龙江省引种推广成功，成为园林绿化重要树种	
10	兴安落叶松	*Larix gmelinii*	松科落叶松属	高达35m，胸径90cm；树皮暗灰色或灰褐色，纵裂成鳞片状剥落，剥落后内皮呈紫红色；树冠卵状圆锥形。球果幼时紫红色，种子倒卵形，灰白色，具淡褐色条纹连翅长10mm。花期5~6月，球果成熟9月	喜光性强，对水分要求较高，喜土层深厚、肥润，排水良好的北向缓坡	荒山造林和森林更新的主要树种	
11	旱柳	*Salix matsudana*	杨柳科柳属	落叶乔木，高达18m，胸径达80cm，树冠广圆形，树皮暗灰色，幼枝有毛，芽褐色，微有毛。叶披针形，花序与叶同时开放，花期4月，果期4~5月	喜光，耐寒、湿地，干瘠都能生长	中国北方常用的庭荫树、行道树。常栽培在河湖岸边孤植于草坪	

常绿乔木（序号6~9）

落叶乔木（序号10~11）

续表

序号	中文名	拉丁名	科属	特征	习性	景观应用	照片
12	银中杨	*Populus alba 'Berolinensis' L.*	杨柳科杨属	雄性无性系。树干通直，皮灰绿色，叶大型，树冠呈圆锥形。树姿优美，叶大，叶片两色，叶面深绿色，叶背面银白色，密生绒毛	抗旱、耐盐碱，耐寒	适宜城乡绿化，是优良的园林绿化苗木	
13	花曲柳	*Fraxinus rhynchophylla*	木犀科梣属	落叶大乔木，树皮灰褐色，光滑，老时浅裂。羽状复叶，圆锥花序顶生或腋生当年生枝梢，冬芽阔卵形。翅果线形，花期4~5月，果期9~10月	本种对气候、土壤要求不严	可作行道树和庭园树	
14	水曲柳	*Fraxinus mandshurica*	木犀科梣属	高达30m以上，胸径达2m；树皮厚，灰褐色，纵裂。小枝对生有四棱，奇数羽状复叶，圆锥花序腋生，雌雄异株，翅果大而扁，花期4月，果期8~9月	耐湿	是东北、华北地区的珍贵用材树种	
15	茶条槭	*Acer ginnala*	槭树科槭属	高5~6m。树皮粗糙，微纵裂，灰色，叶纸质，伞房花序，果实黄绿色或黄褐色，花期5月，果期10月	阳性树种，耐庇荫，耐寒，喜湿润土壤，抗病力强，适应性强	北方优良的观赏绿化树种，宜孤植，列植、群植，或修剪成绿篱和整形树	
16	元宝枫	*Acer truncatum*	槭树科槭属	高8~10m。单叶对生，掌状，主脉5条，叶柄长3~5cm。伞房花序顶生，花黄绿色，花期在5月，果期9月	弱阳性，耐半荫，耐寒，较抗风，不耐干热和强烈日晒	著名秋季观红叶树种，宜作庭荫树、行道树或风景林树种。也是优良的防护林、用材林、工矿区绿化树种	
17	大果榆	*Ulmus macrocarpa*	榆科榆属	树皮暗灰色或灰黑色，叶宽倒卵形、倒卵状圆形，倒卵状菱形或倒卵形，稀椭圆形，厚革质，叶片长2~10mm，上面有毛或下面有疏毛，果核部分位于翅果中部，花果期4~5月	喜光，根系发达，侧根萌芽性强。耐寒冷及干旱瘠薄	适于城市及乡村四旁绿化。在三北干旱半干旱地区，大果榆是防护林工程的树种之一	

落叶乔木

续表

	序号	中文名	拉丁名	科属	特征	习性	景观应用	照片
落叶乔木	18	紫椴	Tilia amurensis	椴树科椴树属	高可达20~30m。树皮暗灰色、纵裂，成片状剥落。二年生枝紫褐色、单叶互生，阔卵形或近圆形，边缘具不整齐锯齿，齿间具小芒刺状。聚伞花序，黄色。果近球形。花果期为6~9月	喜光也稍耐阴。幼苗幼树较耐庇荫；深根性树种；喜温凉、湿润气候	降低环境污染能力相对较强，可作行道树	
	19	白桦	Betula platyphylla	桦木科桦木属	树干可达25cm高，50cm粗。树皮光滑分层，嫩枝光滑快，单叶互生，叶边缘有锯齿，花为单性花，雌雄同株，雄花序柔软下垂、翅果	喜光，不耐阴，耐严寒	孤植、丛植于庭园、公园之草坪、池畔、湖滨或列植于道旁均颇美观，也可组成美丽的风景林	
	20	梓树	Catalpa ovata G. Don	紫葳科梓属	最高可达15m。树冠伞形，主干通直平滑，呈暗灰色或者灰褐色。嫩枝具稀疏柔毛、圆锥花序顶生，伞形状花先叶开放，粉红色或淡紫红色，花柱紫红色，蒴果长圆形，花果期5~7月	适应性较强，喜温暖也能耐寒。不耐干旱瘠薄，抗污染能力强，生长温凉	可作行道树、庭荫树以及工厂绿化树种	
灌木	1	兴安杜鹃	Rhododendron dauricum	杜鹃花科杜鹃花属	叶片近革质，椭圆形或长圆形，花序腋生枝顶或假顶生，伞形着生花先叶开放，花冠宽漏斗状，粉红色或紫红色，花药紫色，花柱长圆形，花果期5~7月	喜光，耐半阴，喜冷凉湿润气候，喜酸性土，忌高温干旱	花期长，是一种美丽的观赏植物和蜜源植物，是良好的水土保持树种	
	2	长白忍冬	Lonicera ruprechtiana	忍冬科忍冬属	落叶灌木。凡小枝、叶两面中脉和花梗均被微腺毛。叶纸质，卵形、椭圆形，后变黄色，果实橙红色，圆形，果熟期7~8月	喜光，耐半阴，喜湿润	庭植观赏	
	3	红王子锦带花	Weigela florida cv. Red Prince	忍冬科锦带花属	落叶灌木。株高1~2m，嫩枝淡红色，老枝灰褐色，单叶对生，叶椭圆形，先端渐尖，叶缘有锯齿，红枝及叶脉具柔毛。花冠5裂，漏斗状钟形，黄褐色，聚伞花序，蒴果柱状，花期8~9月	性喜光，抗寒，抗旱，耐阴	可孤植于庭院的草坪之中，也可丛植于路旁，树形格外美观	
	4	东北茶藨子	Ribes mandshuricum	虎耳草科茶藨子属	落叶灌木，高1~3m，小枝灰色或褐灰色，叶常掌状3裂稀5裂，总状花序，直径7~9mm，红色，味酸可食，花期4~6月，果期7~8月	生于山坡或山谷针、阔叶混交林下或杂木林内	可丛植于路旁	

续表

序号	中文名	拉丁名	科属	特征	习性	景观应用	照片
5	辽东丁香	*Syringa wolfii* Schneid.	木樨科丁香属	落叶灌木，小枝近圆柱形，具皮孔。冬芽被芽鳞，顶芽常缺。叶对生、单叶，全缘，花两性，具花梗，钟状，花冠紫色，浅紫色，种子扁平，有翅；花期6月，果期8月	喜光，喜土壤湿润而排水良好，耐寒	庭院观赏、丛植	
6	小叶丁香	*Syringa pubescens*	木樨科丁香属	落叶灌木，幼枝灰褐色，被柔毛。叶卵圆形或椭圆状卵形，全缘，有缘毛。圆锥花序疏松，侧生花淡紫红色；花期4月下旬至5月上旬，秋季7月下旬至8月上旬。蒴果圆锥形	较喜光，也能耐受半荫，适应性较强，对寒冷、干旱、土壤瘠薄都有比较强的耐受性	庭院观赏、丛植	
7	紫丁香	*Syringa oblata* Lindl.	木樨科丁香属	树皮灰褐色，小枝黄褐色，初生短柔毛，后渐脱落。嫩叶簇生、后叶生，卵形，倒卵形或椭圆形，圆锥花序，缘具毛。花淡紫色，紫卵球形、卵状椭圆形或长椭圆形，花冠筒长6~8mm。红色或蓝色，花期5-6月	生长习性喜阴，喜土壤湿润而排水良好	广泛栽植于庭园居民区等绿地。常丛植于建筑前、窗至凉亭周围；散植于园路两旁、草坪	
8	连翘	*Forsythia suspensa*	木樨科连翘属	株高约3m，枝干丛生，枝黄色，拱形下垂。小枝对生，单叶或三小叶，卵圆形、椭圆形。缘具齿。花冠黄色，花期3-4月，果期7-9月	喜光，有一定程度的前耐阴性；喜湿润气候，耐寒；耐干旱瘠薄，怕涝，不择土壤	是早春优良观花灌木，可以做成花篱、花丛、花坛等	
9	东北珍珠梅	*Sorbaria sorbifolia*	蔷薇科珍珠梅属	落叶灌木，高达2m。枝条开展，小枝稍屈曲，无毛或稍被柔毛。奇数羽状复叶，叶轴微被柔毛，圆锥花序顶生，花小，白色	喜阳光充足，湿润气候，耐阴，耐寒，对环境肥沃湿润土壤，生长较快，适应性强，萌发力强，耐修剪	可丛植在草坪边缘或水边、房前、路旁，亦可栽植成篱垣	
10	黄刺玫	*Rosa xanthina*	蔷薇科蔷薇属	落叶灌木。小枝褐色具刺。叶近圆形或椭圆形，奇数羽状复叶；花黄色，单瓣或半重瓣，无苞片，红黄色。果期5-6月。果球形	喜光，稍耐阴，耐寒力强，耐干旱瘠薄，在盐碱土中也能生长，以疏松、肥沃土地为佳。不耐水涝，少病虫害	可供观赏。可做保持水土及园林绿化树种	
11	金露梅	*Potentilla fruticosa*	蔷薇科委陵菜属	高可达2m，树皮纵向剥落。小枝红褐色，羽状复叶，叶柄被绢毛或疏柔毛，托叶膜质；小叶片长圆形两面绿色；数枚生于枝顶，单花或数朵生于枝顶，花梗密被长柔毛或被绢毛；花瓣黄色，花瓣近卵形，6~9月开花结果	可耐-50℃低温，喜微酸至中性、排水良好的湿润土壤，也耐干旱瘠薄	适宜作观赏灌木，或作绿篱也很美观	

（灌木）

续表

	序号	中文名	拉丁名	科属	特征	习性	景观应用	照片
灌木	12	榆叶梅	*Amygdalus triloba*	蔷薇科桃属	高2~3m；小枝灰色，一年生枝灰褐色，枝紫褐色，叶宽椭圆形至倒卵形，先端3裂达，缘有不等的粗重锯齿；花单瓣至重瓣，紫红色，1~2朵生于叶腋，花期4月；核果红色，近球形，有毛	喜光，稍耐荫，耐寒，能在-35℃下越冬，其植物有较强的抗盐碱能力	中国北方重要的绿化观花灌木树种。适宜种植在公园的草地、路边或庭园中的角落、水池等地	
	13	东北山梅花	*Philadelphus schrenkii* Rupr.	虎耳草科山梅花属	高2~4m；二年生小枝灰棕色或灰色，表皮开裂后脱落，无毛，当年生小枝暗褐色，被长柔毛，叶卵形或椭圆状卵形，总状花序有花5~7朵,花瓣白色，蒴果椭圆形，果期8-9月	喜光，稍耐荫，耐寒	可孤植，丛植于庭园或公园中，又可植于路口、建筑物附近	
地被及藤本	1	玉簪	*Hosta plantaginea*	百合科玉簪属	多年生宿根草本花卉。顶生总状花序，着花9~15朵，花白色，筒状漏斗形，有芳香，花期7~9月。蒴果圆柱状，有三棱，果期8-10月	性强健，耐寒冷，性喜阴湿环境，不耐强烈日光照射，要求土层深厚，排水良好且肥沃的砂质壤土	公园常见地被	
	2	宿根福禄考	*Phlox paniculata*	花荵科天蓝绣球属	多年生草本植物，茎直立，粗壮，叶对生，叶无柄或有短柄。伞房状圆锥花序，多花密集成顶生。花状、碟状花冠，淡红、红、白、紫等色。蒴果卵形，种子多数，黑色或褐色	暖温带植物。性喜温暖、湿润、阳光充足或半阴的环境，忌烈日暴晒、耐寒，不耐热，忌日暴晒积水	可作花坛、花境材料，也可盆栽观赏，或作切花用	
	3	白三叶	*Trifolium repens*	豆科车轴草属	全株无毛。掌状三出复叶；托叶卵状披针形，顶生，花冠球形，花冠白色，乳黄色或淡红色，具香气。荚果长圆形	喜欢粘土耐酸性土壤，不耐荫蔽，具有一定的耐旱性，喜温暖湿润气候，不耐干旱和长期积水	可用于园林、公园，高尔夫球场等绿化草坪的建植	
	4	金娃娃萱草	*Hemerocallis fulva*	百合科萱草属	地下具根状茎和肉质肥大的纺锤状块根，叶基生，条形，排成两列，长约25cm，宽1cm，株高30cm，花莛健壮，高约35cm，螺旋状聚伞花序，花7~10朵，花冠漏斗形，花径约7~8cm，金黄色。花期5-11月	既耐热又抗寒，适应性强	适宜在城市公园、广场等绿地丛植点缀	

续表

序号	中文名	拉丁名	科属	特征	习性	景观应用	照片
5	地被菊	*Chrysanthemum morifolium*	菊科菊属	多年生草本，株型矮壮，花朵繁密，自然成型，花期9~10月。颜色有红色、紫色等，高度30~40cm	喜凉，土壤要求疏松、肥沃。喜充足阳光，也稍耐荫，较耐旱，忌积涝	盆栽、地植，做花篱、园林造景等	
6	八宝景天	*Hylotelephium erythrostictum*	景天科八宝属	多年生肉质草本植物，地下茎肥厚，地上茎簇生，粗壮而直立，全株略被白粉，呈灰绿色。叶波状对生，倒卵形，肉质，具波状齿，常生于短枝顶端两叶之间。花小，黄绿色。浆果球形，蓝黑色。花期6~7月，果期8~10月	性喜强光和干燥，喜通风，稍耐荫，十分耐寒，喜排水良好的土壤，耐贫瘠和干旱，忌雨涝积水	布置花坛、花境和绿草坪、岩石园和点缀的好材料	
7	五叶地锦	*Parthenocissus quinquefolia thomsoni*	葡萄科地锦属	木质藤本。具分枝卷须，卷须顶端有吸盘。叶变异很大，通常宽卵形，先端多3裂，基部心形，边缘有粗锯齿。聚伞花序，常生于短枝顶端两叶之间。蓝绿色，故果白粉，红色	喜光，能稍耐荫，耐寒，对土壤和气候适应性强，但在肥沃的砂质壤土上生长更好	是垂直绿化、草坪及地被绿化墙面、廊架、山石或老树干的好材料，也可做地被植物	
8	山葡萄	*Vitis amurensis*	葡萄科葡萄属	木质藤本。小枝圆柱形，无毛，叶阔卵形、近圆形或阔倒卵形，边缘具锯齿。圆锥花序；花期5~6月，果期7~9月	多种土壤都能生长良好。但是，以排水良好、土层深厚的土壤最佳。耐旱怕涝	是垂直绿化、草坪及地被绿化墙面、廊架、山石或老树干的好材料	
9	南蛇藤	*Celastrus orbiculatus*	南蛇藤科南蛇藤属	小枝光滑无毛，灰棕色或棕色，叶通常阔倒卵形、近圆形或长方形，边缘具锯齿。聚伞花序腋生，花小，花瓣倒卵椭圆形，花盘浅杯状，雌花花冠较雄花梗小，肉质，子房近球状，蒴果近球状，种子椭圆状稍扁，赤褐色。5~6月开花，7~10月结果	性喜阳耐荫，分布广，抗寒耐旱，对土壤要求不严	是城市垂直绿化的优良种	
10	东北铁线莲	*Clematis florida*	毛茛科铁线莲属	多年生攀缓草本，根丛生，黑褐色，叶对生，回羽状复叶，叶片革质，披针状卵形，上面绿色，下面淡绿色，圆锥花序，瘦果近卵形，花期7~9月。果期7~9月	喜肥沃、排水良好的碱性壤土，忌积水或夏季干旱而不能保水的土壤，耐寒性强	绿化墙面、廊架	

地被及藤本

华东地区常用园林植物表

	序号	中文名	拉丁名	科属	特征	习性	景观应用	照片
常绿乔木	1	天竺桂	Cinnamomum japonicum	樟科樟属	常绿乔木，高10-15m，胸径30-35cm。叶近对生或在枝条上部者互生，卵圆状披针形至圆形，革质，离基三出脉，圆锥花序腋生，花期4~5月，果期7-9月	喜温暖湿润气候，在排水良好的微酸性土壤上生长最好，中性土壤亦能适应	常被用作行道树或庭园树种栽培。同时，也用作造林栽培	
	2	香樟	Cinnamomum camphora	樟科樟属	常绿乔木，高可达30m，直径可达3m，树冠广卵形，叶互生，卵状椭圆形，具离基三出脉，圆锥花序腋生，花绿白或带黄色，果卵球形或近球形，紫黑色；果托杯状，花期4~5月，果期8~11月	多喜光，稍耐荫；喜温暖湿润气候，耐寒性不强，适于生长在砂壤土，较耐水湿。不耐干旱、瘠薄和盐碱土，萌芽力强，耐修剪	是优良的绿化树、行道树及庭荫树	
	3	乐昌含笑	Michelia chapensis	木兰科含笑属	乔木，高15~30m，树皮灰色至深褐色，叶薄革质，倒卵形，有明显叶托叶痕，花被片9，浓黄色，6片，芳香，2轮，聚合果，花期3~4月，果期8-9月	喜温暖、湿润的气候，能抗41℃的高温，亦能耐寒。喜光，喜土壤偏阴。喜土层深厚、肥沃、疏松，排水良好的酸性至微碱性土壤	在城镇庭园中单植、列植或群植均有良好的景观效果。可作为木本花卉，风景树及行道树推广应用	
	4	深山含笑	Michelia maudiaeDunn	木兰科含笑属	常绿乔木，高达20m，各部均无毛，叶互生，革质深绿色，叶背淡绿色，花芳香，花被片9片，纯白色，基部稍呈淡红色，聚合果，花期2-3月，果期9~10月	喜温暖、湿润的环境，喜光，幼时有较耐荫。对二氧化硫的抗性较强，喜土层深厚，肥沃、疏松，肥沃而湿润的酸性土	庭园观赏树种和四旁绿化树种	
	5	广玉兰	Magnolia grandiflora	木兰科木兰属	小枝、芽、叶下面、叶柄均密被褐色或灰褐色短绒毛，叶厚革质，花白色，有芳香厚肉质，聚合果，花期5~6月，果期9~10月	生长喜光，喜温湿气候，有一定抗寒能力。适生于干燥、肥沃、湿润与排水良好的微酸性或中性土壤	孤植、群植或丛植，对植配置，可作行道树	
	6	含笑	Michelia figo	木兰科含笑属	芽、嫩枝、叶柄、花梗均被黄褐色绒毛。叶革质，叶直立，淡黄色而边缘有时红色或紫色，花被片6，肉质，较肥厚，具甜浓的芳香，聚合果。花期3-5月，果期7-8月	喜肥，性喜半荫，不耐干燥瘠薄，但也怕积水，要求排水良好、肥沃的微酸性土壤，中性土壤也能适应	庭园观赏树种和四旁绿化树种	

续表

序号	中文名	拉丁名	科属	特征	习性	景观应用	照片
7	木荷	*Schima superba*	山茶科木荷属	大乔木，高 25m，叶革质或薄革质，椭圆形，白色，蒴果直径 1.5~2cm。花期 6~8 月	喜光，幼年稍耐庇荫。对土壤适应性较强，但以在肥厚湿润、疏松的沙壤土生长良好	道路、公园、庭院等园林绿化的优良树种，是营造生物防火林带的理想树种	
8	珊瑚树	*Viburnum Odoratissimum*	忍冬科荚蒾属	高达 10~15m，叶革质，圆锥花序生于侧生短枝上，花冠白色，后变黄白色，果实先红色后变黑色，花期 4~5 月，果熟期 7~9 月	喜欢温暖湿润和阳光充足环境，较耐寒，稍耐荫，在肥沃的中性土壤中生长最好	防火隔离带，作为障景，城市交通道路或高速公路隔离带绿化	
9	杜英	*Elaeocarpus decipiens*	杜英科杜英属	高可达 15m，叶革质，披针形或倒披针形。总状花序多生于叶腋，花序轴纤细，花白色，核果椭圆形，外果皮无毛，内果皮坚骨质，花期 6~7 月	喜温暖潮湿环境，耐寒性稍差。稍耐荫，根系发达，萌芽力强，耐修剪。喜排水良好、湿润、肥沃的酸性土壤	是庭院观赏和四旁绿化的优良品种	
10	罗汉松	*Podocarpus macrophyllus*	罗汉松科罗汉松属	树皮灰色或灰褐色，叶螺旋状着生，条状披针形，雄球花穗状、单生叶腋，先端圆，种子卵圆形，有白粉，种托肉质圆柱形，红色或紫红色。花期 4~5 月，种子 8~9 月成熟	罗汉松喜温暖湿润气候，耐寒性弱，耐阴性强，喜排水良好之砂质壤土，好肥沃湿润的酸性土壤，对土壤适应性强	栽培于庭园作观赏树	
11	桂花	*Osmanthus fragrans*	木犀科木犀属	质坚皮薄，叶长椭圆形面端尖，对生，经冬不凋，花冠合瓣四裂，斜、椭圆形，长 1~1.5cm，呈紫黑色。花期 9~10 月上旬，果期至次年 3 月	桂花喜温暖，抗逆性强，既耐高温，也较耐寒。宜栽植在通风透光的地方	常作园景树，有孤植、对植，也成丛成林栽种。在中国古典园林中，桂花常与建筑物、山、石搭配	
12	女贞	*Ligustrum lucidum*	木犀科女贞属	叶片常绿，革质，卵形、圆锥花序顶生，果肾形或近肾形，被深蓝黑色，成熟时呈蓝黑色，白粉；果梗长 0~5mm，花期 5~7月，果期 7 月至次年 5 月	耐寒性好、耐水湿，喜温暖湿润气候，喜光耐荫	枝叶茂密，树形整齐，是园林中常用的观赏树种，可于庭院孤植或丛植，亦作为行道树	

常绿乔木

续表

序号	中文名	拉丁名	科属	特征	习性	景观应用	照片
13	石楠	*Photinia serrulata*	蔷薇科石楠属	叶片革质，长椭圆形或宽倒卵形基部圆形或宽楔形，边缘有疏生腺细锯齿，复伞房花序顶生，花密生，花瓣白色，近圆形，果实球形，红色，花期6~7月，果10~11月成熟	喜温暖湿润的气候，抗寒力不强，喜光也耐荫，以肥沃湿润的砂质土壤最为适宜，耐修剪，对烟尘和有毒气体有一定的抗性	在园林中孤植或房基础栽植均可	
14	雪松	*Cedrus deodara*	松科雪松属	常绿乔木，树冠尖塔形，大枝平展，小枝略下垂。叶针形，长8~60cm，质硬，灰绿色或银灰色，在长枝上散生，短枝上簇生。10~11月开花。球果翌年成熟，椭圆状卵形，熟时赤褐色	在气候温和凉润，土层深厚排水良好的酸性土壤上生长旺盛	它具有较强的防尘、减噪、杀菌能力，适宜作工矿企业绿化树种，最适宜孤植于草坪中央、广场中心或主要建筑前庭、建筑前庭，广场中心或主要建筑物的两侧	
15	黑松	*Pinus thunbergii*	松科松属	乔木，高达30m，胸径达2m；幼树树皮暗灰色则灰黑，粗厚裂成块片脱落。针叶2针一束，雄球花淡褐色，圆柱形，雌球卵圆形，淡紫红色或淡褐红色。球果成熟前绿色，熟时褐色，花期4~5月，种子第二年10月成熟	喜光，耐干旱瘠薄，不耐水涝，耐海雾、抗海风，也可在海滩盐土地方生长	黑松是经济树种，可提供更新造林、园林绿化及庭园造景，也是著名的海岸绿化树种	
16	油松	*Pinus tabuliformis*	松科松属	乔木，高达25m，胸径可达1m以上；树皮灰褐色或褐灰色，裂成不规则较厚的鳞状块片，裂缝及上部树皮红褐色；针叶2针一束，雄球花圆柱形聚生成穗状；球果卵形或卵圆形，熟时淡黄色，常宿存数年。花期4~5月，球果第二年10月成熟	油松为喜光，深根性树种，喜干冷气候，在土层深厚、排水良好的酸性、中性或钙质黄土上均能生长良好	在古典园林中作为主景树物，在园林配植中，除了适于孤植独植、丛植、纯林群植外，亦宜行列交植	
17	圆柏	*Sabina chinensis*	柏科圆柏属	乔木，高达20m，胸径达3.5m，叶二型，即刺叶及鳞叶，雌雄异株，雄球花黄色，椭圆形，球果近圆球形，两年成熟，熟时暗褐色，敷白粉或白粉脱落	喜光树种，较耐荫，喜温凉、温暖气候及湿润土壤，忌整形水，耐修剪	我国传统的园林树种，可群植草坪边缘作背景，在庭园中用作绿篱，透极广，可作绿篱、行道树和桩景，盆景材料	

常绿乔木

续表

序号	中文名	拉丁名	科属	特征	习性	景观应用	照片
18	龙柏	*Sabina chinensis*	柏科圆柏属	树皮深灰色，纵裂，尖塔形树冠，小枝密集，叶密生，全为鳞叶，球果蓝绿色，果面略具白粉	喜阳，稍耐荫。喜温暖、湿润环境，忌积水，抗寒。适生于干燥、肥沃、深厚的土壤，对土壤酸碱度适应性强，较耐盐碱	应用于公园、庭园、绿墙和高速公路中央隔离带	
19	侧柏	*Platycladus orientalis*	柏科侧柏属	树冠广卵形，小枝扁平，排列成1个平面。叶小，鳞片状，紧贴小枝上，呈交叉对生排列，雌雄同株，花单性。球果当年成熟，种鳞木质，开裂，种子不具翅或微有棱脊	喜光，幼时稍耐荫。适应性强，对土壤要求不严。耐干旱瘠薄，萌芽能力强	常为阳坡造林树种，也是常见的庭园绿化树种	
20	湿地松	*Pinus elliottii Engelmann*	松科松属	树皮灰褐色或暗红褐色，纵裂成鳞状块片剥落，纵裂的鳞盾近斜方形，一束针叶：针叶2-3针一束并存，种子卵圆形，微具3棱，黑色，有种翅	为最喜光树种，极不耐荫。适生于夏雨冬旱的亚热带气候地区	可作庭园树种或丛植、群植，宜植于河岸池边	
21	水杉	*Metasequoia glyptostroboides*	杉科水杉属	落叶乔木，小枝对生、下垂。叶线形，交互对生，假二列成羽状复叶，雌雄同株。球果下垂，种鳞木质，盾形，种子扁平，周围具窄翅	喜气候温暖湿润，夏季凉爽，冬季有雪而不严寒，耐寒性强，耐水湿能力强	秋叶观赏树种，列植，片植，也可丛植，片植，也可盆栽，可成片栽植营造风景林。水杉对二氧化硫有一定的抗性，是工矿区绿化的优良树种	
22	落羽杉	*Glyptostrobus pensilis*	杉科水松属	干基通常膨大，树皮棕色，裂成长条片脱落，叶条形，扁平，基部扭转在小枝上列成二列，羽状，雌雄球花卵圆形，球果球形或卵圆形，有短梗，向下斜垂，种子不规则三角形，褐色，球果10月成熟	强阳性树种，适应性强，能耐低温、干旱、涝渍和土壤瘠薄，耐水湿，抗污染，抗台风，且病虫害少，生长快	优美的庭园、道路绿化树种。在中国大部分地区都可做工业用树林和生态保护林	

常绿乔木（序号18-20）
落叶乔木（序号21-22）

续表

序号	中文名	拉丁名	科属	特征	习性	景观应用	照片
23	鹅掌楸	Liriodendron chinensis	木兰科鹅掌楸属	小枝灰色或灰褐色。叶马褂状，花杯状，花被片9，聚合果长7~9cm，具翅的小坚果花期5月，果期9~10月	喜光及温和湿润气候，有一定的耐寒性，喜深厚肥沃、适湿而排水良好的酸性或微酸性土壤，不耐干旱，忌低湿水涝	行道树，庭荫树种，无论丛植、列植或孤植	
24	木莲	Manglietia fordiana	木兰科木莲属	叶革质，狭倒卵形，背片纯白色，每轮3片，聚合果褐色，卵球形，花期5月，果期10月	幼年耐荫，成长后喜光。喜温暖湿润气候及深厚肥沃排水良好的酸性土	草坪、庭园或寺观胜古迹处孤植、群植	
25	二乔玉兰	Yulania × soulangeana	木兰科玉兰属	叶倒卵形至卵状长椭圆形，花大，呈钟状，内面白色，外面淡紫，有芳香，叶前开花，果为蓇葖果。花期3~4月；果熟期9~10月	性喜阳光和温暖湿润的气候。对温度很敏感，对低温有一定的抵抗力，能在-21℃条件下安全越冬	二乔玉兰是城市绿化的花木。广泛用于公园、绿地和庭园等观赏，在中国内外庭院中普遍栽培	
26	白玉兰	Magnolia denudata	木兰科玉兰属	高达17m，树皮灰色及芽密被淡黄色微柔毛，叶薄革质，长椭圆形或倒卵状椭圆形，花白色，极香；花被片10片，披针形，菁葖果熟时鲜红色。花期4~9月，夏季盛开	适宜生长于温暖湿润气候和肥沃疏松的土壤，喜光。不耐干旱，也不耐水涝	北方早春观花树木，古时多在亭、台、楼、阁前栽植。现多见于同林、厂矿中孤植、散植，或于道路两侧作行道树	
27	望春兰	Yulania biondii	木兰科玉兰属	落叶乔木，高可达12m，树皮淡灰色，光滑，叶椭圆状披针形、卵状披针形，花先叶开放，花被9，外轮3片紫红色、白色，外面基部常紫色，聚合果圆柱形，花期3月，果熟期9月		广泛用于公园、绿地和庭园等绿化观赏，古时多孤植观赏。北方阁前栽植，也有作桩景盆栽	

落叶乔木

续表

序号	中文名	拉丁名	科属	特征	习性	景观应用	照片
28	朴树	*Celtis sinensis*	榆科朴属	落叶乔木，树皮平滑，灰色；一年生枝被密毛。叶互生，卵形或卵状椭圆形，果较小，果熟时黄色至橙黄色，近球形，花期3~4月，果期9~10月	喜光，适温暖湿气候，适生于肥沃平坦之地，润生于肥沃。对土壤要求不严，有一定耐干旱能力，亦耐水湿及瘠薄土壤，适应力较强	主要用于绿化道路，栽植小区，景观树等。又因其对多种有毒气体抗性较强的吸滞粉尘能力，常用于城市及工矿区。河网区防风固堤树种	
29	榆树	*Ulmus pumila*	榆科榆属	落叶乔木，高达25m，大树之皮暗灰色，不规则深纵裂。叶椭圆状卵形、长卵形、一侧楔形至圆，另一侧圆至半心脏形，叶面平滑无毛，叶背幼时有短柔毛，边缘具重锯齿或单锯齿，花先叶开放，花果期3~6月	阳性树种，喜光，耐旱、耐寒、耐瘠薄，不择土壤，适应性很强，但不耐水湿（能耐雨季水涝）。具抗污染性，叶面滞生能力强	城市绿化，行道树、庭荫树，工厂绿化，营造防护林的重要树种。造防风林，水土保持林和造碱地造林的主要树种之一	
30	银杏	*Ginkgo biloba*	银杏科银杏属	落叶大乔木，胸径可达4m，枝近轮生，叶互生，它的叶形为"二歧状分叉叶脉"。花雌雄异株，单生4月开花，10月成熟，种子广卵圆形或近圆球形，种皮肉质，被白粉，外种皮肉质，熟时黄色或橙黄色	银杏为喜光树种，深根性，对气候、土壤的适应性较宽，但不耐盐碱土及过湿的土壤	被广泛应用，城市绿化，行道树、庭荫树等	
31	无患子	*Sapindus saponaria Linnaeus*	无患子科无患子属	落叶乔木，枝开展，叶互生；无托叶；有柄及侧生；花杂性，顶生；核果球形，熟时黄色或棕黄色，种子球形，黑色，花期6~7月。果期9~10月	喜光，稍耐荫，耐寒能力较强。对土壤要求不严，不耐水湿，能耐干旱。对二氧化硫抗性较强，是工业城市生态绿化的首选树种	绿化的优良观叶、观果树种	
32	黄山栾树	*Koelreuteria bipinnata*	无患子科栾树属	落叶乔木，高可达20余m；互生，叶平展，二回羽状复叶，小叶4~，长圆状披针形，圆锥花序大型，花瓣4，具3棱，蒴果椭圆形或近球形，花期7~9月，果期8~10月	喜温暖湿润气候，喜光，亦稍耐半荫，喜生长于石灰岩土壤，也能耐盐碱瘠薄。对寒耐瘠薄，对二氧化硫、臭氧等均有较强的抗性	栾树适应性强，四季相明显，是理想的行道、庭荫等景观绿化树种，也是工业污染区配植的好树种	

落叶乔木

续表

序号	中文名	拉丁名	科属	特征	习性	景观应用	照片
33	紫花泡桐	*Paulownia tomentosa*	玄参科泡桐属	落叶乔木，高达27m，树皮褐灰色；聚伞圆锥花序，密被星状腺毛，5裂至中部，花冠紫色漏斗状钟形；蒴果卵圆形，外果皮革质；花期5~6月，果期8-9月	生性耐寒耐旱，耐盐碱、耐风沙，抗烟尘及有毒气体，性很强	叶片被毛，分泌一种粘性物质，能吸附大量烟尘及有毒气体，是城镇绿化及营造防护林的优良树种	
34	杜仲	*Eucommia ulmoides*	杜仲科杜仲属	落叶乔木，高可达20m，树皮灰褐色，粗糙，内含橡胶，折断拉开有多数细丝。叶椭圆形或矩圆形，薄革质，卵形、长椭圆形，周围具薄翅。坚果，早春开花，秋后果实成熟	喜温暖湿润气候，和阳光无足的环境，能耐严寒，对土壤没有严格选择，但以土层深厚，疏松肥沃，湿润、排水良好的壤土最宜	用于园林绿化、道路绿化	
35	枫香	*Liquidambar formosana*	金缕梅科枫香树属	落叶乔木，高达30m，胸径最大可达1m，树皮灰褐色，方块状剥落，叶薄革质，阔卵形，掌状3裂，中央裂片较长，边缘有锯齿，雄性短穗状花序常多个排成总状，头状果序圆球形，木质	喜温暖湿润气候，喜光，幼树稍耐阴，不耐干旱瘠薄土壤，不耐水涝	在园林中栽作庭荫树，可于草地孤植，丛植，或于山坡、池畔与其他树木混植	
36	枫杨	*Pterocarya stenoptera*	胡桃科枫杨属	大乔木，高达30m，胸径达1m；叶多为偶数或稀奇数羽状复叶，叶轴具翅，柔荑花序，果翅长20-45cm，果熟期8-9月	枫杨喜光，略耐侧荫，幼树耐荫，耐寒能力不强	作为行道树，也可成片种植或孤植于草坪及坡地	
37	五角枫	*Acer mono*	槭树科槭属	高可达20m。胸径可达1m，树皮灰色或灰褐色；单叶，宽长圆形，叶上面暗绿色，无毛，下面淡绿色，花较小，常组成顶生的伞房花序；花瓣黄白色，翅果近椭圆形。花果期5-9月	稍耐阴，喜湿润肥沃土壤，深根性，在酸性、中性、石灰岩上均可生长、萌蘖性强	北方重要秋天观叶树种，可做园林绿化庭院树、行道树和风景林树种	
38	红枫	*Acer palmatum cv. Atropurpureum*	槭树科槭属	高2-8m，枝条多细长光滑，偏紫红，叶掌状，5~7深裂纹裂片掌状披针形，先端尾状头，缘有重锯齿。翅果，翅长2~3cm，两翅间成钝角	红枫性喜阳光，适合温暖湿润气候，怕烈日曝晒，较耐寒，稍耐旱，不耐涝，适生于肥沃疏松排水良好的土壤	重要秋天观叶树种，可做庭院树，园林绿化树种，也可作盆栽欣赏	

落叶乔木

续表

序号	中文名	拉丁名	科属	特征	习性	景观应用	照片
39	鸡爪槭	*Acer palmatum*	槭树科槭树属	落叶小乔木；树冠伞形。叶近圆形，基部心形或近心形，掌状，常7深裂，密生尖锯齿。后叶开花；花紫色，伞形花序。幼果紫红色，熟后褐黄色，两翅成钝角。花果期5~9月	喜欢阳光，忌西射，西射会焦叶。较耐阴，在高大树下长势良好	鸡爪槭是观赏乡土树种。植于山麓、池畔，可植于花坛中作主景树，建筑物角隅；以盆栽用于室内美化	
40	二球悬铃木（英国梧桐）	*Platanus acerifolia* (Aiton) Willdenow	悬铃木科悬铃木属	落叶大乔木，高30余m。叶阔卵形，中央裂片阔三角形，长宽约相等，花通常4数。果枝有头状果序常下垂，坚果之间无突出的绒毛，果直径约2.5cm；头状果序有出的绒毛，果直径约2.5cm；花期4~5月；果熟期9~10月	喜光，不耐荫，生长迅速，成荫快。喜温暖湿润气候，对土壤要求不严，耐干旱，瘠薄，亦耐湿	夏季有遮荫降温效果，并有滞积灰尘，吸收二氧化硫等有毒气体的作用，是行道树之王	
41	合欢	*Albizia julibrissin* Durazz.	豆科合欢属	落叶乔木，合欢花冠，头状花序，瓣花序，荚果条形，扁平，不裂。高4~15m。树冠开展；小枝有棱角，嫩枝、花序和叶轴被绒毛或短柔毛。头状花序于枝顶排成圆锥花序；花期6月，果期8~10月	性喜光，喜温暖，耐寒，耐旱，耐土壤瘠薄及轻度盐碱，不耐涝，对二氧化硫，氯化氢等有害气体有较强的抗性	合欢可用作园景树、行道树、风景区造景树，工矿绿化树等。厂矿绿化树和生态保护树等	
42	垂柳	*Salix babylonica*	杨柳科柳属	小枝细长下垂，淡黄褐色。叶互生，披针形或条状披针形，具细锯齿，托叶披针形。花期3~4月；蒴果带绿黄褐色，果熟期4~6月	喜光，喜温暖湿润气候及潮湿深厚之酸性及中性土壤。较耐寒，特耐水湿	最宜配植在水边，与桃花间植可形成桃红柳绿之景，是江南园林春景的特色之一。也可作庭荫树、行道树	
43	乌桕	*Sapium sebiferum*	大戟科乌桕属	乔木，高可达15m许，树皮暗灰色，有纵裂纹。纸质，叶片菱形，全缘，叶互生；雌雄同株，总状花序，蒴果梨状球形，成熟时黑色，花期4~8月	喜光，不耐荫，喜温暖环境，不甚耐寒。耐水湿	可孤植、丛植于草坪和湖畔、池边，在园林绿化中可栽作护堤树、庭荫树及行道树，可作行道树，成片栽植于景区	

落叶乔木

续表

序号	中文名	拉丁名	科属	特征	习性	景观应用	照片
44	喜树	*Camptotheca acuminata*	紫树科喜树属	落叶灰色乔木,高达20余m。树皮灰色或褐色,纵裂成浅沟状。叶互生,纸质,矩圆状卵形,常由2~9个头状花序组成圆锥花序,花期5~7月,翅果矩圆形,果期9月	喜温暖湿润,不耐严寒和干燥,对土壤酸碱度要求不严	中国优良的行道树和庭荫树,喜树的树干挺直,生长迅速,可种为庭园树或行道树	
45	日本晚樱	*Cerasus serrulata*	蔷薇科樱属	乔木,高3~8m,树皮灰褐色或灰黑色,有唇形皮孔。无毛。叶片卵状椭圆形,边有渐尖单锯齿及重锯齿,无毛,上面深绿色,下面淡绿色,无毛,伞房花序总状或近伞形核果果球形紫黑色,花期4~5月,果期6~7月	喜阳光,深厚肥沃而排水良好的土壤,有一定的耐寒能力	在庭园中有点景时,最好用不同数量的植株,而成组的配植,而且应有背景树	
46	红叶李	*Prunus cerasifera*	蔷薇科李属	高可达8m;多分枝,枝条细长,开展,叶片暗灰色,卵形或倒卵形,近球形或椭圆形,长,核果近球形或椭圆形,果期8月	喜阳光,温暖湿润气候,对土壤适应性强,不耐干旱,耐水湿,不耐碱	于建筑物前及园路旁或草坪角隅处栽植	
47	碧桃	*Amygdalus persica*	蔷薇科桃属	叶为窄椭圆形至披针形,边缘有细齿,树皮暗灰色,随年龄增长出现裂缝;花单生,有时为白色,近深粉红或近红色。球形核果,花期3~4月,通常为8~9月	喜阳光,耐旱,喜不耐潮湿的环境,喜欢温暖湿润的环境,不喜欢有积水	被广泛用于湖滨、溪流、道路两侧和公园等,庭院和私家花园绿化点缀,盆栽观赏,常用于切花和制作盆景	
48	梅花	*Prunus mume*	蔷薇科杏属	小乔木,高4-10m;树皮浅灰色或带绿色,平滑无毛。叶片卵形或椭圆形,花瓣倒卵形,边常具小锐锯齿,白色至粉红色。果实近球形,花期冬春季,果期5~6月	阳性树种,性喜温暖,耐较低温度,对土壤要求不严,耐贫瘠,喜排水良好	被广泛用于湖滨、溪流、道路两侧和公园等,庭院绿化点缀也可作景观赏	
49	西府海棠	*Malus × micromalus Makino*	蔷薇科苹果属	小乔木,高达2.5~5m,片长椭圆形或椭圆形,边缘有尖锐锯齿,伞形总状花序,果实近球形,花期4~5月,果期8~9月	喜光耐寒,忌水涝,忌空气过湿,较耐干旱	不论孤植、列植、丛植均极美观	

落叶乔木

续表

序号	中文名	拉丁名	科属	特征	习性	景观应用	照片
落叶乔木 50	垂丝海棠	*Malus halliana Koehne*	蔷薇科苹果属	落叶小乔木，高达5m，叶片卵形或椭圆形，伞房花序，花瓣倒卵形，基部有短爪，粉红色，常在5数以上；果实梨形或倒卵形，花期3~4月，果期9~10月	性喜阳光，不耐阴，也不甚耐寒，爱温暖湿润环境，适生于阳光充足、背风之处。土壤要求不严	列植或丛植，海棠对二氧化硫有较强的抗性，故适用于城市街道绿地和厂矿区绿化	
灌木 1	红叶石楠	*Photiniax fraseri*	蔷薇科石楠属	叶片为革质，有刺。叶片长圆形至倒卵形，叶缘有带腺的锯齿，呈顶生伞房花序。花白色，梨状黄红色。花期5~7月，果期9~10月成熟	在温暖潮湿的环境生长良好，有极强的抗阴能力和抗干旱能力。但是不喜水湿	一至二年生的红叶石楠可修剪成矮小灌木，在园林绿地中作为地被植物片植	
2	火棘	*Pyracantha fortuneana*	蔷薇科火棘属	叶片倒卵形，边缘有钝锯齿。花集成复伞房花序，花白色。果实近球形，桔红色或深红色。花期3~5月，果期8~11月	喜强光，耐贫瘠，耐干旱，不耐寒	在庭院中做绿篱以及园林造景材料，在路边可以用作绿篱，美化、绿化环境	
3	月季	*Rosa chinensis*	蔷薇科蔷薇属	直立灌木，四季开花，一般为红色，或粉色，偶有白色和黄色。果红色，花期4~9月，果期6~11月	以疏松、肥沃、富含有机质、微酸性、排水良好的土壤较为适宜。性喜温暖、日照充足、空气流通的环境	美化庭院，装点园林，布置花坛、花境、花架，月季栽培容易，可作切花	
4	蜡梅	*Chimonanthus praecox*	蜡梅科蜡梅属	落叶灌木，常丛生。叶对生，椭圆状卵形至披针形，先花后叶，芳香，花期11月至翌年3月，果期4~11月	性喜阳光，能耐阴，耐寒、耐旱，忌渍水	以孤植，对植、丛植，群植，配置于园林、亭周、窗前屋后、墙隅及草坪、水畔、路旁等处，作为盆花桩景	
5	小叶黄杨	*Buxus sinica*	黄杨科黄杨属	树干灰白光洁。枝四棱形。叶对生，革质，全缘，椭圆形或倒卵形，先端圆或微凹，表面亮绿色，背面黄绿色。花簇生叶腋或枝端，花黄绿色。花期3~4月，果期8~9月	性喜肥沃湿润土壤，忌酸性土壤。抗逆性强，耐水肥，抗污染、能吸收空气中的二氧化硫等有毒气体、有耐寒、耐盐碱，抗病虫害等许多特性	常用的观叶树种，其不仅是常绿树种，而且抗污染。能吸收空气中的二氧化硫等有毒气体，净化作用，特别适合车辆流量较高的公路旁栽植绿化	

续表

序号	中文名	拉丁名	科属	特征	习性	景观应用	照片
6	雀舌黄杨	*Buxus bodinieri*	黄杨科黄杨属	叶薄革质，通常匙形，叶面绿色，光亮，叶背苍灰色，花序腋生：头状，蒴果卵形，花期2月，果期5-8月	喜温暖湿润和阳光充足环境，较耐寒，耐干旱和半阴，要求疏松、肥沃和排水良好的沙壤土	常用于绿篱、花坛和盆栽，修剪成各种形状，是点缀小庭院和入口处的好材料	
7	杜鹃	*Rhododendron simsii*	杜鹃花科杜鹃属	落叶灌木，分枝多而纤细，密被亮标褐色扁平糙伏毛。叶革质，卵形、椭圆状卵形，漏斗形，玫瑰色、鲜红色或暗红色，蒴果卵球形，花期4-5月，果期6-8月	性喜凉爽、湿润、通风的半阴环境，既怕酷热又怕严寒	优良的盆景材料。园林中最宜在林缘、溪边、池畔及岩石旁成丛成片栽植，可于疏林下散植，是花篱的良好材料	
8	夏鹃	*Rhododendron pulchrum*	杜鹃花科杜鹃属	枝叶纤细，分枝稠密，树冠丰富、整齐，叶片排列紧密，花色，花瓣同两鹃一样丰富多彩	耐寒怕热；要求土壤肥沃偏酸性，疏松通透	适宜群植子湿润而有庇荫的林下，宜配植于树丛、林下、溪边、池畔及草坪背阴面，在建筑背阴可作花篱	
9	龟甲冬青	*Ilex crenata Thunb. var. convexa Makino*	冬青科冬青属	常绿小灌木，叶小而密，厚革质，边缘具圆齿状锯齿，椭圆形至长倒卵形。花白色，果球形，黑色。花期5-6月，果期8-10月	喜温暖气候，适应性强，但以湿润、肥沃的微酸性黄土最为适宜，性喜光，稍耐阴，喜温湿较耐寒	园林多成片栽植作为地被树，也常用于彩块及彩条作为基础种植。也可植于花坛、树坛及园路交叉口	
10	枸骨	*Ilex cornuta Lindl.*	冬青科冬青属	树皮灰白色，叶片厚革质，二型，先端具3枚尖硬刺齿，两侧各具1~2刺齿，花淡黄色，4基数。果球形，成熟时鲜红色，花期4-5月，果期10-12月	耐干旱，喜肥沃的酸性土壤，不耐盐碱。喜光，也能耐阴，宜放于阴湿的环境中生长	作绿篱栽培，也可盆栽	
11	木槿	*Hibiscus syriacus*	锦葵科木槿属	落叶灌木，叶菱形至三角状卵形，具深浅不同的3裂或不裂，花单生于枝端叶腋间，花萼钟形，裂片5，三角形，花朵色有纯白、淡粉红、淡紫、紫红等。蒴果卵圆形，花期7~10月	对环境的适应性很强，较耐干燥和贫瘠，尤喜光和温暖潮润的气候，稍耐荫，喜温暖湿润气候	夏、秋季的重要观花灌木，南方多作花篱、绿篱；北方作庭园点缀及室内盆栽。很强的滞尘功能，是有污染工厂的主要绿化树种	

灌木

续表

序号	中文名	拉丁名	科属	特征	习性	景观应用	照片
12	红花檵木	*Loropetalum chinense*	金缕梅科檵木属	树皮暗灰或浅灰褐色，多分枝。叶革质互生，卵圆形或椭圆形，两面均有星状毛，全缘，暗红色。花瓣4枚，紫红色线形，花3~8朵簇生于小枝端，近卵形。蒴果褐色，近卵形。花期4~5月	喜光，稍耐荫，耐旱但荫时叶色容易变绿。适应性强，耐旱，喜温暖，耐寒冷，耐修剪。耐瘠薄	广泛用于色篱、模纹花坛、灌木球、彩叶小乔木、桩景造型、盆景等城市绿化美化	
13	云南黄馨	*Jasminum mesnyi*	木犀科素馨属	常绿直立亚灌木，枝条下垂。小枝四棱形，叶对生，三出复叶或小枝基部具单叶；小枝顶长卵形，花通常单生于叶腋，漏斗状，果椭圆形，花期11月至翌年8月，果期3~5月	喜光稍耐荫，喜温暖湿润气候，中性，不耐寒，适应性强	适合花架绿篱或坡地高地悬垂栽培	
14	金叶女贞	*Ligustrum vicaryi*	木犀科女贞属	落叶灌木，是金边卵叶女贞和欧洲女贞的杂交种。叶片较大叶女贞稍小，单叶对生，椭圆形或卵状椭圆形，紫黑色	喜光，耐荫性较差，耐寒力中等，适应性强，以疏松肥沃、通透性良好的沙壤土为最好	主要用来组成图案和建造绿篱	
15	小蜡	*Ligustrum sinense*	木犀科女贞属	小枝圆柱形，叶片纸质或薄革质，卵形、塔形，果近球形径5~8mm。花期3~6月，果期9~12月	生山坡、山谷、溪边、河旁、路边的密林、疏林或混交林中	广泛灌木球、造型植物	
16	金钟花	*Forsythia viridissima*	木犀科连翘属	落叶灌木，其余均无毛。小枝呈四棱形，皮孔明显，具片状髓。叶片长椭圆形至披针形，花朵着生于叶腋，先于叶开放，黄色，果卵形或宽卵形花期3~4月，果期8~11月	喜光耐半荫，耐旱，耐寒，忌湿涝	丛植、群植，宜植于河岸池边	
17	六月雪	*Serissa japonica*	茜草科白马骨属	常绿小灌木，有臭气。叶革质，花单生或数朵丛生于小枝顶部或腋生，花冠淡红色或白色，花期5~7月	畏强光，喜温暖气候，也稍能耐寒，耐旱，喜排水良好、肥沃和湿润疏松的土壤	可作花坛境界、花篱和下木，或配植在山石、岩缝景	
18	栀子花	*Gardenia jasminoides*	茜草科栀子属	叶对生，少为3枚轮生，革质，稀为纸质，叶形多样，通常为长圆状披针形，花芳香，单朵生于枝顶，花冠白色或乳黄色，果卵形花期3~7月，果期5月至翌年2月	喜温暖湿润和阳光充足环境，较耐寒，耐半荫，怕积水，要求疏松、肥沃和酸性的沙壤土	它适用于阶前、池畔和路旁配置，也可有作篱和盆栽观赏，花还可做捅花和佩带装饰	

灌木

续表

序号	中文名	拉丁名	科属	特征	习性	景观应用	照片
19	绣球花	Hydrangea macrophylla	虎耳草科绣球属	灌木，枝圆柱形。叶纸质或近革质，倒卵形或阔椭圆形。伞房状聚伞花序近球形，花密集，粉红色、淡蓝色或白色；花瓣长圆形；蒴果未见；花期6~8月	喜温暖、湿润和半荫环境。土壤以疏松、肥沃和排水良好的砂质壤土为好	配置于稀疏的树荫下及林荫道旁，片植于向阳山坡，丛植于庭院一角，植为花篱、花境	
20	海桐	Pittosporum tobira	海桐科海桐花属	常绿灌木或小乔木，高达6m，叶聚生于枝顶，革质，倒卵形或倒卵状椭圆形或近顶生。花白色，有芳香，后变黄色；蒴果花期3-5月，果熟期9~10月	对气候的适应性较强，能耐寒冷，亦颇耐暑热，喜光，在半荫处也生长良好	通常可作绿篱栽植，也可孤植，丛植于草丛、边缘，林缘植于门旁，也可作绿化、列植在路边	
21	紫玉兰	Magnolia liliflora	木兰科木兰属	落叶灌木，常丛生，叶椭圆状倒卵形或倒卵形，花叶同时开放，花被片9~12，外轮3片紫绿色，内两轮外面紫红色，内面白色，花瓣状，花期3~4月，果期8-9月	喜温暖湿润和阳光充足环境，较耐寒，怕积水，要求肥沃、排水良好的沙质壤土	适用于古典园林中厅堂前院后配植，也可孤植或散植于小庭院内，也可作庭园点缀	
22	南天竹	Nandina domestica	小檗科南天竹属	常绿小灌木。叶互生，二至三回羽状复叶；小叶薄革质对生，椭圆形或椭圆状披针形，全缘，上面深绿色，冬季变红色。圆锥花序直立，花小，白色，浆果球形，熟时鲜红色，种子扁圆形。花期3~6月，果期5~11月	性喜温暖及湿润的环境，比较耐荫，也耐寒。容易养护，栽培土要求肥沃、排水良好的砂质土	赏叶观果的佳品，配置于稀疏的树荫下及林荫道旁	
23	紫叶小檗	Berberis thunbergii	小檗科小檗属	落叶灌木，枝丛生，叶小全缘，菱形或倒卵，紫红到鲜红，叶背色稍浓。花黄色。果实椭圆形，果熟鲜红，花期4-6月，果期7-10月	喜凉爽湿润环境，耐寒也耐旱，不耐水涝，喜阳也耐荫，耐修剪，对各种土壤都能适应	良好的观果，观叶和刺篱材料。园林常用与常绿树种作块面色彩布置，效果较佳	
24	十大功劳	Mahonia fortunei	小檗科十大功劳属	灌木，叶倒卵形至倒卵状披针形，边缘每边具5~10刺齿，总状花序，花黄色，浆果球形，被白粉，紫黑色，花期7~9月，果期9~11月	喜温暖湿润，性强健，耐荫，总烈日曝晒，有一定的耐寒性，较抗旱，极不耐碱，怕水涝	由于二氧化硫的抗性较强，是工矿区的植物。庭院可植为绿篱，园林围墙作为基础种植	

灌木

续表

序号	中文名	拉丁名	科属	特征	习性	景观应用	照片
25	夹竹桃	*Nerium indicum*	夹竹桃科夹竹桃属	常绿直立大灌木，枝条灰绿色，叶3~4枚轮生，叶面深绿，叶背浅绿色，聚伞花序顶生，花冠深红色或粉红色，花冠为单瓣呈5裂时，其花冠漏斗状，种子长圆形，花期几乎全年	喜温暖湿润的气候，耐寒力不强，喜光好肥，也较耐荫，萌蘖力强，树体受害后容易恢复	常在公园、风景区、道路旁或河旁、湖旁周围栽培	
26	铺地柏	*Sabina procumbens*	柏科圆柏属	匍匐小灌木，高达75cm，贴近地面伏生，叶全为刺叶，3叶交叉轮生，叶上面有2条白色气孔线，下面基部有2条白色斑点，球果球形，内含种子2~3粒	阳性树，能在干燥的砂地上生长良好，喜石灰质的肥沃土壤，忌低湿地点	在园林中可配植于岩石园或草坪角隅，也是缓土坡的良好地被植物，亦经常盆栽观赏	
27	结香	*Edgeworthia chrysantha*	瑞香科结香属	灌木，小枝粗壮，常作三叉分枝，叶痕大，叶在花前凋落，长圆形，头状花序顶生或侧生，果椭圆形，花期冬末春初，果期春至夏间	性喜半湿润，防晒结香喜半荫，喜温暖湿润肥沃地，喜爱温暖并耐寒	宜栽在庭园或盆栽观赏。适植于庭前、路旁、水边、石间、墙隅	
28	山茶	*Camellia japonica*	山茶科山茶属	叶革质，椭圆形，花顶生，红色，苞片及萼片约10片，外轮花坐基部连生，蒴果圆球形，花期1~4月	半荫性植物，喜温暖，湿润和半阴环境。怕高温忌烈日。选择土层深厚，疏松，排水性好，酸碱度5~6为宜	山茶耐荫，江南地区配置于疏林边缘、庭院散植，可于林缘路旁零散植，北方宜盆栽观赏	
29	茶梅	*Camellia sasanqua*	山茶科山茶属	叶革质，椭圆形，边缘有细锯齿，花瓣阔倒卵形，红色，蒴果球形，种子圆形，无毛	性喜阴湿，以半阴半阳为宜。喜温暖湿润的气候。宜生长在微酸性土壤	优良的花灌木，庭院和草坪中孤植或植或对植；配置花坛、花境，或作配景材料，作花篱	
30	洒金东瀛珊瑚	*Aucuba japonica*	山茱萸科桃叶珊瑚属	丛生。叶对生，肉革质，短圆形，缘疏生齿牙，叶面黄斑累累，酷似洒金。花单生，雌雄异株，为顶生圆锥花序，花紫褐色。核果长卵圆形	性喜温暖阴湿环境，不甚耐寒，在林下疏松肥沃的微酸性土或中性土壤上生长繁茂	宜配植于庭院墙隅、池畔湖边和溪流林下，凡阴湿之处无不适宜	
31	山茱萸	*Cornus officinalis*	山茱萸科山茱萸属	落叶乔木或灌木；叶对生，纸质，上面绿色，无毛，下面浅绿色；伞形花序生于枝侧，花小，先叶开放；核果长椭圆形，红色至紫红色；花期3~4月；果期9~10月	暖温带阳性树种，抗寒性强，耐阴但又喜充足的光照，喜排水良好，富含有机质，肥沃的沙壤土中	秋冬季观果佳品，应用于园林绿化很受欢迎，可在庭园、花坛内单植或片植	

灌木

续表

序号	中文名	拉丁名	科属	特征	习性	景观应用	照片
32	蝴蝶荚蒾	*Viburnum plicatum*	忍冬科荚蒾属	叶较薄，宽卵形或矩圆状卵形，花序直径4~10cm，外围有4~6朵白色、木型的不孕花，中央是可孕花，果实先红色后变黑色，宽卵圆形或倒卵圆形，花期4~5月，果熟期8~9月	温暖带树种。喜湿润气候，较耐寒，稍耐半荫。好生于富含腐殖质的壤土	适于庭园配植，春夏赏花，秋冬观果	
33	胡颓子	*Elaeagnus pungens*	胡颓子科胡颓子属	常绿直立灌木，密被锈色鳞片，叶革质，椭圆形或阔椭圆形，花白色或淡白色，下垂，果实椭圆形，幼时被褐色鳞片，成熟时红色，花期9~12月，果期次年4~6月	耐荫一般，喜高温、湿润气候，其抗盐性、耐旱性和耐寒性佳，抗风强	株形自然，红果下垂，适于草地丛植，也用于林缘、树群外围作自然式绿篱	
1	麦冬	*Ophiopogon japonicus*	百合科沿阶草属	根较粗，中间或近末端常膨大成椭圆形或纺锤形的小块根，茎很短，叶基生成丛，禾叶状，苞片披针形，先端渐尖，种子球形，花期5~8月，果期8~9月	喜温暖湿润，宜于土质疏松、肥沃湿润、排水良好的微酸碱性砂质土壤上喜光照充足	广泛应用于地被种植	
2	沿阶草	*Ophiopogon bodinieri*	百合科沿阶草属	叶基生成丛，禾叶状，总状花序，具几朵至十几朵花，白色或稍带紫色，种子近球形或椭圆形。花期6~8月，果期8~10月	耐荫植物，耐热耐寒、耐湿性极强，耐旱	一种良好的地被植物，可成片栽于风景区的阴湿空地和水边湖畔做地被植物	
3	红花酢浆草	*Oxalis corymbosa*	酢浆草科酢浆草属	叶基生，被毛，小叶3，扁圆状倒心形，总花梗基生，二歧聚伞花序，花瓣5，倒心形，淡紫色至紫红色，花、果期3~12月	喜向阳、温暖、湿润的环境，抗旱能力较强，不耐寒，喜阴湿环境，对土壤适应性较强	园林中广泛种植，既可以丛植，置于花坛、花境，又适于大片栽植作为地被植物和隙地丛植，还是盆栽的良好材料	
4	二月兰	*Orychophragmus violaceus*	十字花科诸葛菜属	高10~50cm，无毛；茎单一，直立，基生叶及下部茎生叶大头羽状全裂，花紫色、浅红色或褪成白色，长角果线形，花期4~5月，果期5~6月	适应性、耐寒性强，在肥沃、湿润、阳光充足的环境下生长健壮，在阴湿环境中也表现良好的性状	北方地区不可多得的早春观花、冬季观绿的地被植物	

灌木

地被及藤本

续表

序号	中文名	拉丁名	科科属	特征	习性	景观应用	照片
5	彩叶草	*Coleus blumei*	唇形科鞘蕊花属	茎通常紫色,四棱形,被微柔毛,具分枝。叶边缘具圆齿状锯齿或圆齿,色泽多样,有黄、暗红、紫色及绿色。小坚果宽卵圆形或圆形,压扁,具光泽,长1~1.2mm。花期7月	喜温性植物,适应性强,除加遮阴,光线充足足能使叶色鲜艳	应用范围较广的观叶花卉,除可作小型观叶花卉陈设外,还可配置图案花坛,也可作为花篮,花束的配叶使用	
6	细叶美女樱	*Verbena tenera*	马鞭草科马鞭草属	茎基部稍木质化,匍匐生长,株高20~30cm,叶对生,每个裂片再次羽状分裂,呈线条状,端尖,全缘,小裂片圆形或圆形,叶有短柄,穗状花序顶生,花冠玫瑰色、红色,花期4~10月下旬	喜湿润,光照,耐寒生性强健,耐寒	可作花坛,花境,缀花草坪	
7	葱兰	*Zephyranthes candida*	石蒜科葱莲属	多年生草本植物,鳞茎卵形,叶狭线形,亮绿色,花白色,花被片6,蒴果近球形,3瓣开裂;种子黑色,扁平	喜肥沃土壤,喜阳光充足,耐半阴与低湿,宜肥沃,带有黏性而排水好的土壤	适用于林下、边缘或半荫处作地被植物,可作花坛、花径的镶边材料,在草坪中成丛散植,可组成缀花草坪	
8	韭兰	*Zephyranthes grandiflora*	石蒜科葱莲属	基生叶常数枚簇生,线形,扁平,叶片线形,板似韭菜。花单生,花葶中空;花瓣多数为6枚,呈粉红色,蒴果近球形;种子黑色,韭兰花期4~9月	耐旱抗高温,非喜喜光,但也耐半阴。喜温暖环境,喜湿润耐寒,怕水淹	作为花坛,花径或者地被的镶边材料	
9	紫花地丁	*Viola philippica*	堇菜科堇菜属	多年生草本,无地上茎,高4~14cm,叶片下部呈三角状卵形或狭卵形,上部者较长,呈长圆形,狭卵状披针形或长圆状卵形,花中等大,紫堇色或淡紫色,蒴果长圆形,花果期4月中下旬至9月	性喜光,喜湿润的环境,耐荫也耐寒,不择土壤,适应性极强	适合作为花坛,花丛或其它早春花卉构成花丛	
10	三色堇	*Viola tricolor*	堇菜科堇菜属	二年或多年生草本植物。基生叶叶片长卵形或披针形,茎生叶片卵形,长圆状圆形或长圆状披针形,边缘具稀疏的圆齿或钝锯齿,花大通常每花有紫、白、黄三色,蒴果椭圆形	较耐寒,喜凉爽,喜阳光,喜肥沃,排水良好,富含有机质的中性土壤土或黏土	常栽于花坛上,可作毛毡花坛,花丛、花坛,成片,成线,成圆镶边植植都很相宜。还适宜布置花境、草坪边缘	

地被及藤本

续表

序号	中文名	拉丁名	科属	特征	习性	景观应用	照片
11	白三叶	*Trifolium repens*	豆科车轴草属	全株无毛。掌状三出复叶；托叶卵状披针形，顶生，花冠白色，乳黄色或渐红色，具香气。荚果长圆形	喜欢黏土耐酸性土壤，不耐荫蔽，具有一定的耐旱性，温暖湿润气候，不耐干旱和长期积水	可用于园林、公园、高尔夫夫球场等绿化草坪的建植	
12	一串红	*Salvia splendens Ker-Gawler*	唇形科鼠尾草属	茎钝四棱形，叶卵圆形或三角状卵圆形，边缘具锯齿，轮伞花序2~6花，组成顶生总状花序，花红色唇形，小坚果椭圆形	喜温暖和阳光充足环境。不耐寒，半阴，忌霜雪和高温，怕积水和碱性土壤	常用作花丛花坛的主体材料。也可植于带状花坛或自然式纯植于林缘	
13	蓝花鼠尾草	*Salvia farinacea Benth.*	唇形科鼠尾草属	多年生草本，高度30~60cm，植株呈丛生状，植株被柔毛。茎为四角柱形，长3~5cm，灰绿色，叶长椭圆形。具长穗状花序，花小紫色，花量大，花期夏季	喜温暖、湿润和阳光充足环境，耐寒性强，怕炎热、干燥，宜在疏松、肥沃好的沙壤土中生长	盆栽适用于花坛、花境和园林景点的布置。也可点级岩石旁，同自然空隙地，显得幽静	
14	石蒜	*Lycoris radiata*	石蒜科石蒜属	鳞茎近球形，秋季出叶，叶狭带状，披针形，伞形花序有花4~7朵，花鲜红色；花期8~9月，果期10月	耐寒性强，喜阴，喜湿润，也耐干旱，习惯于偏酸性土壤，以疏松、肥沃的腐殖质土最好	园林中常用作背阴处绿化或林下地被花卉，花境丛植或山石间自然式栽植	
15	吉祥草	*Reineckia carnea*	百合科吉祥草属	多年生常绿草本花卉。株高约20cm，叶呈带状披针形，顶生穗状花序，花内白色外紫红色，稍有芳香，果鲜红色，球形。花果期7~11月	性喜温暖、湿润的环境，较耐寒耐阴，对土壤的要求不高，适应性强，以排水良好肥沃黑土为宜	园林中常用作背阴处绿化或林下地被	
16	大吴风草	*Farfugium japonicum*	菊科大吴风草属	基生叶莲座状，肾形，头状花序辐射状，舌状黄色，瘦果圆柱形，花果期8月至翌年3月	喜半阴和湿润环境，耐寒，忌怕阳光直射，对土壤适应性较好，以肥沃疏松、排水好的黑土为宜	多将其种植于路边林下	

地被及藤本

续表

序号	中文名	拉丁名	科属	特征	习性	景观应用	照片
17	日本鸢尾	*Iris japonica*	鸢尾科鸢尾属	多年生草本。茎分枝，高25~75cm；枝成双，有少数紫褐色或红紫色斑点，白色，外花被具白色斑块，近正方形，内花被倒披针形，较短；蒴果狭长圆形，种子暗褐色。花期7~8月	以富含有机质之砂质壤土最佳，性喜温暖。耐荫，耐寒	散生于林下、溪旁阴湿处。园林中常栽在花坛或林中作地被植物	
18	菲白竹	*Pleioblastus fortunei (Van Houtte) Nakai*	禾本科大明竹属	观赏地被竹，矮小丛生，株型优美，叶片绿色间有黄色的纵条纹	菲白竹喜温暖湿润气候，好肥，忌烈日，宜半阴，喜肥沃疏松排水良好的砂质土壤，耐阴性极好	常植于庭园观赏；栽作地被、绿篱或与假石相配都很合适，是盆栽或盆景中配植的好材料	
19	矮牵牛	*Petunia hybrida*	茄科碧冬茄属	多年生草本，高20~45cm；茎匍地生长，被有粘质柔毛，叶部柔软、卵形、全缘，互生，上部叶对生；花单生，呈漏斗状，重瓣花球形，花白、紫或各种红色，并镶有它色边，花期4月至降霜；蒴果；种子细小	喜温暖和阳光充足的环境。不耐霜冻，怕雨涝。宜用疏松肥沃和排水良好的砂质壤土	优良的花坛和种植花卉，也可用自然式丛植，还可作为切花	
20	须苞石竹	*Dianthus barbatus*	石竹科石竹属	多年生草本，高30~60cm，茎直立，叶片披针形，花多数，集成头状，花瓣具长爪，通常红紫色，有白点斑纹，种子褐色，扁卵形；蒴果卵状长圆形，蒴果卵形，花期5~10月	性耐寒而不耐酷暑，喜向阳、高燥、通风，和排水良好的肥沃壤土	可用于花坛、花境，花台或盆栽，也可用于岩石园和草坪边缘点缀	
21	粉花月见草	*Oenothera rosea*	柳叶菜科月见草属	多年生草本，茎常丛生。基生叶紧贴地面，倒披针形，花瓣粉红至紫红色，宽倒卵形，棒状，翅同具棱，花期4~11月，果期9~12月	生于海拔1000~2000m荒地草地、沟边半阴处，繁殖力强	用于园林、庭院，花坛及路旁绿化	

地被及藤本

续表

序号	中文名	拉丁名	科属	特征	习性	景观应用	照片
22	络石	Trachelospermum jasminoides	夹竹桃科络石属	常绿木质藤本，茎赤褐色，具乳汁；叶革质或近革质，椭圆形，叶革质或近革质，椭圆形，开白色花，芳香。花果期3~7月，果期7~12月	喜半荫湿润的环境，耐旱也耐湿，对土壤要求不严，以排水良好的砂壤土最为适宜	多作地被，或盆栽观赏，可搭配作色带色块绿化用	
23	薜荔	Ficus pumila	桑科榕属	攀援或匍匐灌木，叶两型，叶卵状心形全缘，花果期5~8月	耐贫瘠，抗干旱，对土壤要求不严格，适应性强，幼株耐阴	多作地被或攀缓植物	
24	扶芳藤	Euonymus fortunei	卫矛科卫矛属	小枝方棱不明显。叶椭圆形，革质，边缘齿浅不明显，聚伞花序；小花白绿色，蒴果粉红色，近球状，种子长方椭圆状，棕褐色，6月开花，10月结果	性喜温暖、湿润环境，喜阳光，亦耐荫，对土壤适应性强	垂直绿化配置乔树种，或著作为地被	
25	凌霄	Campsis grandiflora	紫葳科凌霄属	落叶攀援藤本，茎木质，表皮脱落，叶对生，为奇数羽状复叶顶生疏散的短圆锥状花序。花萼钟状，花冠内面鲜红色，外面橙黄色。蒴果。花期5~8月	喜充足阳光，也耐半荫。适应性较强，耐寒、耐旱、耐瘠薄，忌积涝、湿热	庭园中棚架、花门之良好绿化材料；用于攀援墙垣、枯树、石壁均极适宜；点缀于假山间隙，垂直绿化材料	
26	铁线莲	Clematis florida Thunb.	毛茛科铁线莲属	草质藤本，2回3出复叶，叶片菱卵形至披针形，萼片6枚，白色。瘦果倒卵形，花期1月至2月，果期3月至4月	喜肥沃、排水良好的碱性壤土，忌积水或夏季干旱而不能保水的土壤，耐寒性强	垂直绿化的主要方式有廊架绿亭、立柱、墙面，造型和篱笆栅栏式	

地被及藤本

华南地区常用园林植物表

序号	中文名	拉丁名	科属	特征	习性	景观应用	照片
1	南洋杉	*Araucaria cunninghamii*	南洋杉科南洋杉属	乔木，高达60~70m，胸径达1m以上，树皮灰褐色或暗灰色，叶二型，雄球花单生枝顶，圆柱形。球果卵圆形或椭圆形	喜光，幼苗喜荫。喜暖湿气候，不耐干旱与寒冷。喜土壤肥沃，萌蘖力强，抗风力强	宜独植作为园景树或作纪念树，亦可作行道树，但以选无强风地点为宜，以免树冠偏斜	
2	香樟	*Cinnamomum camphora*	樟科樟属	绿大乔木，高可达30m，直径可达3m，树冠广卵形，叶互生，卵状椭圆形，具离基三出脉，圆锥花序腋生，离基三出脉，花绿白色带黄色。果卵球形或近球形，紫黑色；果托杯状，花期4~5月，果期8~11月	多喜光，稍耐荫；喜温暖湿润气候，耐寒性不强，适于生长在砂壤土，较耐水湿，不耐干旱、瘠薄和碱土，萌芽力强	是良好的绿化树及庭荫树	
3	天竺桂	*Cinnamomum japonicum*	樟科樟属	常绿乔木，高10~15m，胸径30~35cm。枝条细弱，具香气。叶近对生或在枝条上部者互生，卵圆状至长圆形披针形，革质，离基三出脉。圆锥花序腋生，花被裂片6，果长圆形，花期4~5月，果期7~9月	中性树种。幼年期耐荫。喜温暖湿润气候，在排水良好的微酸性土壤上生长最好，中性土壤亦能适应。在排水不良之处不宜种，对二氧化硫抗性强	常被用作行道树或庭园观赏树种栽培。同时，也用作造林树	
4	阴香	*Cinnamomum burmanni*	樟科樟属	乔木，高达14m，树皮光滑，灰褐色至黑色，内皮红色，味似肉桂。叶互生，革质，卵圆形，具离基三出脉，圆锥花序腋生或近顶生，果绿白色，果卵球形，花期主要在秋、冬季，果期主要在冬末及春季	喜阳光，喜暖热湿润润气候及肥沃湿润土壤。疏松干肥沃，湿润而不积水的地方，稍耐荫，喜排水良好	优良的行道树和庭园观赏树，对氯气和二氧化硫均有较强的抗性，为理想的防污绿化树种	
5	绿黄葛树	*Ficus virens*	桑科榕属	落叶乔木，叶薄革质或纸质，卵状披针形至椭圆状卵形，全缘，榕果球形，成熟时紫红色，花被片4~5，披针形，瘦果表面有皱纹。花期5~8月	阳性树种，喜温暖、高温湿润气候，耐寒，抗大气污染、耐瘠薄，对土质要求不严	常用作行道树，为良好的荫蔽树种	

常绿乔木

续表

序号	中文名	拉丁名	科属	特征	习性	景观应用	照片
6	高山榕	*Ficus altissima*	桑科榕属	大乔木，高25~30m，树皮灰色，平滑，厚革质，广卵形至广卵状椭圆形，全缘，榕果成对腋生，椭圆状卵圆形，花期3~4月，果期5~7月	喜高温潮湿环境，耐干旱瘠薄，抗风，抗大气污染，生长迅速，移栽容易成活	用作园景树和遮荫树	
7	小叶榕	*Ficus concinna*	桑科榕属	小叶榕属于乔木，高15~20m，胸径25~40cm；树皮深灰色，有皮孔；叶狭椭圆形，全缘，榕果成对腋生或3~4个簇生于无叶小枝叶腋，球形，花被片2，披针形，花果期3~6月	阳性植物，喜欢温暖、高湿、土壤肥沃的生长环境，耐瘠、耐寒、耐风，耐剪，易污染，易移植，寿命长	南方城乡道路、广场、公园、庭院的风景点，主要绿化树种，均可单植、列植、群植	
8	垂叶榕	*Ficu benjamina*	桑科榕属	常绿乔木，高可达20m，树冠广阔；灰色，叶薄革质，卵状椭圆形，全缘；叶成对或单生叶腋，瘦果卵状肾形，短于花柱，花期8~11月	耐热、耐旱、耐湿、耐风，抗污染，耐剪，易移植的常绿乔木。阳性植，喜高温湿润气候	十分有效的空气净化器，应用范围非常广泛，大型盆栽植物常放于室内	
9	竹柏	*Nageia nagi*	罗汉松科罗汉松属	乔木，高达20m，树皮近于平滑，红褐色或暗紫红色，叶对生，卵状披针形，长圆状披针形，单生叶腋，种子圆球形，花期3~4月，种子10月成熟	抗寒性弱，性喜湿润但无积水的地带，耐阴，对土壤要求严格，尤以深厚、疏松、湿润，腐殖质层厚，呈微酸性的沙质壤土生长迅速	广泛用于家庭、住宅小区、园、街道等地被绿化的优良风景树	
10	杧果	*Mangifera indica*	漆树科杧果属	常绿大乔木，高10~20m；树皮灰褐色，小枝褐色，无毛。叶薄革质，通常为长圆形或长圆状披针形，圆锥花序，多花密集，黄色或淡黄色；核果大，肾形	性喜温暖，喜光，不耐寒霜，喜量700~2000mm的地区生长良好，对土壤要求不苛	郁闭度大，为热带良好的庭园和行道树种	

常绿乔木

续表

序号	中文名	拉丁名	科属	特征	习性	景观应用	照片
11	天桃木	*Mangifera persiciforma*	漆树科杧果属	常绿乔木，高10~19m，枝圆柱形，无毛，灰褐色，具条纹。叶薄革质，披针形或线状披针形，圆锥花序顶生，花黄绿色，果桃形	性喜温暖，不耐寒霜，喜光	为良好的庭园和行道绿化树种	
12	人面子	*Dracontomelon duperreanum*	漆树科人面子属	常绿乔木，高达20余m，奇数羽状复叶，小叶互生，近革质，全缘，圆锥花序顶生或腋生，花白色，核果扁球形	喜阳光充足及高温多湿环境，适深厚肥沃的酸性土生长	是"四旁"和庭园绿化的优良树种，也适合作行道树	
13	海南蒲桃	*Syzygium cumini*	桃金娘科蒲桃属	常绿乔木，高15m；叶片革质，阔椭圆形至狭椭圆形，圆锥花序腋生或生于花枝上，花白色，果实卵圆形或壶形，花期2~3月	长日照阳性树种，喜光，喜水，喜深厚肥沃土壤，干湿季生长明显，对土壤要求不严，抗风力强，耐火，萌芽力强，速生	优良的庭院绿荫树和行道树种，也可作营造混交林树种	
14	白千层	*Melaleuca leucadendron*	桃金娘科白千层属	乔木，高18m；树皮灰白色，叶互生，叶片革质，披针形或狭长圆形，两端尖，多油腺点，香气浓郁，花白色，密集于枝顶成穗状花序，蒴果近球形，直径5~7mm。花期每年多次	喜温暖潮湿环境，要求阳光充足，适应性强，能耐干旱高温及瘠瘦土壤，对土壤要求不严	作屏障树或行道树。常植道旁作行道树，树皮易引起火灾，不宜于造林	

常绿乔木

续表

	序号	中文名	拉丁名	科属	特征	习性	景观应用	照片
常绿乔木	15	王棕	*Roystonea regia*	棕榈科王棕属	乔木；单干，直立叶痕不明显，叶簇生于干顶，叶片大，长达3m以上，叶鞘长大，羽状全裂，羽叶狭长柔软，干粗壮雄伟，中下部膨大，呈佛肚状，径达40cm以上。花小，雌雄同株，果实近球形至倒卵形暗红色至淡紫色。种子歪卵形，花期3~4月，果期10月	幼龄期稍耐荫，成龄树喜光。喜土层深厚肥沃的酸性土，不耐干瘦贫瘠，较耐干旱，亦较耐水湿	广泛作行道树和庭园绿化树种	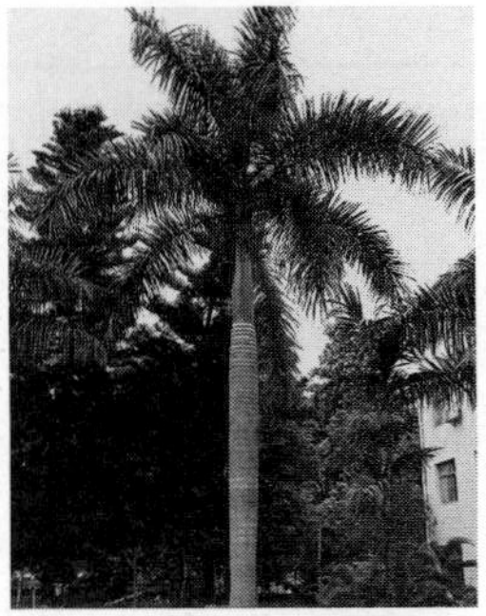
	16	金山葵	*Syagrus romanzoffiana*	棕榈科金山葵属	常绿乔木，干直立，中上部稍膨大，光滑有环纹，树皮呈灰色，树干表面布满不对称的环状条纹。羽状复叶，带状，雌雄同株、异花，果实卵圆形，花黄色，非常细小，聚生成穗状花序。花期4~5及9~10月，果实在当年或隔年成熟。叶围绕轴心生出，分布较为凌乱，是皇后葵在棕榈科植物中最明显的辨别特征	性喜温暖、潮湿、阳光充足的环境，要求土层深厚、土质疏松、排水良好的土壤	可做行道树，园景树，或单株种植于门前两侧，或不规则种植于水滨、草坪等，可作海岸绿化材料	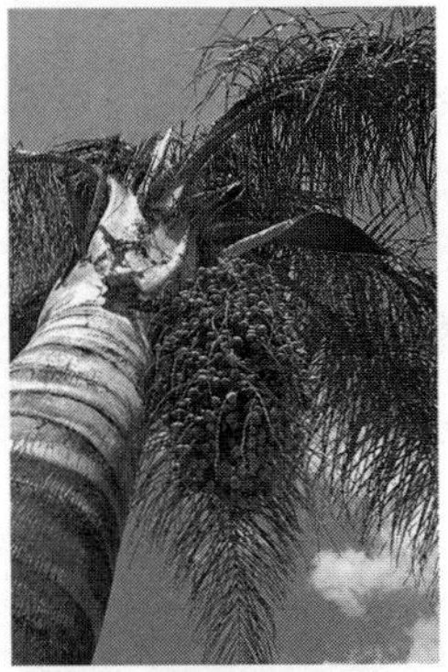
	17	加拿利海枣	*Phoenix canariensis*	棕榈科刺葵属	株高10~15m，具波状叶痕，羽状复叶，顶生丛出，较密集，每叶有100多对小叶（复叶），小叶狭条形，近基部小叶成针刺状，穗状花序腋生，花小，黄褐色；浆果，卵状球形至长椭圆形，熟时黄色至淡红色	性喜温暖湿润的环境，喜光又耐荫，抗寒、抗旱。土壤要求不严，但以土质肥沃、排水良好的壤土最佳	可孤植作景观树，或列植为行道树，也可三五株群植造景，乃街道绿化与庭园造景的常用树种	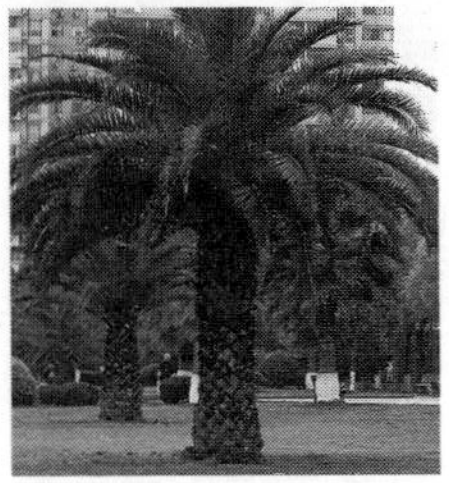

续表

序号	中文名	拉丁名	科属	特征	习性	景观应用	照片
18	董棕	Caryota obtusa	棕榈科鱼尾葵属	乔木，高5~25m，茎黑褐色，花瓶状。表面不被白色的毡状绒毛，具明显的环状叶痕。叶弓状下弯；叶鞘边缘具网状的棕黑色纤维，密集的穗状分枝花序，具多数。果实至球形至扁球形，成熟时红色。近球形或半球形。花期6-10月，果期5-10月	性喜阳光充足、高温、湿润的环境，较耐寒，对土质要求不严且耐贫瘠。耐及耐碱并且耐贫瘠。在滨海地带、海岸、沙土、微酸性土壤及石灰质土壤均可种植，但以土质通透性较好、湿润的壤土较佳	优良的行道树及庭荫观赏树，对多种有害气体具较强的抗性，并具有吸湿能力，适于空气污染区大面积种植	
19	鱼尾葵	Caryota maxima	棕榈科鱼尾葵属	乔木状，高10~15m，直径15~35cm，茎绿色具环状叶痕。茎干直立不分枝，叶大型，羽状二回羽状全裂，叶片厚，革质，大而粗壮，上部有不规则齿状缺刻，先端下垂，酷似鱼尾。花序长，花3朵簇生，肉穗花序下垂，小花黄色。果球型，成熟后紫红色。花期5~7月，果期8~11月	喜疏松、肥沃、富含腐殖质的中性土壤，也不耐盐碱强酸，不耐干旱瘠薄，也不耐水涝	可列植、丛植或成片栽植，也常用盆栽作室内装饰及布置会场之用	
20	棕榈	Trachycarpus fortunei	棕榈科棕榈属	常绿乔木，高可达7m；干圆柱形，叶片近圆形，叶两侧具细圆齿，花序粗壮，雌雄异株。花黄绿色、卵球形；果实阔肾形，有脐，成熟时由黄色变为淡蓝色。花期4月，果期12月	喜温暖湿润气候，喜光。耐寒性较强，稍耐荫。适生于排水良好、湿润肥沃的石灰性、中性、或微酸性土壤，耐轻盐碱，也耐一定的干旱与水湿	工厂绿化优良树种，可列植，丛植或成片栽植，也常用盆栽作室内或建筑前装饰及布置会场之用	

常绿乔木

续表

序号	中文名	拉丁名	科属	特征	习性	景观应用	照片
21	秋枫	*Bischofia javanica*	大戟科秋枫属	常绿乔木，高达 40m，树干分枝低，主干较短，树皮灰褐色至棕褐色，三出复叶，小叶片纸质、卵形、椭圆形、倒卵形或椭圆状卵形，边缘有浅锯齿，花小，雌雄异株，多朵组成腋生的圆锥花序；果实浆果状，圆球形或近圆球形，花期 4~5 月，果期 8~10 月	喜阳，喜温暖而耐荫，喜力较强，对土壤要求不严，能耐水湿，根系发达，抗风力强，在湿润肥沃壤土上生长快速	适宜庭园树和行道树种植，也可在草坪、湖畔、溪边、堤岸栽植	
22	台湾相思	*Acacia confusa*	豆科相思子属	常绿乔木，高 6~15m，头状花序球形，单生或 2~3 个簇生于叶腋，苗期第一片真叶为羽状复叶，长大后小叶退化，叶柄变为叶状，叶柄革质，披针形，花金黄色，有微香；花期淡绿色，荚果扁平，花期 3~10 月，果期 8~12 月	喜暖热气候，喜光，亦耐低温，耐旱瘠土，亦耐半荫，喜酸性	为优良而低维护的遮荫树、行道树、园景树、遮荫树、护坡树、庭园、校园、公园、游乐区、庙宇等，均可单植、列植、群植均为美观	
23	红花羊蹄甲	*Bauhinia × blakeana*	豆科羊蹄甲属	常绿乔木，树高 6~10m。叶革质，圆形或阔心形，顶端二裂，状如羊蹄，裂片端圆钝。总状花序或有时分枝而呈圆锥花序；花大如掌，红色或红紫色，花瓣 5，其中 4 瓣分列两侧，两两相对，而另一瓣则翘首于上方，形如兰花状；通常不结果花期全年，3~4 月为盛花期	性喜温暖湿润，多雨的气候，阳光充足的环境，喜土层深厚，肥沃、排水良好的质壤土。偏酸性的质壤土，有它适应性强，一定耐寒能力	中国华南地区许多城市的行道树	
24	南洋楹	*Falcataria moluccana*	豆科合欢属	常绿乔木，高可达 45m；小叶 6~26 对，无柄，菱状长圆形，穗状花序腋生、单生或数个组成圆锥花序；花初白色，后变黄，仅基部连合。荚果密被短柔毛，熟时开裂，花期 4~7 月	阳性树种，不耐荫，喜暖热多雨气候及肥沃湿润土壤	多植为庭园树和行道树	

常绿乔木

续表

序号	中文名	拉丁名	科属	特征	习性	景观应用	照片
25	铁刀木	*Senna siamea*	豆科番泻决明属	乔木，高约10m，小叶对生，革质，长圆状椭圆形或长圆形，总状花序生于枝条顶端的叶腋或排成伞房花序状；花瓣黄色，阔倒卵形，荚果扁平，花期10~11月；果期12月至翌年1月	阳性植物，需强光、生长快、耐高热、耐旱、耐湿、耐瘠、耐碱、抗污染、易移植	可用作园林、行道树及防护林树种，依地形可采取单植、列植、群植栽培	
26	乐昌含笑	*Michelia chapensis*	木兰科含笑属	高15~30m，胸径1m，树皮灰色至深褐色，叶薄革质，倒卵形，叶背片淡黄色，6片，芳香，2轮，外轮倒卵状椭圆形，聚合果，花期3~4月，果期8~9月	喜温暖、湿润的气候，亦能耐寒。喜光，但花期喜偏阴。喜土壤深厚、疏松、肥沃、排水良好的酸性至微碱性土壤，在干旱的土壤中生长状况差	可孤植或丛植于园林中，亦可作行道树	
27	深山含笑	*Michelia maudiae*	木兰科含笑属	常绿乔木，高达20m，芽、嫩枝、叶下面、苞片均被白粉。叶互生，叶质，深绿色，叶背淡绿色，长圆状椭圆形，花芳香，花被片9片，纯白色，基部稍呈淡红色，聚合果，花期2~3月，果期9~10月	喜温暖、湿润环境，有一定耐寒能力。喜光，抗干热，对二氧化硫的抗性较强。喜土层深厚、疏松、肥沃而湿润的酸性砂质土，根系发达，萌芽力强	为庭园观赏树种和四旁绿化树种	
28	含笑	*Michelia figo*	木兰科含笑属	叶柄、花梗均密被黄褐色纯毛。叶革质，叶直立，边缘有时红色或淡紫色，具甜浓的芳香，花被片6，肉质，较肥厚，聚合果。花期3~5月，果期7~8月	喜肥，性喜半阴，不耐干燥瘠薄，要求排水良好、肥沃的微酸性土壤，中性土壤也能适应	庭园观赏树种和四旁绿化树种	
29	白兰	*Michelia × alba*	木兰科含笑属	常绿乔木，高达17m，树皮灰色；揉枝叶有芳香，叶薄革质，长椭圆形或披针状椭圆形，花白色，极香，花被片10片，披针形，聚合果。花期4~9月，夏季盛开，通常不结实	性喜光，怕高温，不耐寒，适合于微酸性土壤。喜温暖湿润，不耐干旱和水涝，氯对二氧化硫、氯等有毒气体比较敏感，抗性差	在南方可露地庭院栽培，是南方园林中的骨干树种，北方盆栽，可布置庭院、厅堂、会议室	

常绿乔木

序号	中文名	拉丁名	科属	特征	习性	景观应用	照片
30	广玉兰	*Magnolia grandiflora*	木兰科木兰属	小枝、芽、叶下面、叶柄，均密被褐色或灰褐色短绒毛，叶厚革质，有芳香肉质，聚合果，花期5~6月，果期9~10月	生长喜光，喜温湿气候，有一定抗寒能力。适生于干燥、肥沃、湿润与排水良好微酸性或中性土壤	孤植、对植或丛植、群植配置，可作行道树	
31	长芒杜英	*Elaeocarpus apiculatus*	杜英科杜英属	常绿乔木，高10~30m，具板根，树皮灰褐色，有明显皮孔，叶互生，叶片革质，长匙形或倒卵状长椭圆形，总状花序生于枝端叶腋生，花瓣白色，花期4月或偶见9月；果熟期8月或偶见翌年2月	暖地树种，喜温暖较速生的黄壤，但要求水良好，其根系发达，萌芽力强	在园林中常丛植于草坪、路口、林缘等处，也可列植，起遮挡及隔音作用，或作为花灌木或雕塑等的背景树，具有很好的烘托效果。还可作为厂区的绿化树种	
32	非洲楝	*Khaya senegalensis*	楝科非洲楝属	大乔木，高达30~50m，幼枝具暗褐色皮孔，树皮呈鳞片状开裂。羽状复叶，叶互生，近对生或互生，顶端2对小叶对生，长圆形或长圆状椭圆形，全缘，圆锥花序顶生或腋上生，花瓣4，蒴果球形	喜光，喜温暖至高温湿润气候，抗风力较强，不耐干旱和寒冷，抗大气污染	列植，可丛植、片植，是工矿区绿化的优良树种	
33	水杉	*Metasequoia glyptostroboides*	杉科水杉属	落叶乔木，小枝对生，下垂。叶线形，交互对生，假二列成羽状复叶，雌雄同株。球果下垂，种鳞木质、盾形，种子扁平，周围具窄翅	喜气候温暖湿润，夏季凉爽，冬季有雪而不严寒，耐寒性强，耐水湿能力强	秋叶观赏树种，列植，片植，也可丛植，可盆栽，可成片栽植营造风景林。水杉对二氧化硫有一定的抵抗能力，是工矿区绿化的优良树种	

常绿乔木

落叶乔木

续表

序号	中文名	拉丁名	科属	特征	习性	景观应用	照片
34	水松	*Glyptostrobus pensilis*	杉科水松属	乔木，高 8~10m，树干基部膨大或成柱槽状，树皮褐色或灰白色而带褐色，纵裂成不规则的长条片；叶螺旋状着生于多年生枝或当年生的主枝上，淡绿色，球果倒卵圆形，花期 1~2 月，球果倒卵圆形，球果秋后成熟	为喜光树种，喜温暖湿润的气候及水湿的环境，耐水湿不耐低温，对土壤的适应性较强	可栽于河边、堤旁，作固堤护岸和防风之用。树形优美，可作庭园树种	
35	落羽杉	*Taxodium distichum*	杉科落羽杉属	干基通常膨大，树皮棕色，裂成长条片脱落；叶条形、扁平，基部扭转在小枝上列成二列，羽状，雄球花卵圆形，球果球形或卵圆形，有短梗，向下斜垂，熟时淡褐黄色，有白粉，种子不规则三角形，褐色。球果 10 月成熟	强阳性树种，能耐低温、干旱，适应性强，耐水湿和土壤瘠薄，抗污染，耐寒冷，且病虫害少，生长快	优美的庭园道路绿化树种。在中国大部分地区都可做工业用树种和生态保护林	
36	鹅掌楸	*Liriodendron chinensis*	木兰科鹅掌楸属	小枝灰色或灰褐色。叶马褂状，花杯状，花被片 9，聚合果长 7~9cm，具翅的小坚果花期 5 月，果期 9~10 月	喜光及温凉湿润，有一定的耐寒性，喜深厚肥沃、适湿而排水良好的酸性或微酸性的土壤，不耐干旱，忌低湿水涝	行道树，庭荫树种，无论丛植、列植或散片植	
37	白玉兰	*Magnolia denudata*	木兰科木兰属	高达 17m，树皮灰色；嫩枝及芽密被淡黄白色微柔毛，叶薄革质，长椭圆形或披针状椭圆形，花白色，极香；花被片 10 片，披针形，通常肉质色鲜红色。花期 4~9 月，夏季盛开，通常不结实	适宜生长于温暖湿润气候和肥沃疏松的土壤，喜光。不耐干旱，也不耐水涝	北方早春观花树木，古时多在亭、台、楼、阁前栽植。现多见于园林，厂矿中孤植、散植，或于道路两侧作行道树	
38	木棉	*Bombax ceiba*	木棉科木棉属	落叶乔木，高可达 25m，树皮灰白色，掌状复叶，小叶 5~7 片，长圆形至长圆状披针形，全缘，两面均无毛，花单生枝顶叶腋，通常红色，蒴果长圆形，密被灰白色长柔毛和星状毛。花期 3~4 月，果夏季成熟	喜温暖干燥和阳光充足环境，稍耐寒，忌积水。耐旱，以深厚、肥沃、排水良好的中性或微酸性砂质土壤为宜	优良的行道树、庭荫树和风景树	

落叶乔木

续表

序号	中文名	拉丁名	科属	特征	习性	景观应用	照片
39	凤凰木	*Delonix regia*	豆科凤凰木属	落叶乔木，高达20余m，树皮粗糙，灰褐色，二回偶数羽状复叶，伞房状总状花序顶生或腋生，鲜红至橙红色，花瓣5，匙形，花药和雄蕊都是红色，花期6-7月，果期8-10月	喜高温多湿环境和阳光充足环境，不耐寒，以深厚肥沃、富含有机质的沙质壤土为宜；怕积水，较耐干旱耐瘠薄土壤	在我国南方城市的植物园和公园栽种颇盛，作为观赏树或行道树	
40	鸡蛋花	*Plumeria rubra cv. Acutifolia*	夹竹桃科鸡蛋花属	落叶小乔木，高约5m，叶厚纸质，长圆状倒披针形或长椭圆形，聚伞花序顶生，花冠外面白色，花冠筒外面及裂片外面左边略带淡红色斑纹，花冠内面黄色，膏葖双生，花期5-10月，一般为7~12月	阳性树种，性喜高温、湿润和阳光充足的环境，以深厚肥沃、通透良好、富含有机质的酸性的沙壤土为佳，耐干旱，忌涝渍，抗逆性好	在园林布局中可进行孤植、丛植，临水点置使用，被广泛应用于公园、庭院、绿化带、草坪等的绿化、美化	
41	大叶紫薇	*Lagerstroemia speciosa*	千屈菜科紫薇属	落叶乔木，高7-25m。树皮灰色，叶互生或近对生，叶片革质，椭圆形或卵状椭圆形，顶生圆锥花序，花淡红色或紫色，花瓣6，蒴果倒卵形或球形，花期5-9月，果期10-12月	阳性植物。需强光、耐热，耐旱，不耐寒，耐风，耐剪，抗半荫，耐瘠，喜高温湿润气候，对土壤湿润的环境，对土壤选择不严	适合用作高级行道树、园景树、林荫树与庭荫树，单植、列植、群植均可，适于校园、公园、游乐区、庙宇等	
42	蓝花楹	*Jacaranda mimosifolia*	紫葳科蓝花楹属	落叶乔木，高达15m。叶对生，为2回羽状复叶，小叶椭圆状披针形至椭圆形，全缘。花蓝色，花冠简细长，蓝色，花冠裂片圆形。朔果木质，扁卵圆形花期5-6月	喜温暖湿润、阳光充足的环境，不耐霜雪。对土壤条件要求不严，生于肥沃平出之地。对土壤要求不严，有一定耐干旱能力，亦耐水湿及瘠薄土壤，适应力较强	观赏，观叶、观花树种，热带、暖亚热带地区广泛栽作行道树、遮荫树和风景树	
43	朴树	*Celtis sinensis*	榆科朴属	落叶乔木叶，树皮平滑，灰色；一年生枝被密毛。叶互生，多为卵形或卵状椭圆形，果较小，果熟时黄色至橙黄色，近球形，花期3~4月，果期9~10月	喜光，适温暖气候，适湿润。对土壤要求不严，在一般中性和微酸性的土壤中都能生长良好	用于绿化道路，栽植公园小区，景观公园等。又因其对多种有毒气体抗性较强的吸滞粉尘能力，用于城市及工矿区、河网区防风固堤树种	

落叶乔木

续表

序号	中文名	拉丁名	科属	特征	习性	景观应用	照片
44	银杏	*Ginkgo biloba*	银杏科银杏属	落叶大乔木，胸径可达4m，枝近轮生，叶互生，它的叶脉形式为"二歧状分叉叶脉"。花雌雄异株，单性。4月开花，10月成熟。种子卵圆形或近圆球形，种皮肉质，被白粉，外种皮肉质，熟时黄色或橙黄色	银杏为喜光树种，对气候、土壤适应性较宽，但不耐盐碱土及过湿的土壤	被广泛应用，城市绿化、行道树、庭荫树等	
45	无患子	*Sapindus saponaria*	无患子科无患子属	落叶乔木，无托叶；有柄，叶互生，圆锥花序，顶生或侧生，花杂性，花冠淡绿色，有短爪；核果球形，熟时黄色或棕黄色。种子球形，黑色，花期6~7月。果期9~10月	喜光，稍耐荫，耐寒能力较强。对土壤要求不严，不耐水湿，能耐干旱。对二氧化硫抗性较强，是工业城市生态绿化的首选树种	绿化的优良观叶、观果树种	
46	金钱松	*Pseudolarix amabilis*	松科金钱松属	乔木，高达40m，树皮粗糙，灰褐色，裂成不规则的鳞片状块片，叶条形，雄球花黄色，圆柱状，球果卵圆形或倒卵圆形，花期4月，球果10月成熟	喜生于温暖，多雨，土层深厚，肥沃，排水良好的酸性土山区	可孤植、丛植，列植或用做风景林	
47	五角枫	*Acer mono*	槭树科槭属	高可达20m。胸径可达1m。树皮灰色或灰褐色，单叶，宽卵圆形，无毛，下面淡绿色，花较小，常组成顶生的伞房花序；花瓣黄白色，翅果近椭圆形，花果期5~9月	稍耐荫，深根性，喜湿润肥沃土壤，在酸性、中性、石灰岩土均可生长，萌染性强	北方重要秋天观叶树种，可做园林绿化庭院、行道树和风景林树种	
48	白花山碧桃	*Amygdalus davidiana var. davidiana f. Albo-plena*	蔷薇科桃属	树皮光滑，深灰色，小枝细长，黄褐色。花白色，花蕾卵形，花瓣卵形，复瓣，花瓣数18枚，叶绿色，椭圆披针形，花期在所有桃花品种中最早	喜光，耐寒，耐旱，较耐盐碱，忌水湿	可用于庭院及行道树栽植	

落叶乔木

续表

	序号	中文名	拉丁名	科属	特征	习性	景观应用	照片
落叶乔木	49	梅花	*Prunus mume*	蔷薇科杏属	小乔木，高4~10m；树皮浅灰色或带绿色，平滑；小枝绿色，光滑无毛。叶片卵形或椭圆形，叶边常具小锐锯齿，花瓣倒卵形，白色至粉红色。果实近球形，花期冬春季，果期5~6月	阳性树种，性喜温暖，耐较低温度，对土壤要求不严，耐贫瘠，喜排水良好	被广泛用于湖滨、溪流、道路两侧和公园等，庭院绿化点缀 也可作盆景观赏	
	50	日本晚樱	*Prunus serrulata var. lannesiana*	蔷薇科樱属	乔木，高3~8m，树皮灰褐色或灰黑色，有唇形皮孔。无毛。叶片卵状椭圆形，两侧常不对称，全缘，边有渐尖单锯齿及重锯齿，齿尖有小腺体，上面深绿色，无毛，下面淡绿色，无毛。伞房花序总状或近伞形，果球形紫黑色，花期4~5月，果期6~7月	喜阳光，深厚肥沃而排水良好的土壤，有一定的耐寒能力	在庭园中有点景时，最好用不同数量的植株，成组的配植，而且应有背景树	
灌木	1	九里香	*Murraya exotica*	芸香科九里香属	小乔木，高可达8m。小叶倒卵形或倒卵状椭圆形，两侧常不对称，全缘。花多朵聚成伞状，花白色，芳香，花瓣5片，果橙黄至朱红色，阔卵形或椭圆形，花期4~8月，也有秋后开花，果期9~12月	阳性树种，喜温暖，畏寒。对土壤要求不严，宜选用含腐殖质丰富、肥沃的沙质土壤	南部地区多用作围篱材料，或作花圃及宾馆的点缀品，亦作盆景材料	
	2	矮棕竹	*Rhapis humilis*	棕榈科棕竹属	丛生灌木，茎圆柱形，有节，叶掌状深裂，裂片7~20片，线形，边缘平齐，花期7~8月，花雌雄异株	性喜温暖润湿，半荫通风的环境，畏烈日，喜欢生长在含富腐殖质的疏松润湿土中	作成丛林式，再配以山石，做灌木	
	3	小叶黄杨	*Buxus sinica var. parvifolia*	黄杨科黄杨属	树干灰白光洁，枝条密生，枝四棱形，叶对生，革质，全缘，椭圆形或倒卵形，先端圆或微凹，表面亮绿色，背面黄绿色。花簇生叶腋或枝端，花黄绿色，花期3~4月，果期8~9月	性喜肥沃湿润土壤，忌酸性土壤。抗逆性强，耐水肥，抗污染，能吸收空气中有毒气体，耐寒、耐盐碱，抗病虫害等许多特性	常用的观叶树种，其不仅是常绿树种，而且具抗空气污染，能吸收空气中的二氧化硫等有毒气体，净化作用，特别适合车辆流量较高的公路旁栽植绿化	

续表

序号	中文名	拉丁名	科属	特征	习性	景观应用	照片
4	金叶女贞	*Ligustrum × vicaryi*	木犀科女贞属	落叶灌木，是金边卵叶女贞和欧洲女贞的杂交种。叶片较大叶女贞稍小，单叶对生，核果椭圆形或卵状椭圆形，紫黑色	喜光，耐荫性较差，耐寒力中等，适应性强，以疏松肥沃、通透性良好的沙壤土为最好	主要用来组成图案和建造绿篱	
5	野迎春	*Jasminum mesnyi*	木犀科素馨属	常绿灌木，小枝四棱形，叶对生，三出复叶或小枝基部具单叶，近革质，单叶常为宽卵形或椭圆形，花通常单生于叶腋，花冠黄色，漏斗状，果椭圆形，果期11月至翌年8月，花期3~5月	喜气候温凉，湿润的环境和排水良好、富含腐殖质的土壤	地栽于庭院的水池边、假山侧等处	
6	茉莉花	*Jasminum sambac*	木犀科素馨属	攀缘灌木，高达3m。叶对生，单叶，叶片纸质，圆形、椭圆形、卵状椭圆形或倒卵形，聚伞花序顶生，通常有花3朵，花冠白色。果球形，花期5~8月，果期7~9月	性喜温暖湿润，在通风良好、半荫的环境生长最好。土壤以含有大量腐殖质的微酸性砂质土壤为最适合。畏寒、畏旱，不耐霜冻、湿涝和碱土	常见庭园及盆栽观赏芳香花卉，多作花篱、绿篱	
7	油茶	*Camellia oleifera*	山茶科山茶属	灌木，叶革质，椭圆形、长圆形或倒卵形，花顶生，近于无柄，花瓣白色，外侧被毛，蒴果球形或卵圆形，花期冬春间	喜温暖，怕寒冷，要求有较充足的阳光，对土壤要求不甚严格，一般适宜土层深厚的酸性土	油茶又是一个抗污染能力极强的树种，孤植或片植	
8	苏铁	*Cycas revoluta*	苏铁科苏铁属	树干圆柱形，如有明显螺旋状排列的菱形叶柄残痕，羽状叶从茎的顶部生出，羽状裂片达100对以上，条形，厚革质，坚硬，雄球花圆柱形，花期6~8月，种子10月成熟	喜暖热湿润的环境，不耐寒冷，生长慢，喜铁元素，喜肥，稍耐半荫，喜湿润和微酸性、沃肥的土壤，但也能耐干旱	南方多植于庭前阶旁及草坪内，丛植或孤植点缀绿地	

灌木

续表

序号	中文名	拉丁名	科属	特征	习性	景观应用	照片
灌木							
9	桃金娘	*Rhodomyrtus tomentosa*	桃金娘科桃金娘属	灌木，高可达 2m；叶对生，革质，片椭圆形或倒卵形，花常单生，紫红色，花瓣倒卵形，雄蕊红色，浆果卵状壶形，熟时紫黑色；花期 4~5 月	喜欢高温高湿环境，喜欢半阴环境	园林绿化中可用其丛植、孤植点缀绿地，可收到较好的效果	
10	木槿	*Hibiscus syriacus*	锦葵科木槿属	落叶灌木，叶菱形至三角状卵形，具深浅不同的 3 裂或不裂，木槿花单生于枝端叶腋间，花萼钟形，裂片 5，三角形；花朵色彩有纯白、淡粉红、淡紫、紫红等。蒴果卵圆形，花期 7~10 月	对环境的适应性很强，较耐干燥和贫瘠，尤喜光和温暖潮润的气候。稍耐荫，喜温暖湿润润气候	夏、秋季的重要观花灌木，南方多作花篱；北方作庭园点缀及室内盆栽。很强的精尘功能，是有污染工厂的主要绿化树种	
11	马缨丹	*Lantana camara*	马鞭草科马缨丹属	直立或蔓性灌木，茎枝均呈四方形，单叶对生，叶片卵形至卵状长圆形，开花时花冠黄色或橙黄色，后不久转为深红色。果圆球形，成熟时紫黑色。全年开花	性喜温暖、湿润、向阳之地，耐干旱，稍耐荫，不耐寒，对土质要求不严，以肥沃、疏松的砂质土壤为佳	既能单生，又能和其他乔木、灌木、草本植物混生	
12	三角梅	*Bougainvillea glabra*	紫茉莉科叶子花属	藤状灌木。叶互生，有柄，花顶生，通常 3 朵簇生在苞片内，花顶卵形或椭圆状披针形，苞片叶状，紫色或洋红色，长圆形或椭圆形，花被管长绿色，瘦果有 5 棱，花期冬春间	喜温暖湿润气候，喜充足光照。品种多样，植株适应性强	宜庭园种植或盆栽观赏。还可作盆景、绿篱及修剪造型	
13	红花檵木	*Loropetalum chinense* var. *rubrum*	金缕梅科檵木属	树皮暗灰或浅灰褐色，多分枝。叶革质互生，卵形或椭圆形，两面均有星状毛，全缘，暗红色。花瓣 4 枚，紫红线形，花 3~8 朵簇生于小枝端，蒴果褐色，近卵形。花期 4~5 月	喜光，稍耐荫，但阴时叶色容易变绿。适应性强，耐旱。喜温暖，耐寒冷，耐瘠薄，耐修剪	广泛用于色篱、模纹花坛、灌木球、彩叶片乔木、桩景造型、盆景等城市绿化美化	

续表

序号	中文名	拉丁名	科属	特征	习性	景观应用	照片
14	栀子	*Gardenia jasminoides*	茜草科栀子属	叶对生、草质，稀为纸质多样，少为3枚轮生，叶形、针形，通常为长圆状披针形，花芳香，通常单朵或丛生于枝顶，花冠白色或乳黄色，果卵形，花期3~7月，果期5月至翌年2月	喜温暖湿润和阳光充足环境和路旁配置，较耐寒耐半荫，怕积水，要求疏松、肥沃和酸性的沙壤土	它适用于阶前、池畔和路旁配置，也可有作篱和盆栽观赏，花还可做捕花和佩带装饰	
15	大花栀子	*Gardenia jasminoides Ellis var. grandiflora Nakai.*	茜草科栀子属	为常绿灌木。单叶对生或3叶轮生，叶片倒卵形，革质，翠绿有光泽。花白色、极芳香。浆果卵形黄色或橙色，花期5~7月	喜湿润、温暖，光照充足且通风良好的环境	优良的夏季芳香观花灌木	
16	龙船花	*Ixora chinensis*	茜草科龙船花属	灌木，叶对生，披针形，长圆状披针形，花序顶生，多花，花冠红色或红黄色，双生，顶部4裂，果近球形，花期5~7月	适合高温及日照充足的环境，喜湿润炎热，喜酸性土壤，水良好，保肥性能好的土壤即可生长良好	片植组成带状大色块，列植作花篱，修剪造型构成图案，单型植或群植，丛植或群植都自成一景	
17	琴叶珊瑚	*Jatropha pandurifolia*	大戟科麻风树属	单叶互生。叶形、倒阔披针形，叶基有2~3枚锐刺，聚伞花序，花瓣5片，花冠红色，蒴果成熟时呈黑褐色。花期春季至秋季	喜高温湿润环境，怕寒冷与干燥，喜充足的光照，稍耐半荫，喜生长于疏松肥沃富含有机质的酸性质土壤中	是庭园常见的观赏花卉，被广泛应用于庭院或大型盆栽	
18	绣球花	*Hydrangea macrophylla*	虎耳草科绣球属	灌木，枝圆柱形，纸质或近革质，阔椭圆形、倒卵形或圆形。伞形状聚伞花序近球形，花密集，粉红色、淡蓝色或白色；花瓣长圆形，蒴果，花期6~8月	喜温暖、湿润和半荫环境，润以疏松、肥沃和排水良好的砂质壤土为好	配置于稀疏的树荫下及林荫道旁，片植于荫向山坡、丛植于庭院一角，植为花篱、花境	
19	野牡丹	*Melastoma malabathricum*	野牡丹科野牡丹属	灌木，高0.5~1.5m，分枝多；茎钝四棱形，叶片坚纸质，卵形或广卵形、全缘，7基出脉，近头状、花瓣玫瑰红色或粉红色，倒卵形，蒴果坛状球形，花期5~7月，果期10~12月	喜温暖湿润的气候，稍耐旱和耐瘠	可孤植或片植或丛植布置园林，适合在花坛绿化种植或盆栽	

灌木

续表

序号	中文名	拉丁名	科属	特征	习性	景观应用	照片
20	基及树	*Carmona microphylla*	紫草科基及树属	常绿灌木，高可达3m，多分枝，在短枝上簇生，叶小，互生，革质，匙状倒卵形，边缘常反卷，深绿色，先端有短尖或圆钝，表面有光泽，叶背粗糙有细小斑点，聚伞花序腋生，或生于短枝上，花冠白色或稍带红色，针状。核果球形，成熟时红色或黄色	比较耐荫，性喜温暖湿润气候，不耐寒，适生于疏松肥沃、排水良好的微酸性土壤；萌芽力强，耐修剪	也可园中观赏。由于生长力强，耐修剪，闽粤一带也常种植作绿篱，也适于制作盆景	
21	鹅掌柴	*Schefflera heptaphylla*	五加科鹅掌柴属	常绿灌木。分枝多，枝条紧密，掌状复叶，叶5~8枚，长卵圆形，革质，深绿色，有光泽。圆锥状花序，花白色，小花淡红色，浆果深红色	喜温暖、湿润、半阴环境，以肥沃、疏松和排水良好的砂质壤土为宜	可庭院孤植，是南方冬季的蜜源植物，并通过光合作用将之转换为无毒的植物自有的物质	
22	海桐	*Pittosporum tobira*	海桐科海桐花属	常绿灌木或小乔木，高达6m，叶聚生于枝顶，二年生，革质，倒卵形或倒卵状椭圆形，近顶生，伞形花序顶生。花白色，有芳香，后变黄色；蒴果黄绿色，花期3~5月，果熟期9~10月	对气候的适应性较强，能耐寒冷，亦耐暑热，喜光，在半阴处也生长良好	通常可作绿篱栽植，丛植于草丛边缘，列植在路边旁	
23	红叶石楠	*Photinia × fraseri*	蔷薇科石楠属	叶片为革质，枝条上有刺，树干及枝长圆形至倒卵形，叶针状，披针形，叶缘有带腺的锯齿，花多而密，呈顶生复伞房花序。花白色，梨果黄红色，花期5~7月，果期9~10月成熟	在温暖潮湿的环境生长良好，有极强的抗阴能力和抗干旱水能力，但怕不足抗水湿	一至二年生的红叶石楠可修剪成矮小灌木，在园林绿地中作为地被植物片植	
24	紫玉兰	*Yulania liliiflora*	木兰科木兰属	落叶灌木，常丛生，叶椭圆状倒卵形或倒卵形，花叶同时开放，花被片9~12，外轮3片紫绿色，内两轮外面紫红色，内面白色，花瓣状，聚合果，花期3~4月，果期8~9月	喜温暖湿润和阳光充足环境，较耐寒，但不耐旱和盐碱，怕水涝，要求肥沃、排水好的砂质土壤	适用于古典园林中厅前院后配植，也可孤植或散植于小庭院内，也可作绿化点缀	

灌木

续表

序号	中文名	拉丁名	科属	特征	习性	景观应用	照片
25	南天竹	*Nandina domestica*	小檗科南天竹属	常绿小灌木。叶互生，三回羽状复叶，二至三回羽片对生，小叶薄革质，椭圆形或椭圆状披针形，全缘，上面深绿色，冬季变红色，圆锥花序直立，花小，白色，浆果球形，熟时鲜红色，种子扁圆形。花期3-6月，果期5-11月	性喜温暖及湿润的环境，比较耐寒，也耐阴。栽培容易养护。栽培土要求肥沃、排水良好的沙质壤土	赏叶观果的佳品，配置于稀疏的树荫下及林荫道旁	
26	双荚槐	*Casin bicapsularis.L*	豆科决明属	老枝灰色，枝绿色，偶数羽状复叶，长卵形，叶具有昼展夜合的特点。荚果圆条状，花期9~12，10月为盛花期	喜光，稍能耐阴，生长快，宜在疏松、排水良好的土壤中生长，肥沃土壤中开花旺盛	优良园林植物，又是夏秋枯花季节表现出色块亮丽的一种花灌木	
27	美蕊花	*Calliandra surinamensis*	豆科朱缨花属	落叶灌木或小乔木；枝条扩展，小枝褐色，粗糙头状花序腋生，有花约25~40朵，总花梗长1~3.5cm；花冠淡绿色，上部离生的花丝深红色。荚果线状倒披针形，花期10~11月	喜光，喜温暖湿润气候，不耐寒，适生于土层深厚肥沃排水良好的酸性土壤	行道树，庭荫树，四旁绿化和庭园点缀的观赏佳树，适用于池畔、水滨、河岸和溪旁等处散植	
28	米仔兰	*Aglaia odorata*	楝科米仔兰属	数羽状复叶，互生，叶柄上有极狭的翅，有3~7片倒卵形的小叶，全缘，叶面深绿色，有光泽。小型圆锥花序，着生于树端叶腋。花很小，直径约2mm，黄色，香气甚浓，花期很长，以夏、秋两季开花最盛	喜温暖、湿润的气候，怕寒冷；适合生于肥沃、疏松，富含腐殖质的微酸性沙质土中	门厅、庭院及家庭装饰。落花季节又可作为常绿植物陈列于门厅外侧及建筑物前	
29	黄蝉	*Allamanda schottii*	夹竹桃科黄蝉属	常绿灌木，叶3片至5片轮生，叶片椭圆形或倒披针状矩圆形，聚伞花序，花朵金黄色，喉部有橙红色条纹，花冠阔漏斗形，有裂片5枚，花冠基部膨大，内部着生雄蕊5枚。蒴果球形，有长刺。花期5~6月，果期10~12月	喜高温，多湿，阳光充足，与彩色花基础，也可种植于公园、绿地、阶前、扩区、山坡、池畔、路旁群植或做成花篱，供庭园及道路旁	宜地种于花坛、花径或建筑物配置使用	

灌木

续表

序号	中文名	拉丁名	科属	特征	习性	景观应用	照片
30（灌木）	夹竹桃	Nerium indicum Mill.	夹竹桃科 夹竹桃属	常绿直立大灌木，枝条灰绿色，叶3~4枚轮生，聚伞花序顶生，叶面深绿，叶背浅绿色，花冠深红色或粉红色，花冠为单瓣呈5裂时，其花冠为漏斗状，种子长长圆形，花期几乎全年	喜温暖湿润的气候、耐寒力不强，喜光好肥，也较耐荫，萌蘖力强，树体受害后容易恢复	常在公园、风景区、道路旁或河旁、湖旁周围栽培	
1（地被及藤本）	肾蕨	Nephrolepis cordifolia	肾蕨科 肾蕨属	根状茎直立，叶簇生，叶片线状披针形或狭披针形，一回羽状，羽状多数，互生，常密集而呈覆瓦状排列，披针形，叶缘有疏浅的钝锯齿。叶坚草质或草质，孢子囊群成1行位于主脉两侧，肾形	喜温暖潮湿的环境，自然萌发力强，喜半荫，忌强光直射，对土壤要求不严，较耐寒、较耐旱，耐瘠薄	在园林中可作阴性地被植物或布置在墙角、假山和水池边	
2	沿阶草	Ophiopogon bodinieri	百合科 沿阶草属	叶基生成丛，禾叶状，总状花序，具几朵至十几朵花，白色或稍带紫色，种子近球形或椭圆形。花期6~8月，果期8~10月	耐荫植物，耐热耐寒、耐湿性极强，耐旱	一种良好的地被植物，可成片栽于风景区的阴湿空地和水边湖畔做地被植物	
3	银叶菊	Senecio cineraria	菊科 千里光属	植株多分枝，高度一般在50~80cm，叶一至二回羽状分裂，正反面均被银白色柔毛。头状花序单生枝顶，花小，黄色，花期6~9月	较耐寒、耐旱，喜阳光充足的环境	与其他色彩的纯色花卉配置栽植，效果极佳，是重要的花坛观叶植物	
4	红花酢浆草	Oxalis corymbosa	酢浆草科 酢浆草属	叶基生，被毛；小叶3，扁圆状倒心形，二歧聚伞花序，总花梗基倒心形，淡紫色至紫红色，花瓣5，花，果期3~12月	喜向阳、温暖、湿润的环境，抗旱能力较强，喜阴湿不耐寒，对土壤适应性较强	园林中广泛种植，既可以布置于花坛、花境，又适于大片栽植作为地被植物和隙地丛植，还是盆栽的良好材料	

续表

序号	中文名	拉丁名	科属	特征	习性	景观应用	照片
5	彩叶草	*Coleus hybridus*	唇形科鞘蕊花属	茎通常紫色，四棱形，被微柔毛，具分枝。叶边缘具圆齿状锯齿或圆齿，色泽多样，有黄、暗红、紫色及绿色，小坚果宽卵圆形或圆形，压扁，褐色，具光泽，长1~1.2mm。花期7月	喜温性植物，适应性强，稍加遮阴，喜充足阳光，光线充足能使叶色色鲜艳	应用较广的观叶花卉，除作小型观叶花卉陈设外，还可配置图案花坛，也可作为花篮、花束的配叶使用	
6	细叶美女樱	*Verbena tenera*	马鞭草科马鞭草属	茎基部稍木质化，匍匐生长，株高20-30cm，叶对生，三深裂，每个裂片再次羽状分裂，小裂片呈条状。穗状花序顶生，叶有短柄，花冠玫瑰紫色，花期4~10月下旬	喜湿润，光照，生性强健，耐寒	可作花坛，花境，缀花草坪	
7	葱莲	*Zephyranthes candida*	石蒜科葱莲属	多年生草本植物，鳞茎卵形，叶狭线形，亮绿色，花白色，花被片6，蒴果近球形，3瓣开裂；种子黑色，扁平	喜肥沃土壤，耐半荫与高温，宜肥沃，喜阳光充足，带有黏性而排水好的土壤	适用于林下，边缘或半荫处作地被植物，可作花坛、花径的镶边材料，在草坪中成丛散植，可组成缀花草坪	
8	蜘蛛兰	*Hymenocallis speciosa*	石蒜科水鬼蕉属	具发达的根，茎几无，被多数褐色鳞片。根系多，叶簇生，稍扁而弯曲，直立，总状花序1~4个，蒴果椭圆状圆柱形。花期4~7月，果期5~8月	生性强健，耐寒，耐湿，耐高温，喜荫，休眠期不明显，叶色四季青翠。日照充足处较容易开花	布置庭园和室内装饰的佳品	
9	紫背万年青	*Tradescantia spathacea*	鸭跖草科紫露草属	为常绿多年生草本植物，叶披针形，正面绿色，背缘有深浅不同的条斑，背面紫红色，小花白色，花期8~10月，因花朵生于紫红色的两片蚌形的大苞片内，其形似蚌壳吐珠，所以又叫"蚌花"	喜温暖湿润的气候，适宜为生长在温度15~25℃的环境中，喜光也耐荫，畏烈日，要求有肥沃，保水力的土壤	适用于林下，边缘或半荫处作地被植物，可作花坛、花径的镶边材料	

地被及藤本

续表

序号		中文名	拉丁名	科属	特征	习性	景观应用	照片
10		花叶艳山姜	*Alpinia zerumbet var. variegata*	姜科山姜属	多年生草本，叶具鞘，有长椭圆形，两端渐尖，有金黄色纵斑纹，圆锥花序呈总状花序式，花白色，边缘黄色，顶端红色，蒴果卵圆形，夏季6~7月开花	喜明亮或半遮荫环境，喜阴湿环境，较耐水湿，不耐干旱	多用于景观山石一旁、绿地边缘及庭院一角，可在公园、篱笆边等处的水池、庭院边等阴湿地种植，单丛或成行栽培均可	
11	地被及藤本	蔓花生	*Arachis duranensis*	豆科落花生属	复叶互生，小叶两对呈倒卵形。茎为蔓性，匍匐生长，株高10~15cm左右，对质土为佳，对花为蝶形，蝶形色，金黄色，花期春至秋季	有较强的耐荫性，对土壤要求不严，但以沙质土为佳，对有害气体的抗性较强	对有害气体抗性较强，可用于园林绿地，公路的隔离带做地被植物，可植于公路、边坡等地防止水土流失	
12		蔓长春花	*Vinca major*	夹竹桃科蔓长春花属	茎偃卧，叶柄，除叶缘、花萼及花冠喉部有毛外，其余均无毛。叶椭圆形，花单朵腋生，花冠蓝色，花冠筒漏斗状，花冠裂片倒卵形，花期3~5月	喜温暖湿润，喜阴光也较耐荫，稍耐寒，宜生长在深厚肥沃湿润的土壤中	理想的地被植物	
13		使君子	*Quisqualis indica*	使君子科使君子属	小枝被棕黄色短柔毛，叶对生或近对生，叶片长圆形或椭圆状披针形，组成伞房花序式，白色，圆柱状纺锤形。花期初夏，果期秋末	喜光，耐半荫，高温多湿气候，开花更繁茂；喜不耐寒，不耐干旱，在肥沃富含有机质的沙质土壤上土长最佳	适用于布置花柱、花架、花廊和墙垣等	
14		木香花	*Rosa banksiae*	蔷薇科蔷薇属	小枝圆柱形，有短小皮刺；小叶3~5，叶片椭圆状卵形或长圆披针形，花小多朵成伞形花序式，花瓣白色，倒卵形，花瓣重瓣至半重瓣，花期4~5月	喜阳光，亦耐半荫，较耐寒，适生于排水良好的肥沃润湿地。对土壤要求不严，耐干旱，耐瘠薄不耐水湿，忌积水	极好的垂直绿化材料，适用于布置花柱、花架、花廊和墙垣是作绿荫的良好材料	
15		凌霄	*Pyrostegia venusta*	紫葳科凌霄属	落叶攀援藤本，茎木质，树皮脱落，叶对生，为奇数羽状复叶。花顶生流散的短圆锥花序。花萼钟状，花冠内面鲜红色，外面橙黄色。蒴果，花期5~8月	喜充足阳光，也耐半荫。适应性较强，耐寒、耐旱、耐瘠薄，湿积涝，湿积水	庭园中棚架、花门之良好绿化材料；枯树、石壁、墙垣、村树均极适宜；点缀于假山间隙，是绿化墙面直绿化材料	

续表

序号	中文名	拉丁名	科属	特征	习性	景观应用	照片
16	西番莲	*Passiflora caerulea*	西番莲科 西番莲属	攀缘木质藤本植物，无毛，茎圆柱形并微有棱角；叶纸质，基部心形，掌状5深裂，中间裂片卵状长圆形，两侧裂片略小，无毛，全缘；与卷须对生，聚伞花序退化仅存1花，与卷须对生，花大，淡绿色；浆果卵圆球形至近圆球形，熟时橙黄色或黄色；种子多数，倒心形，长约5mm。花期5~7月	喜光，向阳及温暖的气候环境。适应性强，对土壤要求不严，但以富含有机质、疏松、土层深厚、排水良好、阳光充足的向阳园地生长最佳，不耐旱	十分理想的庭园观赏植物，也可作垂直绿化	
17	忍冬	*Lonicera japonica*	忍冬科 忍冬属	半常绿藤本，叶纸质，卵形至矩圆状卵形，总花梗通常单生于小枝上部叶腋，花冠白色，果实圆形，有光泽，熟时蓝黑色，花期4-6月（秋季亦常开花），果熟期10~11月	适应性很强，对土壤和气候选择并不严格，以湿润肥沃的沙质土层较厚的沙质壤土为最佳	庭园布置夏景的极好材料，美化屋顶花园的好树种；老桩作盆景，姿态古雅。花蕾、茎枝入药，是优良的蜜源植物	
18	薜荔	*Ficus pumila*	桑科榕属	攀缘或匍匐灌木，叶两型，叶卵状心形全缘，花果期5-8月	耐贫瘠，抗干旱，对土壤要求不严格，适应性强，幼株耐荫	多作地被或攀缘植物	
19	龙吐珠	*Clerodendrum thomsonae*	马鞭草科 大青属	灌木，叶片纸质，狭卵形或卵状长圆形，全缘，聚伞花序腋生或假顶生，花萼白色，基部合生，花冠深红色，核果近球形，外果皮光亮，棕黑色，花期3~5月	喜温暖、湿润和阳光充足的半阴环境，不耐寒	主要用于温室栽培观赏，可做花架，作盆栽点缀小庭院，与供公园或旅游基地布置作花篮、拱门、凉亭和各种图案等造型	
20	常春藤	*Hedera nepalensis* var. *sinensis*	五加科 常春藤属	多年生常绿攀援灌木，气生根，茎灰棕色或黑棕色，光滑，单叶互生，叶柄上的有鳞片，花枝上的叶椭圆状披针形，伞形花序单个顶生，花淡黄白色或淡绿白色，花药紫色；花盘隆起，黄色。果实圆球形，红色或黄色，花期9~11月，果期翌年3~5月	阴性藤本植物，也能生长在全光照的环境中，在温暖湿润的气候条件下生长良好，不耐寒。对土壤要求不严，喜湿润、疏松、肥沃的土壤，不耐盐碱	垂直绿化使用。多栽植于假山旁、墙根	

地被及藤本

西南地区常用园林植物表

序号	中文名	拉丁名	科属	特征	习性	景观应用	照片
1	南洋杉	*Araucaria cunninghamii*	南洋杉科南洋杉属	乔木，高达60~70m，胸径达1m以上，树皮暗灰色或暗褐色，叶二型，雄球花单生枝顶，圆柱形；球果卵圆形或近椭圆形	喜光，幼苗喜阴。喜暖湿气候，不耐干旱与严寒冷。喜土壤肥沃，抗风力强	宜独植作为园景树或作纪念树。亦可作行道树。但以选无强风地点为宜，以免树冠偏斜	
2	香樟	*Cinnamomum camphora*	樟科樟属	绿大乔木，高可达30m，直径可达3m，树冠广卵形，叶互生，卵状椭圆形，基三出脉，圆锥花序腋生，花绿白或带黄色，果卵球形或近球形，紫黑色；果托杯状，花期4~5月，果期8~11月	多喜光，稍耐荫。喜温暖湿润气候，适于生长在砂质土，较耐水湿，不耐干旱，瘠薄和近盐碱土，萌芽力强	是优良的绿化树，行道树及庭荫树	
3	天竺桂	*Cinnamomum pedunculatum*	樟科樟属	常绿乔木，高10~15m，胸径30~35cm。枝条细弱具香气。叶近对生或在枝上部着互生，卵圆状披针形至长圆形，革质，离基三出脉，圆锥花序腋生，花被筒倒锥形6，花被裂片，花期4~5月，果期7~9月	中性树种。幼年期耐阴。喜温暖湿润气候，在排水良好的微酸性土壤上生长最好，中性土壤亦能适应。在排水不良之处不宜种，对二氧化硫化抗性强	常被用作行道树或庭园树种栽培。同时，也用作造林栽培	
4	楠木	*Phoebe zhennan*	樟科楠属	大乔木，高达30余m。叶芽鳞敷灰黄色叶状长柔毛，叶革质，椭圆形，聚伞状圆锥花序十分开展，被毛，果期圆形，花期4~5月，果期9~10月	喜湿耐荫，立地条件要求较高，造林地以选择土层深厚，肥润的山坡山谷冲积地为宜	著名的庭园观赏和城市绿化树种。为建筑，高级家具等优良材	
5	绿黄葛树	*Ficus virens*	桑科榕属	落叶乔木，叶薄革质或皮纸质，卵状卵形，全缘，榕果至椭圆状卵形，成熟时紫红色，花被片4~5，披针形，瘦果表面有皱纹。花期5~8月	阳性树种，喜温暖，高温湿润气候，抗大气污染，耐旱而不耐寒，对土质要求不严	常用作行道树，为良好的荫蔽树种	

常绿乔木

续表

序号	中文名	拉丁名	科属	特征	习性	景观应用	照片
6	小叶榕	*Ficus microcarpa var. pusillifolia*	桑科榕属	小叶榕属于乔木，高15~20m，胸径25~40cm；树皮深灰色，有皮孔；叶狭椭圆形、全缘，榕果成对腋生或3~4个簇生于无叶小枝叶腋，球形，花被片2，披针形，花果期3-6月	阴性植物，喜欢温暖、高湿、长日照、耐瘠、耐风，抗污染的生长环境，耐修剪，易移植，寿命长	南方城乡道路、广场、公园、风景点、庭院的主要绿化树种，均可单植、列植、群植	
7	红豆杉	*Taxus wallichiana var. chinensis*	红豆杉科 红豆杉属	常绿乔木，雌雄异株。球花授粉。球花小，单生于叶腋内。种子坚果状，球形，着生于杯状假种皮中，当年成熟	典型的阴性树种，只在排水良好的酸性灰棕壤、黄壤上良好生长，苗喜荫忌晒	优良的观赏树木，可作庭园置景树	
8	罗汉松	*Podocarpus macrophyllus*	罗汉松科 罗汉松属	常绿乔木，高达20m，胸径达60cm；树皮灰色或灰褐色，浅纵裂成薄片状脱落。叶螺旋状着生于枝，条状披针形，微弯。雄球花穗状、腋生，雌球花单生于腋种子卵圆形，先端圆，熟时肉质假种皮紫黑色，有白粉，种托肉质圆柱形，红色或紫红色。花期4~5月，种子8-9月成熟	喜光，能耐半荫。喜温暖、湿润环境，耐寒力稍弱。耐修剪。适生于排水良好、深厚肥沃的湿润土壤	广泛用于庭园绿化的优良树种，宜作孤植、对植或树丛配置，可修整成塔形或球形，也可整形后作景点布置	
9	雪松	*Cedrus deodara*	松科雪松属	常绿乔木，树冠尖塔形，大枝平展，小枝略下垂。叶针形，长8~60cm，质硬，灰绿色或银灰色，在长枝上散生，短枝上簇生。10-11月开花。球果翌年成熟，椭圆状卵形，熟时赤褐色	在气候温和凉润、土层深厚排水良好的酸性土壤上生长旺盛	它具有较强的防尘、减噪与杀菌能力，适宜作工矿企业绿化树种。最适宜孤植于草坪中央、建筑前庭、广场中心或主要建筑物的两侧	

常绿乔木

续表

序号	中文名	拉丁名	科属	特征	习性	景观应用	照片
10	白皮松	Pinus bungeana	松科松属	常绿乔木，高达30m。幼树树皮灰绿色，老树树皮灰褐色或灰白色，裂片脱落后露出粉色内皮。叶为3针1束，长5~7cm。球果长5~7cm。种子有短翅。果次年10~11月成熟	为喜光树种，耐瘠薄土壤及较干冷的气候；在土壤深厚、气候温凉、肥润的钙质土和黄土上生长良好	孤植、对植，也可丛植成林或作行道树，它适于庭院中堂前，是一个不错的历史园林绿化传统树种	
11	龙柏	Sabina chinensis var. chinensis cv. Kaizuca	柏科圆柏属	树皮深灰色，纵裂，尖塔形树冠，小枝密集，叶密生，全为鳞叶，球果蓝绿色，果面略具白粉	喜阳，稍耐荫。喜温暖、湿润环境，抗寒、抗干旱，忌积水，喜肥沃、深厚土壤，对土壤酸碱度适应性强，较耐盐碱	应用于公园、庭园，绿墙和高速公路中央隔离带	
12	蒲葵	Livistona chinensis	棕榈科蒲葵属	多年生常绿乔木，高可达20m，基部常膨大，叶阔肾状扇形、掌状深裂至中部，裂片线状披针形，花序呈圆锥状，果实椭圆形橄榄状。花果期4月	喜温暖湿润，不耐旱，能耐短期水涝，很怕北方烈日曝晒。在肥沃、湿润、有机质丰富的土壤里生长良好	热带、亚热带地区重要绿化树种	
13	王棕	Roystonea regia	棕榈科王棕属	乔木；单干，直立叶痕不明显，叶片大，长达3m以上，叶鞘长大，羽状全裂，羽叶狭长柔软，干粗壮雄伟，中下部膨大，呈佛肚状，径达40cm以上。花小，雌雄同株，果实近球形至倒卵形暗红色至淡紫色。种子歪卵形，花期3~4月，果期10月	幼龄期稍耐荫，成龄树喜光。喜土层深厚肥沃的酸性土，不耐干旱贫瘠，较耐干旱，亦较耐水湿	广泛作行道树和庭园绿化树种	

常绿乔木

续表

序号	中文名	拉丁名	科属	特征	习性	景观应用	照片
14	槟榔	Areca catechu	棕榈科 槟榔属	常绿乔木，茎直立，乔木状，高10多m，最高可达30m，有明显的环状叶痕，雌雄同株，花序多分枝，子房长圆形，果实长圆形或卵球形，种子卵形，花果期3~4月	湿热型阳性植物，喜高温，雨量充沛湿润的气候环境	广泛作行道树和庭园绿化树种	
15	海枣	Phoenix dactylifera L.	棕榈科 刺葵属	乔木状，高达35m，叶长达6m；花序为密集的圆锥花序，质脆；雄花序杯状，顶端具3钝齿花萼杯状，花瓣3，雌花异株。果实长圆形或斜卵形。果实长圆形，果期9~10月	耐高温、耐水淹、耐干旱、耐盐碱、耐霜冻	常植于公园、庭园的风景树。可盆栽作室内布置，也可室外露地栽植	
16	棕榈	Trachycarpus fortunei	棕榈科 鱼尾葵属	常绿乔木，高可达7m，干圆柱形，叶片近圆形，叶柄两侧具细圆齿，花序粗壮，雌雄异株。花黄绿色，卵球形；果实阔肾形，有脐，成熟时由黄色变为浅蓝色，有白粉，种子胚乳角质。花期4月，果期12月	性喜温暖湿润、极耐寒、较耐阴，成品极耐旱，不能抵受太大的日夜温差。适生于排水良好、湿润肥沃的中性、石灰性或微酸性土壤，耐轻盐碱，也耐一定的干旱与水湿，抗大气污染能力强。易风倒，生长慢	可列植、丛植或成片栽植，也常用盆栽或桶栽作室内或建筑前装饰及布置会场之用	
17	鱼尾葵	Caryota maxima	棕榈科 鱼尾葵属	乔木状，高10~15m，直径15~35cm，茎绿色具环状叶痕。茎干直立不分枝，叶大型，羽状二回羽状全裂，叶片厚，革质，大而粗壮，上部有不规则齿状缺刻，先端下垂，酷似鱼尾。花序长，花3朵簇生，肉穗花序下垂，小花黄色。果球型，成熟后紫红色。花期5~7月，果期8~11月	喜疏松、肥沃、富含腐殖质的中性土壤，不耐盐碱，也不耐强酸，不耐干旱瘠薄，也不耐水涝	可列植、丛植或成片栽植，也常用盆栽或桶栽作室内或建筑前装饰及布置会场之用	

常绿乔木

续表

序号	中文名	拉丁名	科属	特征	习性	景观应用	照片
18	假槟榔	*Archontophoenix alexandrae*	棕榈科 假槟榔属	高达20~30m；干幼时绿色，老则灰白色，基部略膨大，有梯形环纹，光滑面羽状复叶簇生干端，小叶排成二列，背面单性同株，花序生干叶丛之下	喜光，喜高温多湿气候，不耐寒	华南城市常栽作庭园风景树或行道树	
19	女贞	*Ligustrum lucidum*	木犀科 女贞属	叶片常绿、革质、卵形，圆锥花序顶生，肾形，深蓝黑色，成熟时呈红黑色，被白粉；果梗长0~5mm。花期5~7月，果期7月至翌年5月	耐寒性好、耐水湿，喜温暖湿润气候，喜光耐荫	枝叶茂密，树形整齐，是园林中常用的观赏树种，可于庭院孤植或丛植	
20	桂花	*Osmanthus fragrans (Thunb.) Lour.*	木犀科 木犀属	质坚皮薄，叶长椭圆形，面端尖，对生，经冬不凋。花生叶腋同，花冠合瓣四裂，果歪斜，椭圆形，长1~1.5cm，呈紫黑色。花期9~10月上旬，果期翌年3月	桂花喜温暖，抗逆性强，既耐高温，也较耐寒，宜栽植在通风透光的地方	常作园景树，有孤植、对植，也有成丛成林栽种。在中国古典园林中，桂花常与建筑物、山、石机配	
21	杜英	*Elaeocarpus decipiens*	杜英科 杜英属	高可达15m，叶革质，披针形或倒披针形。总状花序多生于叶腋，花序轴纤细，花白色，核果椭圆形，外果皮无毛，内果皮坚骨质，花期6~7月	喜温暖潮湿环境，耐寒性稍差。稍耐荫，根系发达，萌芽力强，耐修剪，喜排水良好、湿润、肥沃的酸性土壤	是庭院观赏和四旁绿化的优良品种	 

常绿乔木

续表

序号	中文名	拉丁名	科属	特征	习性	景观应用	照片
22	橄榄	*Canarium album*	橄榄科 橄榄属	高可达35m，胸径可达150cm。小叶3~6对，纸质至革质，叶背腋生。果存具1~6果。卵圆形至纺锤形，成熟时黄绿色，花期4~5月，果10~12月成熟	喜温暖，生长期需适当高温才能生长旺盛，只要土层深厚、排水良好都可生长良好	很好的防风树种及行道树	
23	广玉兰	*Magnolia grandiflora*	木兰科 木兰属	小枝、芽、叶下面、叶柄，均密被褐色或灰褐色短绒毛，叶厚革质，花白色，有芳香厚肉质，聚合果，花期5~6月，果期9~10月	生长喜光，喜温湿气候，有一定抗寒能力。适生干干燥、肥沃、湿润与排水良好微酸性或中性土壤	孤植、对植或丛植，群植配置，可作行道树	
24	红花木莲	*Manglietia insignis*	木兰科 木莲属	高达30m，胸径40cm；小枝无毛或幼嫩时在节上致锈色。叶革质，倒披针形，单叶互生，花芳香，花被片9~12，外轮3片带绿色，腹面染红色或紫色，中内轮6~9片，乳白色染粉红色，聚合果，花期5~6月，果期8~9月	耐荫，喜湿润、肥沃的土壤，木质优良	常植于公园、庭园的风景树	
25	乐昌含笑	*Michelia chapensis*	木兰科 含笑属	高15~30m，胸径1m，树皮灰色至深褐色，叶薄革质，倒卵形，花被片淡黄色6片，芳香，2花，外轮倒卵状椭圆形，聚合果，花期3~4月，果期8~9月	喜温暖、湿润的气候，喜光，亦能耐寒。喜偏阴，喜土壤深厚、疏松、肥沃、排水良好的酸性至微碱性土壤，在干旱性的土壤中生长状况差	可孤植或丛植于园林中，亦可作行道树	
26	深山含笑	*Michelia maudiae*	木兰科 含笑属	常绿乔木，高达20m，芽、嫩枝、叶下面，叶互生，革质深绿色，叶背淡绿色，长圆状椭圆形，被白粉，花被片9片，花芳香，圆形，纯白色，基部稍呈红色，聚合果，花期2~3月，果期9~10月	喜温暖、湿润环境，喜光，有一定耐寒能力。喜土层深厚、疏松、肥沃而湿润的酸性砂质土。根系发达，萌芽力强	为庭园观赏树种和四旁绿化树种	

常绿乔木

续表

序号	中文名	拉丁名	科属	特征	习性	景观应用	照片
常绿乔木 27	峨眉含笑	*Michelia wilsonii*	木兰科含笑属	乔木，可达8m。叶革质，长圆形或卵状长圆形花梗密被淡黄色长绒毛；花黄色，花被片长圆形或倒卵状长圆形。聚合果圆柱形，3月开花，11月结果	中性偏阴树种。喜温暖湿润气候。根系发达。适于土层深厚，腐殖质较丰富的酸性或微酸性的沙质黄壤	可供庭园观赏，也可作适生地区的主要造林树种	
落叶乔木 28	银杏	*Ginkgo biloba*	银杏科银杏属	落叶大乔木，胸径可达4m，枝近轮生，叶互生，它的叶脉形式为"二歧状分叉叶脉"。花雌雄异株，单性。4月开花，10月成熟，种子卵圆形或近圆球形，被白粉，外种皮肉质，熟时黄色或橙黄色	银杏为喜光树种，深根性，对气候、土壤的适应性较强，但不耐盐碱土及过湿的土壤	被广泛应用，城市绿化、行道树、庭荫树等	
29	金丝垂柳	*Salix X aureo-pendula*	杨柳科柳属	落叶大乔木，高可达10m以上，树冠长卵圆形或圆圆形，枝条细长下垂，小枝黄色或金黄色。叶狭长披针形，缘有细锯齿。秋天，新梢、主干逐渐变黄，冬季通体金黄色	喜光，较耐寒，性喜水湿，也能耐干旱，耐盐碱，以湿润、排水良好的土壤为宜	可作行道树、庭荫树或孤植于草地、建筑物旁、湖边	
30	刺桐	*Erythrina variegata*	豆科刺桐属	落叶大乔木，高可达20m。羽状复叶具3小叶，总状花序顶生，花冠红色，花期3月，荚果肿胀黑色，果期8月	喜温暖湿润、光照充足的环境，耐旱也耐湿，对土壤要求不严，宜肥沃排水良好的砂壤土；不甚耐寒	单植于草地或建筑物旁，可供公园、绿地及风景区美化，又是公路及市街的优良行道树	
31	皂荚	*Gleditsia sinensis*	豆科皂荚属	落叶乔木高可达30m；枝灰色至深褐色，叶为一回羽状复叶，边缘具细锯齿，花杂性，黄白色，组成总状花序；花序腋生或顶生，花期3~5月；果期5~12月	性喜光而稍耐荫，喜温暖湿润的气候及深厚肥沃适当湿润的土壤，在石灰质及盐碱甚至粘土或砂土均能正常生长	可用做防护林和水土保持林，用于城乡观赏，道路绿化	

续表

序号	中文名	拉丁名	科属	特征	习性	景观应用	照片
32	国槐	*Sophora japonica*	豆科槐属	乔木，高达25m；树皮灰褐色，具纵裂纹。羽状复叶，圆锥花序顶生，花冠白色或淡黄色，荚果串珠状，种子卵球形，淡黄绿色，干后黑褐色。花期6~7月，果期8~10月	喜光而稍耐荫，喜土质肥沃，土层深厚的壤土或沙壤土为宜。其对中性、石灰性和微酸性土质均能适应，但干旱、瘠薄及低洼积水圃地生长不良	单植于草地或建筑物旁，可供公园、绿地及风景区美化，又是公路及市街的优良行道树	
33	樱桃李	*Prunus Cerasifera*	蔷薇科李属	高可达8m；叶片椭圆形、卵形或倒卵形，边缘有圆钝锯齿，有时混有重锯齿，花瓣白色，长圆形或匙形，边缘波状，核果近球形或椭圆形。花期4月，果期8月	喜阳光，温暖湿润气候，有一定的抗旱能力。对土壤适应性强，不耐干旱、较耐水湿，但在肥沃、深厚、排水良好的酸质中性、酸性土壤中生长良好，不耐碱	单植于草地或建筑物旁，可供公园、绿地及风景区美化	
34	枇杷	*Eriobotrya japonica*	蔷薇科枇杷属	常绿乔木，高可达10m；小枝粗壮，密生锈色或灰棕色绒毛。叶片革质，披针形上部边缘有疏锯齿，基部全缘，上面光亮、多皱，下面密生灰棕色绒毛，圆锥花序顶生，花瓣白色，基部有锈色绒毛，果实球形或长圆形，黄色或橘黄色。花期10~12月，果期5~6月	光，稍耐荫，喜温暖气候和肥水湿润，排水良好的土壤，稍耐寒	单植于草地或建筑物旁，可供公园、绿地及风景区美化，也可作庭院树	
35	白花山碧桃	*Amygdalus davidiana var. davidiana f. Albo-plena*	蔷薇科李属	树皮光滑，深灰色或暗红褐色。小枝细长，黄褐色；花白色，花蕾卵形，花萼卵形，复瓣，花瓣数18枚叶绿色，椭圆披针形，花期在所有桃花品种中最早	喜光，耐寒、耐旱较耐盐碱，忌水湿	可用于庭院及行道树栽植	
36	无患子	*Sapindus saponaria Linnaeus*	无患子科无患子属	落叶乔木，枝开展，叶互生，无托叶；有柄；圆锥花序，顶生及侧生；花杂性，花冠淡绿色，有短爪；核果球形，种子球形，黑色或棕黄色。花期6~7月，果期9~10月	喜光，稍耐荫，耐寒能力较强。对土壤要求不严，不耐水湿，能耐干旱，是对二氧化硫抗性较强，是工业城市生态绿化的首选树种	绿化的优良观叶、观果树种	

落叶乔木

序号	中文名	拉丁名	科属	特征	习性	景观应用	照片
37	榔榆	*Ulmus parvifolia*	榆科榆属	落叶乔木，高达25m，胸径可达1m；树皮灰色或灰褐，裂成不规则鳞状薄片剥落，叶质地厚，披针状卵形或卵状椭圆形，基部偏斜，楔形或一边圆，单锯齿，花3~6数在叶腋簇生或排成簇状聚伞花序，果翅精厚，有疏生短毛。花果期8~10月	喜光，耐干旱，在酸性、中性及碱性土上均能生长，但以气候温暖、土壤肥沃，排水良好的中性土壤为最适宜的生境。唯病虫害较多。萌芽力强	良好的观赏树及工厂绿化，四旁绿化树种，适宜种植，常孤植成景，亭榭附近，也可配于山石之间，为制作盆景的好材料	
38	重阳木	*Bischofia polycarpa*	大戟科秋枫属	落叶乔木，高达15m，树皮褐色纵裂；三出复叶；顶生小叶通常较两侧的大，小叶片纸质，卵形或椭圆状卵形，基部圆或浅心形，边缘具钝细锯齿，花雌雄异株，春季与叶同时开放，组成总状花序，果实浆果状，花期在4~5月，果期10~11月	喜光，也略耐荫，耐干旱瘠薄，也耐水湿并有很强的抗寒能力	良好的庭荫和行道树种。用于堤岸、溪边、湖畔和草坪周围作为点缀树种有极好观赏价值。孤植、丛植或与常绿树种配置，在住宅绿化中可用于行道树	
39	白蜡树	*Fraxinus chinensis*	木犀科梣属	落叶乔木，树皮灰褐色纵裂。羽状复叶，小叶5~7枚，硬纸质，卵形、倒卵形，圆卵形至披针形，顶生或腋生枝梢，花期4~5月，果期7~9月	喜光树种，对霜冻湿涝湿润敏感。喜深厚较肥沃湿润的土壤	优良的行道树，庭院树，公园树和遮荫树；可用于湖岸绿化和工矿区绿化	
40	法国梧桐	*Platanus orientalis*	悬铃木科悬铃木属	干皮灰褐色至灰白色，呈薄片状剥落。幼枝、幼叶密生褐色星状毛。叶掌状5~7裂，深裂达中部。裂片长大于宽，叶基阔楔形或截形，叶缘有齿牙、掌状脉，托叶圆领状。花序头状，黄绿色。多数坚果聚集全叶球形，3~6球成一串，宿存花往长，呈刺毛状，果柄长而下垂	喜光，喜湿润温暖气候，较耐寒。对土壤要求不严，抗空气污染能力较强，耐修剪，抗烟尘	世界著名的优良庭荫树种和行道树，作为街坊、厂矿绿化颇为合适	

落叶乔木

续表

序号	中文名	拉丁名	科属	特征	习性	景观应用	照片
41	灯台树	*Cornus controversa*	山茱萸科 山茱萸属	落叶乔木，高6~15m，树皮光滑，暗灰色或带黄灰色；叶互生，纸质，阔卵形，全缘，上面黄绿色，无毛，下面灰绿色，密被浓白色平贴短柔毛，中脉在上面微回陷，伞房状聚伞花序顶生，花小，白色核果球形花期5~6月；果期7~8月	喜温暖气候及半荫环境，适应性强，耐寒、耐热，生长快。宜在肥沃、湿润及疏松、排水良好的土壤上生长	适宜在草地孤植，丛植，亦可在园林中栽植。作庭荫树或公路、街道两旁裁作行道树，或于森林公园和自然风景区作秋色叶树种片植营造风景林	
42	五角枫	*Acer pictum subsp. Mono*	槭树科槭属	落叶乔木。高可达20m。胸径可达1m。树皮灰褐色或灰色，宽长圆形，叶上面绿色，无毛，下面淡绿色，叶柄较细，花较小，常组成顶生的伞房花序，花瓣黄白色，翅果近椭圆形。花果期5~9月	稍耐荫，深根性，喜湿润肥沃土壤，在酸性、中性、石灰岩上均可生长。萌生性强	优良的乡土彩色叶树种资源，优良的绿化树种，理想的防火树种	
43	元宝枫	*Acer truncatum*	槭树科槭属	落叶乔木，高8~10m。单叶；单叶对生；树皮纵裂，掌状5条；掌状，主脉5条，花黄绿色，伞房花序顶生，花期在5月，果期在9月	耐荫，喜温凉湿润气候，耐寒性强，对土壤要求不严，吸附粉尘的能力亦较强	优良的观叶树种。宜作庭荫树，行道树或风景林树种。现多用于道路绿化，也用于工矿区绿化	
44	鸡爪槭	*Acer palmatum*	槭树科槭属	落叶小乔木。树冠伞形。叶近圆形，基部心形或近心形，常7深裂，裂片披针形，先端尾状锐尖，缘有重锯齿。后叶开花；花紫色，杂性；雄花与两性花同株；伞房花序。萼片卵状披针形；花瓣椭圆形或倒卵形。幼果紫红色，果核球形。花果期5~9月	喜疏荫的环境，夏日怕日光曝晒，抗寒性强，较耐阴干旱，耐酸碱，较耐水涝，不耐水涝，凡西晒及潮风所到地方，生长不良，适应于湿润和富含腐殖质的土壤	可作行道和观赏树，是较好的"四季"绿化树种，也可以盆栽用于室内美化	
45	红枫	*Acer palmatum cv. Atropurpureum*	槭树科槭属	高2~8m，枝条多细长光滑，偏紫红色。叶掌状，5~7深裂纹，裂片卵状披针形，先端尾状尖，缘有重锯齿。花顶生伞房花序，紫色翅果，两翅向成钝角。花期4~5月，果熟期10月	性喜湿润温暖和凉爽的环境，较耐荫，耐寒，忌烈日暴晒，但春、秋季能在全光照下生长。对土壤要求不严，不耐水涝	可作行道和观赏树，栽植，是较好的"四季"绿化树种，也可以盆栽用于室内美化	

落叶乔木

续表

序号	中文名	拉丁名	科属	特征	习性	景观应用	照片
46	黄栌	*Cotinus coggygria*	漆树科 黄栌属	落叶乔木，树冠圆形，高可达3~5m，单叶互生，叶片全缘或具细齿，倒卵形或卵圆形。圆锥花序疏松，顶生，花小，杂性，花瓣5枚，长卵圆形或卵状披针形，核果小，肾形扁平，绿色，花期5~6月，果期7~8月	性喜光，也耐半阴。耐寒，耐干旱瘠薄和碱性土壤，不耐水湿。对二氧化硫有较强抗性。秋季当昼夜温差大于10℃时，叶色变红	宜丛植于草坪、土丘或山坡，亦可混植于其他树群尤其是常绿树群中，良好的造林树种	
47	鹅掌楸	*Liriodendron chinensis*	木兰科 鹅掌楸属	小枝灰色或灰褐色。叶马褂状，花杯状，花被片9，具翅的小坚果长7~9cm，聚合果长期5月，果期9~10月	喜光及温和湿润气候，有一定的耐寒性，喜深厚肥沃、适湿而排水良好的酸性或微酸性土壤，不耐干旱，忌低湿水涝	行道树，庭荫树种，可丛植、列植或片植	
48	白玉兰	*Magnolia denudata*	木兰科 木兰属	高达17m，树皮灰色。嫩枝及芽密被淡黄白色微柔毛，叶薄革质，长椭圆形或披针状椭圆形，花白色，极芳香；花被片10片，披针形，花期4~9月，夏季盛开，通常不结实	适宜生长于温暖湿润气候和肥沃疏松的土壤，喜光。不耐干旱，也不耐水涝	北方早春观花树木，古时多在亭、台、楼、阁前栽植。现多见于园林，厂矿，庭前孤植、散植，或于道路两侧作行道树	
49	木兰	*Magnolia liliflora*	木兰科 木兰属	落叶乔木，叶纸质，倒卵形，花蕾卵圆形，花先叶开放，芳香，花被片9片，基部常带粉红色，聚合果圆柱形，种子心形，花期2~3月，果期8~9月	喜光，较耐寒，但不耐旱。要求肥沃湿润的质土壤，不耐碱。怕水涝	庭荫树种，无论丛植、列植或片植皆可	
50	木棉	*Bombax malabaricum*	木棉科 木棉属	落叶乔木，高可达25m，树皮灰白色，小叶5~7片，长圆形至长圆状披针形，全缘，两面均无毛，花单生枝顶叶腋，通常红色，密被灰白色长柔毛和星状柔毛。花期3~4月，果夏季成熟	喜温暖干燥和阳光充足环境，不耐寒，稍耐湿，忌积水，耐旱，肥沃，抗污染，以深厚、排水良好的中性或微酸性砂质土壤为宜	优良的行道树，庭荫树和风景树	
1	鹅掌柴	*Schefflera heptaphylla*	五加科 鹅掌柴属	常绿灌木。分枝多，枝条紧密，掌状复叶，小叶5~8枚，长卵圆形，革质，深绿色，有光泽。圆锥状花序，小花淡红色，浆果淡红色	喜温暖，湿润，半阴环境，喜湿怕干，以肥沃、疏松和排水良好的砂质壤土为良	可庭院孤植，是南方冬季的蜜源植物，并通过光合作用将光合之转换为无害的植物自有的物质	

续表

序号	中文名	拉丁名	科属	特征	习性	景观应用	照片
2	八角金盘	*Fatsia japonica*	五加科 八角金盘属	常绿灌木，茎光滑无刺。叶片大，革质，掌状7~9深裂，裂片长椭圆状卵形，圆锥花序顶生，花序轴被褐色绒毛；花瓣5，黄白色，近球形，直径5mm，熟时黑色。花期10~11月，果熟期翌年4月	喜温暖湿润的气候，耐荫，不耐干旱，有一定耐寒力。宜种植有排水良好和湿润的砂质壤土中，对二氧化硫抗性较强	适宜配植于庭院、门旁、窗边、墙隅及建筑物背阴处，可成片拌植于草坪边缘及林下地。适于厂矿区，街防种植	
3	龟甲冬青	*Ilex crenata var. convexa*	冬青科 冬青属	常绿小灌木，叶小而密，厚革质，边缘具圆齿状锯齿，椭圆形至长倒卵形。花白色，果球形，黑色。花期5~6月，果期8-10月	喜温暖气候，适应性强，但以湿润、肥沃的微酸性黄土最为适宜，性喜光，稍耐荫，喜温湿气候。较耐寒	园林多成片栽植作为地被树，也常用于彩块及彩条条件作为基础种植。也可植于花坛、树坛及园路交叉口	
4	海桐	*Pittosporum tobira*	海桐科 海桐花属	常绿灌木或小乔木，高达6m，叶聚生于枝顶，二年生，革质，伞形或近伞房状伞形花序顶生或近顶生，花白色，有芳香，后变黄色；蒴果花期3-5月，果熟期9-10月	对气候的适应性较强，能耐寒冷，亦颇耐暑热，喜光，在半阴处也生长良好	通常可作绿篱栽植，也可孤植、丛植或草丛边缘、林缘或路边。列则式的对称配植	
5	大叶黄杨	*Buxus megistophylla*	卫矛科 卫矛属	灌木，高0.6~2m，小枝四棱形，光滑，无毛。叶革质或薄革质，卵形、椭圆形或椭圆状披针形以至披针形，叶面光亮，仅中面中脉基部及叶柄疏微细毛。其余均无毛。花序腋生。花期3~4月，果期6~7月	喜光，稍耐荫，有一定耐寒力，对土壤要求不严	栽植绿篱及背景种植材料，也可单株栽植在花境内，丛植，更适合用于规则式的对称配植	
6	小叶黄杨	*Buxus sinica var. parvifolia*	黄杨科 黄杨属	树干灰白光洁，枝条密生，枝四棱形，叶对生，革质，全缘，椭圆或倒卵形，先端圆或微凹，表面亮绿色，背面黄绿色。花簇生于叶腋或枝端，花黄绿色。花期3~4月，果期8-9月	性喜肥沃湿润土壤，忌酸性土壤。抗逆性强，耐水肥，抗污染，能吸收空气中的二氧化硫等有毒气体，有耐寒，耐盐碱，抗病虫害等许多特性	常用的观叶树种，其不仅是常绿树种，而且抗污染，能吸收空气中的二氧化硫等有毒气体、净化作用，特别适合车辆流量较高的公路旁栽植绿化	

灌木

续表

序号	中文名	拉丁名	科属	特征	习性	景观应用	照片
7	红花檵木	*Loropetalum chinense var. rubrum*	金缕梅科 檵木属	树皮暗灰或浅灰褐色，多分枝。叶革质互生，卵圆形或椭圆形，全缘，两面均有星状毛，暗红色。花瓣4枚，紫红色线形，花3~8朵簇生于小枝端。蒴果褐色，近卵形。花期4~5月	喜光，稍耐荫，但阴时叶色容易变绿。适应性强，耐旱。喜温暖，耐寒冷，耐修剪	广泛用于色篱、模纹花坛、灌木球、彩叶小乔木、桩景造型。盆景等城市绿化美化	
8	洒金东瀛珊瑚	*Aucuba japonica*	山茱萸科 叶珊瑚属	丛生。叶对生，肉革质，矩圆形，缘疏生粗齿牙。叶面黄斑累累，酷似洒金。花单性，雌雄异株，为顶生圆锥花序，紫褐色。核果长圆形	性喜温暖阴湿环境，不甚耐寒，在林下露松肥沃的微酸性土或中性壤土生长繁茂。	宜配植于庭院墙隅、池畔湖边和溪流林下，凡阴湿之处无不适宜	
9	小叶女贞	*Ligustrum quihoui*	木犀科 女贞属	小灌木；叶薄革质，披针形。长圆状椭圆形；圆锥花序顶生，花白色，香，无梗；花冠筒和花冠裂片等长；花药超出花冠裂片。核果宽椭圆形，黑色，花期5~7月，果期8~11月	喜光照，稍耐荫，较耐寒，华北地区可露地栽培；对二氧化硫、氯气等毒气有较好的抗性。性强健，耐修剪，萌发力强	主要作绿篱栽植；其主枝叶常密、圆整，庭院中常栽培观赏。种有毒气，是优良的抗污染树种，为园林绿化中重要的绿篱材料	
10	迎春花	*Jasminum nudiflorum*	木犀科 素馨属	落叶灌木植物，直立或匍匐，小枝四棱形，叶对生，三出复叶，小叶片卵形。卵形小枝基部常具单叶；花单生于去年生小枝的叶腋，花冠黄色，裂片5~6枚，长圆形或椭圆形，先端锐尖或圆钝。花期6月	喜光，稍耐荫，略耐寒，怕涝，在华北地区和鄢酸也可露地越冬。要求温暖而湿润的气候，疏松肥沃和排水良好的沙质土，在酸性土中长延盛，碱性土中生长不良	园林绿化中宜配置在湖边、溪畔、桥头、墙隅、或在草坪、林缘、坡地、房屋周围也可栽植，可供早春观花	
11	毛丁香	*Syringa tomentella*	木犀科 丁香属	灌木，叶片卵状披针形、卵状椭圆形。圆锥花序直立，花冠淡紫红色、粉红色或近白色，稍呈漏斗状，果长圆状椭圆形，花期6~7月，果期9月	阳性，耐旱，较耐寒。耐瘠薄	可丛植于路边与其他花木搭配栽植在林缘，也可在庭前、窗外孤植，或布置成丁香专类园	

灌木

续表

序号	中文名	拉丁名	科属	特征	习性	景观应用	照片
12	南天竹	*Nandina domestica*	小檗科 南天竹属	常绿小灌木。叶互生，三回羽状复叶，二至三回羽片对生；小叶薄革质，椭圆形或椭圆状披针形，全缘，上面深绿色，冬季变红色，圆锥花序直立，花小，白色，浆果球形，熟时鲜红色，种子扁圆形。花期5~11月，果期5~11月	性喜温暖及湿润的环境，比较耐荫。也耐寒。容易养护。栽培土要求肥沃、排水良好的沙质壤土	赏叶观果的佳品，配置于稀疏的树荫下及林荫道旁	
13	十大功劳	*Mahonia fortunei*	小檗科 十大功劳属	灌木，叶倒卵形至倒卵状披针形，边缘每边具5~10刺齿，总状花序，花黄色，浆果球形，紫黑色，被白粉。花期7~9月，果期9~11月	喜温暖湿润，性强健，耐荫，忌烈日曝晒，有一定的耐寒性，较抗旱。极不耐碱，怕水涝	由于二氧化硫的抗性较强，是工矿区的植物，可植绿篱、庭院，园林围墙作基础种植	
14	铺地柏	*Juniperus procumbens*	柏科 刺柏属	匍匐小灌木，高达75cm，贴近地面伏生，叶全为刺叶，3叶交叉轮生，叶上面有2条白色气孔线，下面基部有2白色斑点，球果球形，被白粉，球果近卵圆形，内含种子2~3粒	阳性树，能在干燥的砂地上生长良好，喜石灰质的肥沃土壤，忌低湿地点	在园林中可配植于岩石园或草坪角隅，也是缓土坡的良好被植物，亦经常盆栽观赏	
15	千头柏	*Platycladus orientalis* cv. *Sieboldii*	柏科 侧柏属	树皮浅灰褐色，纵裂成条片；生鳞叶的小枝扁平，排成一平面，叶鳞形，雄球花黄色，卵圆形，雌球花近球形，蓝绿色，被白粉。球果近卵圆形花期3~4月，球果10月成熟	适应性强，对土壤要求不严，水大易导致植株烂根，喜光	作绿篱树或庭园树种	
16	山茶	*Camellia japonica*	山茶科 山茶属	叶革质，椭圆形，花顶生，红色，苞片及萼片约10片，外轮花丝基部连生，蒴果圆球形，花期1~4月	半阴性植物，喜温暖、湿润和半阴环境。怕高温，忌烈日。选择土层深厚、疏松、排水性好、酸碱度出5~6为宜	山茶耐荫，江南地区配置于疏林边缘、庭院散植，可于林缘路旁散植，北方宜盆栽观赏	

灌木

续表

序号	中文名	拉丁名	科属	特征	习性	景观应用	照片
灌木							
17	茶梅	Camellia sasanqua	山茶科 山茶属	叶革质，椭圆形，边缘有细锯齿，花瓣阔倒卵形，红色，蒴果球形，种子褐色，无毛	性喜阴湿，以半阴半阳最为适宜。喜温暖湿润的气候，宜生长在微酸性土壤	优良的花灌木，庭院中孤植或对植；配置花坛、花境，或作配景材料，作花篱	
18	夹竹桃	Nerium indicum	夹竹桃科 夹竹桃属	常绿直立大灌木，枝条灰绿色，叶3~4枚轮生，叶面深绿，叶背浅绿色，聚伞花序顶生，花冠深红色或粉红色，花冠漏斗状，其花冠为单瓣呈5裂时，种子长圆形，花期几乎全年	喜温暖湿润的气候，耐寒力不强，喜光好肥，也较耐阴，萌蘖力强，树体受害后容易恢复	常在公园、风景区、道路旁或河旁、湖旁周围栽培	
19	木槿	Hibiscus syriacus	锦葵科 木槿属	落叶灌木，叶菱形至三角状卵形，具深浅不同的3裂或不裂，木槿花单生于枝端叶腋间，花萼钟形，裂片5，三角形，花朵色彩有纯白、淡粉红、淡紫、紫红等。蒴果卵圆形，花期7~10月	对环境的适应性很强，较耐干燥和贫瘠，尤喜光和温暖潮润的气候，稍耐阴，喜温暖湿润气候	夏、秋季的重要观花灌木，南方多作花篱、绿篱；北方作庭园点缀及室内盆栽。很强的滞尘功能，是有污染工厂的主要绿化树种	
20	米仔兰	Aglaia odorata	楝科 米仔兰属	数羽状复叶，互生，叶柄上有极狭的翅，每复叶有3~7片倒卵形的小叶，全缘。叶面深绿色，有光泽。小型圆锥花序，着生于枝端叶腋，花很小，直径约2mm，黄色，香气甚浓。花期很长，以夏、秋两季开花最盛	喜温暖、湿润的气候，怕寒冷；适合生于肥沃、疏松、富含腐殖质的微酸性沙质土中	门厅、庭院及家庭装饰。落花季节又可作为绿植物陈列于门厅外侧及建筑物前	
21	杜鹃	Rhododendron simsii	杜鹃花科 杜鹃属	落叶灌木，分枝多而纤细，密被亮棕褐色扁平糙伏毛。叶革质，卵形、椭圆状卵形，花冠阔漏斗形、玫瑰色、鲜红色或暗红色，蒴果卵球形，花期4~5月，果期6~8月	性喜凉爽、湿润、通风的半阴环境，既怕酷热又怕严寒	优良的盆景材料。园林中最宜在林缘、溪边、池畔及石旁成丛成片栽植，可于疏林下散植，是花篱的良好材料	

续表

序号	中文名	拉丁名	科属	特征	习性	景观应用	照片
22	栀子	Gardenia jasminoides var. fortuniana	茜草科 栀子属	叶对生，革质，稀为3枚轮生，叶形多样，通常为长圆状披针形，花芳香，通常单朵生于枝顶，花冠白色或浅黄色，果卵形，花期3-7月，果期5月至翌年2月	喜温暖湿润和阳光充足环境，怕积水，要求疏松、肥沃和酸性的沙壤土	它适用于阶前、池畔和路旁配置，也可有作篱和盆栽观赏，花还可做捅花和佩带装饰	
23	蜡梅	Chimonanthus praecox	蜡梅科 蜡梅属	落叶灌木，常丛生。叶对生，椭圆状卵形至卵状披针形，先花后叶，芳香，花期11月至翌至3月，果期4~11月	性喜阳光，能耐阴，耐寒、耐旱，忌渍水	片状栽植，作主景配置，岩石、假山配置	
24	棣棠	Kerria japonica	蔷薇科 棣棠花属	灌木，小枝有棱，绿色，无毛。叶卵形或三角形，边缘有重锯齿，边缘锯齿，花单生于侧枝顶端；无毛，裂片5，卵形，全缘，无毛；花瓣黄色，宽椭圆形；瘦果圆形。花期4~6月，果期6-8月	喜温暖湿润和半阴环境，耐寒性较差，对土壤要求不严，以肥沃、疏松的沙壤土生长最好	宜作花篱、花径，群植于常绿树丛之前，古木之旁，山石缝隙之的沙壤池畔、水边、溪流及湖沿沿岸成片栽种，均甚相宜	
25	绣线菊	Spiraea Salicifolia	蔷薇科 绣线菊属	直立灌木，叶片长圆披针形至披针形，基部楔形，边缘密生锐锯齿，有时为重锯齿，花序为长圆形或金字塔形的圆锥花序，花未密集，花期6~8月，果期8~9月	喜光也稍耐荫、抗寒，抗旱，喜温暖湿润的气候和深厚肥沃的土壤。萌蘖力强，耐修剪	在园林中应用较为广泛，是庭院观赏的良好植物材料，园林中夏季观花的极佳的植物材料	
26	月季花	Rosa chinensis	蔷薇科 蔷薇属	直立灌木，四季开花，一般为红色，或粉色，偶有白色和黄色，果红色，花期4~9月，果期6~11月	以疏松、肥沃、富含有机质、微酸性、排水良好的壤土较为适宜。性喜温暖、日照充足、空气流通的环境	美化庭院，装点园林，布置花坛，配植花篱、花架，月季栽培容易，可作切花	

灌木

续表

	序号	中文名	拉丁名	科属	特征	习性	景观应用	照片
灌木	27	红叶石楠	Photiniax fraseri	蔷薇科 石楠属	叶片为革质，树干及枝条上有刺。叶片长圆形至卵状、披针形，叶缘有带腺的锯齿，花多而密，呈伞房花序，复伞房花序。花期5~7月，果期9~10月成熟	在温暖潮湿的环境生长良好，有较强的抗阴能力和抗干旱能力。但是不抗水湿	一至二年生的红叶石楠可修剪成矮小灌木，在园林绿地中作为地被植物片植	
	28	贴梗海棠	Chaenomeles speciosa	蔷薇科 木瓜属	落叶灌木，叶片卵形至椭圆形，边缘具有尖锐锯齿，花先叶开放，3~5朵簇生于二年生老枝上；花瓣倒卵形或近圆形，猩红色，稀淡红色或白色，果实球形或卵球形，黄色或带黄绿色，有稀疏不显明斑点，花期3~5月，果期9~10月	温带树种，适应性强。喜光，也耐半荫、耐寒，耐旱。对土壤要求不严，在肥沃、排水良好的黏土，壤土中均可正常生长，忌低洼和盐碱地	公园、庭院、校园、广场等道路两侧可栽植，可作为独特孤植观赏树或五成丛点缀，或庭院点缀	
	29	三角梅	Bougainvillea glabra	紫茉莉科 叶子花属	藤状灌木。叶互生；有柄，花顶生，通常3朵簇生在苞片内，叶片纸质，卵形或卵状披针形，花顶生枝端的3个苞片内，苞片叶状，紫色或洋红色，长圆形或椭圆形，花被管淡绿色，疏生柔毛，花被管狭长，有5棱，花期冬春间	喜温暖湿润气候，不耐寒，喜充足光照。品种多样，植株适应性强	宜庭园种植或盆栽观赏。还可作盆景、绿篱及修剪造型	
	30	千里香	Murraya paniculata	芸香科 七里香属	树干及小枝白色或淡黄灰色，小叶深绿色，叶面有光泽、卵形或倒卵状披针形、边全缘，花序腋生及顶生、花瓣倒披针形或狭长椭圆形，散生淡黄色半透明油点，果橙黄至朱红色，狭长椭圆形，花期4~9月，果期9~12月	喜温暖湿润气候，耐旱，不耐寒。以选阴光充足，土层深厚，疏松肥沃的微碱性土壤栽培为宜	南方暖地可作绿篱栽植，或植于建筑物周围，也可作为盆栽供室内观赏	
地被及藤本	1	麦冬	Ophiopogon japonicus	百合科 沿阶草属	根较粗，中间或近末端常膨大成椭圆形或纺锤形的小块根，禾叶状，叶基生成丛，茎很短，叶片披针形，先端渐尖，苞片披针形，种子球形，花期5~8月，果期8~9月	喜温暖湿润，宜于土质疏松、肥沃湿润、排水良好的微碱性砂质壤土，喜光照充足	广泛应用于地被种植	

续表

序号	中文名	拉丁名	科属	特征	习性	景观应用	照片
2	沿阶草	*Ophiopogon bodinieri*	百合科 沿阶草属	叶基生成丛，禾叶状，总状花序，具几朵至十几朵花，白色或稍带紫色，种子近球形或椭圆形。花期 6~8 月，果期 8~10 月	耐荫植物，耐热耐寒耐湿性极强，耐旱	一种良好的地被植物，可成片栽于风景区的阴湿空地和水边湖畔做地被植物	
3	红花酢浆草	*Oxalis corniculata*	酢浆草科 酢浆草属	叶基生，被毛；小叶 3，扁圆状倒心形，总花梗基生，二歧聚伞伞花序，花瓣 5，倒心形，淡紫色至紫红色。花、果期 3-12 月	喜向阳、温暖、湿润的环境，抗旱能力较强，不耐寒，喜阴湿环境，对土壤适应性较强	园林中广泛种植，既可以布置于花坛、花境，又适于大片栽植作为地被植物和镶地丛植，还是盆栽的良好材料	
4	玉簪	*Hosta plantaginea*	百合科 玉簪属	多年生宿根草本花卉。顶生总状花序，着花 9~15 朵。花白色，筒状漏斗形，有芳香，花期 7~9 月。蒴果圆柱状，有三棱，花果期 8~10 月	性强健，耐寒冷，性喜阴湿环境，不耐强烈日光照射，要求土层深厚，排水良好且肥沃的砂质壤土	公园常见地被	
5	彩叶草	*Coleus blumei*	唇形科 鞘蕊花属	茎通常紫色，四棱形，被微柔毛，具分枝。叶边缘具圆齿状锯齿或圆齿，色泽多样，有黄、暗红、紫色及绿色，小坚果宽卵圆形或圆形，压扁，褐色，具光泽，长 1~1.2mm。花期 7 月	喜温性植物，适应性强，稍加遮阴，喜充足阳光，光线充足能使叶色鲜艳	应用较广的观叶花卉，除可作小型观叶花卉陈设外，还可配置图案花坛，也可作为花篮、花束的配叶使用	
6	细叶美女樱	*Verbena tenera*	马鞭草科 马鞭草属	茎基部稍木质化，匍匐茎，株高 20~30cm，叶对生，三深裂，每个裂片再次羽状分裂，小裂片呈条状，端尖，全缘，叶有短柄。穗状花序顶生，花冠玫瑰紫色，花期 4~10 月下旬	喜湿润，光照，生性强健，耐寒	可作花坛、花境，缀花草坪	

地被及藤本

续表

序号	中文名	拉丁名	科属	特征	习性	景观应用	照片
7	葱莲	Zephyranthes candida	石蒜科 葱莲属	多年生草本植物，鳞茎卵形，叶线形，亮绿色，花白色，花被片6，蒴果近球形，3瓣开裂，种子黑色，扁平	喜肥沃土壤，喜阳光充足，耐半荫与低湿，宜肥沃、带有黏性而排水好的土壤	适用于林下、边缘或半荫处作地被植物，可作花坛，花径的镶边材料，在草坪中成丛散植，可组成缀花草坪	
8	蔓长春花	Vinca major	夹竹桃科 蔓长春花属	茎偃卧，除叶缘、叶柄、花萼及花冠喉部有毛外，其余均无毛。叶椭圆形，花单朵腋生，花冠蓝色，花冠筒漏斗状，花冠裂片倒卵形，花期3~5月	喜温暖湿润，喜阳光也较耐荫，稍耐寒，宜长在深厚肥沃湿润的土壤中	理想的地被植物	
9	石蒜	Lycoris radiata	石蒜科 石蒜属	鳞茎近球形，秋季出叶，叶狭带状，披针形，伞形花序有花4~7朵，花鲜红色；花期8-9月，果期10月	耐寒性强，喜阴，喜湿润，也耐干旱，习惯于偏酸性土壤，以疏松、肥沃的腐殖质土最好	园林中常用作背阴处绿化或林下地被植物，花境丛植或植山石间自然式栽植	
10	日本鸢尾	Iris japonica	鸢尾科 鸢尾属	多年生草本。茎分枝。高25~75cm；枝成双，花3~5朵一簇，白色，有少数紫褐色或红紫色斑点，外花被具白色斑块，近正方形，内轮花被倒披针形，较短；蒴果狭长圆形，种子暗褐色。花期7~8月	以富含有机质之砂质壤土最佳，性喜温暖、耐荫，耐寒	散生于林下、溪旁阴湿处。园林中常栽在花坛或林下作地被植物	
11	一串红	Salvia splendens	唇形科 鼠尾草属	茎钝四棱形，叶卵圆形，或三角状卵圆形，边缘具锯齿，轮伞花序2~6花，组成顶生总状花序，花红色唇形，小坚果倒卵圆形	喜温暖和阳光充足环境。不耐寒，耐半荫，怕霜雪和高温，怕积水和碱性土壤	常用作花丛花坛的主体材料。也可植于带状花坛或自然式纯植于林缘	

地被及藤本

续表

序号	中文名	拉丁名	科属	特征	习性	景观应用	照片
12	鸢尾	*Iris tectorum*	鸢尾科 鸢尾属	根状茎粗壮，二歧分枝。叶基生，黄绿色，有数条不明显的纵脉。花蓝紫色，蒴果长椭圆形或倒卵形，花期4~5月，果期6~8月	耐寒性较强，要求适度湿润，排水良好，富含腐殖质，略带碱性的粘性土壤；生于浅水中；喜阴光充足，气候凉爽，耐寒力强，亦耐半荫环境	花坛及庭院绿化的良好材料，也可用作地被植物，岸边理想的水生植物	
13	萱草	*Hemerocallis fulva*	百合科 萱草属	多年生草本，根状茎粗短，叶基生成丛，条状披针形，圆锥花序顶生，有花6~12朵，橘红色至桔黄色。花果期为5-7月	性强健，耐寒，华北可露地越冬，喜湿润也耐旱，喜阴光又耐半荫。对土壤选择性不强，但以富含腐殖质，排水良好的湿润土壤为宜	园林中多丛植或于花境、路旁栽植。萱草类耐半荫，又可做疏林地被植物	
14	唐菖蒲	*Gladiolus gandavensis*	鸢尾科 唐菖蒲属	多年生草本。球茎扁圆球形，花在茎内单生，两侧对称，有红、黄、白或粉红等色，蒴果椭圆形或倒卵形，种子扁而有翅。花期7~9月，果期8~10月	喜温暖的植物，但气温过高对生长不利，不耐寒，栽培土壤以肥沃的砂质壤土为宜，pH值不超过7，特别喜肥，磷肥能提高花的质量	可作为切花、花坛或盆栽。又因其对氟化氢非常敏感，还可用作监测污染的指示植物	
15	美人蕉	*Canna indica*	美人蕉科 美人蕉属	多年生草本植物，全株绿色无毛，具块状根茎。地上枝丛生。叶片卵状长圆形。单叶互生；总状花序，绿白色，先端带红色，花叶大多红色，蒴果，长卵形，花，果期3-12月	喜温暖和充足的阳光，不耐寒。对土壤要求不严，在疏松肥沃、排水良好的沙土壤中生长最佳，也适应于肥沃质土壤生长	可盆栽，也可地栽，装饰花坛	
16	爬山虎	*Parthenocissus tricuspidata*	葡萄科 地锦属	落叶藤本植物，叶互生，先端有吸盘。叶子广卵形；叶子边缘为锯齿状。叶基为楔形，有时2-3裂，夏季开黄绿色小花，聚伞花序；紫黑色浆果。花期5~8月，果期9~10月	耐荫植物，喜阴湿，适应性强。攀缘能力强；自身具有一定耐寒能力；亦耐暑热，较耐阴	可作为装饰植物，栽植于建筑物外墙之上，美观又能降温	

地被及藤本

续表

序号	中文名	拉丁名	科属	特征	习性	景观应用	照片
17	常春藤	Hedera nepalensis var. sinensis	五加科 常春藤属	多年生常绿攀援灌木，气生根，光滑，茎灰棕色或黑棕色，单叶互生；叶柄无托叶有鳞片；花枝上的叶椭圆状披针形，伞形花序单个顶生，花淡黄色或淡绿白色，花药紫色；花盘隆起或黄色。果实圆球形，红色或黄色，花期9~11月，果期翌年3~5月	阴性藤本植物，也能生长在全光照的环境中，在温暖湿润的气候条件下生长良好，不耐寒。喜湿润，疏松、肥沃的土壤，不耐盐碱	垂直绿化使用。多栽植于假山旁、墙根	
18	薜荔	Ficus pumila	桑科榕属	攀援或匍匐灌木，叶两型，叶卵状心形全缘，花果期5~8月	耐贫瘠，抗干旱，对土壤要求不严格，适应性强，幼株耐荫	多作地被或攀缘植物	
19	扶芳藤	Euonymus fortunei	卫矛科 卫矛属	小枝方棱不明显。叶椭圆形，革质，边缘齿浅不明显，聚伞花序小花白绿色，蒴果粉红色，近球状，种子长方椭圆状，棕褐色，6月开花，10月结果	性喜温暖，湿润环境，喜阳光，亦耐阴，适应性强	垂直绿化配置树种，或者作为地被	
20	常春油麻藤	Mucuna sempervirens Hemsl.	豆科油麻藤属	常绿木质藤本，羽状复叶具3小叶，小叶纸质革质，总状花序生于老茎上，花冠深紫色，果木质带形，花期4~5月，果期8~10月	耐荫，喜光，喜温暖湿润，适应性强，耐寒，耐干旱和瘠薄，喜深厚、肥沃、排水良好、疏松的土壤	垂直绿化藤本植物，可以保护墙面，作栅栏、花架、绿篱、凉棚、屋顶绿化等	
21	紫藤	Wisteria sinensis	豆科紫藤属	落叶藤本。奇数羽状复叶长15~25cm，小叶3~6对，卵状椭圆形至卵状披针形，总状花序，花冠紫色，花期4月中旬至5月上旬，果期5~8月	对气候和土壤的适应性强，较耐寒，较耐水湿及瘠薄土壤，喜光，较耐阴。以土层深厚，排水良好，向阳避风的地方栽培最适宜	优良的观花藤木植物，一般应用于园林棚架，春季紫花烂漫，别有情趣，适栽于湖畔、池边、假山、石坊等处，具独特风格，盆景也常用	

地被及藤本

西北地区常用园林植物表

序号	中文名	拉丁名	科属	特征	习性	景观应用	照片
1	油松	*Pinus tabuliformis*	松科松属	乔木,高达25m,胸径可达1m以上;树皮灰褐色或褐色,裂成不规则较厚的鳞状块片,裂缝及上部树皮红褐色;针叶2针一束,雄球花圆柱形聚生成穗状。球果卵形成熟前绿色,熟时淡褐黄色,常宿存数年。花期4~5月,球果第二年10月成熟	油松为喜光,深根性树种,喜干冷气候,在土层深厚,排水良好的酸性,中性或钙质黄土上均能生长良好	在古典园林中作为主要景物,在园林配植中,除了适于作干作独植,亦宜作林群植物外,亦宜行混交种植	
2	白皮松	*Pinus bungeana*	松科松属	常绿乔木,高达30m。幼树树皮灰绿色,老树树皮灰褐色或灰白色,裂片脱落后露出粉色内皮。叶为3针1束,长5~7cm。球果长5~7cm。种子有短翅。果次年10~11月成熟	为喜光树种,耐瘠薄;在土壤及较干冷的气候;在气候温凉,土层深厚肥润的钙质土和黄土上生长良好	孤植,对植,也可丛植成林或做行道树,它适于庭院中堂前,是一个不错的历史园林绿化传统树种	
3	雪松	*Cedrus deodara*	松科雪松属	常绿乔木,树冠尖塔形,大枝平展,小枝略下垂。叶针形,长8~60cm,质硬,灰绿色或银灰色,在生枝上散生,短枝上簇生。10~11月开花,球果翌年成熟,椭圆状卵形,熟时赤褐色	在气候温和凉润,土层深厚排水良好的微酸性土壤上生长旺盛	它具有较强的防尘,减噪与杀菌能力,适宜作工矿企业绿化树种,最适宜孤植于草坪中央,建筑前庭,广场中心或主要建筑物的两侧	
4	云杉	*Picea asperata*	松科云杉属	皮淡灰褐色或淡褐灰色,裂成不规则鳞片或稍厚的块片形脱落。球果矩圆柱状矩圆形或圆柱形,花期4~5月,球果9~10月成熟	耐荫,耐寒,喜欢凉爽湿润和湿润沃深厚,排水良好的微酸性沙质土壤	材质优良,生长快,适应性强,宜选为分布区内的造林树种,盆栽可做为室内的观赏树种	
5	龙柏	*Sabina chinensis*	柏科圆柏属	树皮深灰色,纵裂,叶密集,小枝密集,全为鳞叶,树冠尖塔形,球果蓝绿色,果面略具白粉	喜阳,稍耐荫。喜温暖,湿润环境,抗寒抗旱,忌积水,适生于干燥,肥沃,深厚的土壤,对土壤酸碱度适应性强,较耐盐碱	应用于公园,庭园,绿墙和高速公路中央隔离带	

常绿乔木

续表

序号	中文名	拉丁名	科属	特征	习性	景观应用	照片
常绿乔木							
6	紫薇	*Lagerstroemia indica*	千屈菜科 紫薇属	树干平滑，灰色或灰褐色；枝干多扭曲，叶互生或有时对生，纸质，椭圆形、阔矩圆形或倒卵形，幼时绿色至黄色，成熟时或干燥时呈紫黑色，种子有翅，花期6~9月，果期9~12月	喜暖湿气候，喜光，略耐阴，喜肥，亦耐干旱，忌涝，能抗寒，萌蘖性强，紫薇还具有较强的抗污染能力	作为庭院、公共绿地观赏树种，作为单位、工矿区绿化树种，孤植于园林中，独树亦成景	
落叶乔木							
7	国槐	*Sophora japonica*	豆科槐属	乔木，高达25m；树皮灰褐色，具纵裂纹，羽状复叶，圆锥花序顶生，花白色或淡黄色，荚果串珠状，种子黑色，花期6~7月，果期8~10月	喜光而稍耐荫，喜土质肥沃、土层深厚的壤土或沙壤土为宜。其对中性、石灰性和微酸性土质均能适应，但干旱、瘠薄及低洼积水地地生长不良	单植于草地或建筑物旁，可供公园、绿地及风景区美化，又是公路及市街的优良行道树	
8	龙爪槐	*Sophora japonica*	豆科槐属	落叶乔木，小叶4~7对，对生或近互生，纸质，卵状披针形或卵状长圆形，圆锥花序顶生，花白色或淡黄色，荚果串珠状，花期7~8月，果期8~10月	喜光，稍耐荫。能适应干冷气候。喜生于土层深厚，湿润肥沃，排水良好的沙质壤土	宜孤植、对植、列植。常作为门庭及庭旁树，或置于草坪中作观赏树	
9	香花槐	*Robinia pseudoacacia*	豆科槐属	落叶乔木，树干褐至灰褐色。叶互生，羽状复叶，叶椭圆形至卵圆形，圆形或"二歧状分叉叶脉"，花枝红色，有浓郁芳香，无荚果不结种子	性较寒，耐干旱瘠薄，对土壤要求不严，萌芽性强，对城市不良环境有抗性，抗病力强	观叶赏花植物中的园林绿化极品，又是路、行道树和城乡绿化的珍品	
10	银杏	*Ginkgo biloba*	银杏科 银杏属	落叶大乔木，胸径可达4m，枝近轮生，叶互生，它形式为"二歧状分叉叶脉"。花雌雄异株，单性，4月开花，10月成熟，种子卵圆形或近圆球形。种皮肉质，被白粉，外皮肉质，熟时黄色或橙黄色	银杏为喜光树种，对气候、土壤的适应性较强，但不耐盐碱性，土壤深厚、排水良好及过湿的土壤	被广泛应用，城市绿化、行道树、庭荫树等	
11	白玉兰	*Magnolia demudata*	木兰科 木兰属	高达17m，树皮灰色；嫩枝及芽密被淡黄白色微柔毛，叶薄革质，长椭圆形或披针状椭圆形，花被片10片，白色，极香；花被片外面基部带红色，花期4~9月，夏季盛开，通常不结实	适宜生长于温暖湿润气候和肥沃疏松的土壤，喜光。不耐干旱也不耐水涝	北方早春观花树木，古时多在亭、台、楼、阁前栽植。现多见于园林、厂矿中孤植、散植，或于道路两侧作行道树	

续表

序号	中文名	拉丁名	科属	特征	习性	景观应用	照片
12	鹅掌楸	*Liriodendron chinensis*	木兰科鹅掌楸属	小枝灰色或灰褐色。叶马褂状，花杯状，花被片9，聚合果长7~9cm，具翅的小坚果花期5月，果期9~10月	喜光及温和湿润气候，有一定的耐寒性，喜深厚肥沃、适湿而排水良好的酸性或微酸性土壤不耐干旱，忌低湿水涝	行道树、庭荫树种，无论丛植、列植或作片植	
13	合欢	*Albizia julibrissin*	豆科合欢属	落叶乔木，高4-15m。小枝有棱角，嫩枝、花序和叶轴披纤毛或被短柔毛。托叶花序于枝顶排成圆锥花序；头状花序，花粉红色，合瓣花冠雄蕊多条，淡红色。荚果条形，花期6月，果期8~10月	性喜光、喜温暖、耐寒、耐旱、耐土壤瘠薄及轻度盐碱，对二氧化硫、氯化氢等有害气体有较强的抗性	园景树、行道树，风景区造景树、淀水景树、工厂绿化树、生态保护林等	
14	红枫	*Acer palmatum*	槭树科槭属	高2-8m，枝条多偏紫红色。叶掌状，5~7深裂纹偏裂片状披针形，先端尾状缘有重锯齿。花顶生伞房花序，紫色。翅果，两翅成钝角，花期4~5月，果熟期10月	性喜湿润温暖和凉爽的环境、较耐阴，耐寒，忌烈日暴晒，但春、秋季能在全光照下生长。对土壤要求不严，不耐水涝	可作行行道和观赏树种，是较好的"四季"栽植，也可以盆栽绿化树种，在园林中孤植于草坪或用于室内美化	
15	法国梧桐（三球悬铃木）	*Platanus orientalis*	悬铃木科悬铃木属	干皮灰褐色呈薄片状剥落。幼枝、幼叶密生褐色星状毛。叶掌状5~7裂，深裂达中部，叶基阔楔形或截型，掌状脉；托叶圆领状。花序头状，花绿黄色。多数坚果聚全叶球形，3~6球成一串，宿存花柱长，呈刺毛状，果柄长而下垂	喜光，喜湿润温暖气候，较耐寒。对土壤要求不严，氯气等有毒气体有较强的抗性	世界著名的优良庭荫树和行道树。广泛应用于城市绿化，在园林中孤植于草坪或作庇护地	
16	金丝垂柳	*Salix × aureo*	杨柳科柳属	落叶乔木，高可达10m以上。树冠长卵圆形或卵圆形，枝条细长下垂。小枝黄色或金黄色。叶披长披针形，缘有细锯齿，秋季、新梢、主干逐渐变黄，冬季通体金黄色	喜光、较耐寒，性喜水湿，也能耐干旱，耐盐碱，以湿润、排水良好的土壤为宜	可作行道树，庭荫树或孤植于草地，建筑物旁、湖边	
17	垂枝榆	*Ulmus americana* 'Pendula'	榆科榆属	树皮灰白色，粗糙，单叶互生，椭圆状窄卵形或椭圆状披针形、基部偏斜，叶缘具单锯齿，花先叶开放，翅果簇生状。花果期3~6形	喜光、耐旱，抗寒，喜肥沃、湿润而排水良好的土壤，不耐水湿，但能耐干旱瘠薄和盐碱土壤。萌芽力强，耐修剪	宜布置于门口或建筑入口两旁等处作对栽，或在建筑物边、道路边作行列式种植	

落叶乔木

	序号	中文名	拉丁名	科属	特征	习性	景观应用	照片
落叶乔木	18	碧桃	*Amygdalus persica*	蔷薇科李属	乔木，高3-8m；树皮暗红褐色或长粗糙呈鳞片状；叶片长圆披针形，叶边具细锯齿，叶单生，先于叶开放，花粉红色，花期3~4月，果期通常为8~9月	性喜阳光，耐旱，喜欢不耐潮湿的环境。气候温暖的环境，耐寒性好，不耐积水	广泛用于湖滨、溪流、道路两侧和公园等，可列植、片植、孤植，当年可有特别好的绿化效果体现	
	19	山楂	*Crataegus pinnatifida*	蔷薇科山楂属	落叶乔木，树皮粗糙，暗灰色或灰褐色；叶片宽卵形或三角状卵形，通常两侧各有3~5羽状深裂片，伞房花序多生，白色，果实近球形或梨形，花期5~6月，果期9~10月	适应性强，喜凉爽，湿润的环境。耐高温又耐寒，喜光也能耐荫，对土壤要求不严格	可列植、片植、孤植	
	20	柿树	*Diospyros kaki*	柿科柿属	树皮深灰色至黑色，叶纸质，卵状椭圆形至倒卵形或近圆形，花雌雄异株，花序腋生，为聚伞花序；果形有球形、扁球形等。花期5~6月，果期9~10月	阳性树种，喜温暖气候，充足阳光和深厚、肥沃、湿润、排水良好的土壤，适生于中性土壤，较能耐寒，抗旱性强，不耐瘠薄，耐盐碱土	园林绿化和庭院经济栽培的最佳树种之一	
灌木	1	金叶女贞	*Ligustrum vicaryi*	木犀科女贞属	落叶灌木，是金边卵叶女贞和欧洲女贞的杂交种。单叶对生，椭圆形或卵状椭圆形，总状花序，小花白色。核果阔椭圆形，紫黑色	性喜光，耐荫性较差，耐寒力中等，适应性强，以疏松肥沃，通透性良好的沙壤土为最好	用于绿地广场的组字或图案，还可以用于小庭院装饰	
	2	白丁香	*Syringa oblata*	木犀科丁香属	灌木，高1.5~7m。小枝黄绿色或棕色，疏被或密被短柔毛，叶片卵状披针形，圆锥花序直立，花冠淡紫色、粉红色或白色，果长圆状椭圆形，花期6~7月，果期9月	生山坡丛林，林下或林缘，或沟谷边，山谷中	丛植有于路边、草坪或向阳坡地，也可孤植在庭前、窗外，或成丛布置成丁香专类园	
	3	迎春	*Jasminum nudiflorum*	木犀科素馨属	落叶灌木植物，直立或匍匐，小枝四棱形，叶对生，三出复叶，小叶片卵形、长卵形或椭圆形，花单生于去年生小枝的叶腋，花冠黄色，裂片5~6枚，长圆形或椭圆形，先端锐尖或圆钝，花期6月	喜光，稍耐荫，略耐寒，怕涝，要求温暖而湿润的气候，疏松肥沃和排水良好的沙质土，在酸性土中生长旺盛，碱性土中生长不良	园林绿化中宜配置在湖边、溪畔、桥头、墙隅，或在草坪、林缘、坡地，房屋周围也可栽植，可供早春观花	

续表

序号	中文名	拉丁名	科属	特征	习性	景观应用	照片
4	紫玉兰	*Syringa oblata* Lindl.	木犀科丁香属	落叶灌木，常丛生，叶椭圆状倒卵形或倒卵形，花叶同时开放，花被片9~12，外轮3片紫绿色，内两轮外面紫红色，内面白色，聚合果，花期3~4月，果期8~9月	喜温暖湿润和阳光充足环境，较耐寒，但不耐旱畏涝，怕水渍，要求肥沃、排水好的沙壤土	适用于古典园林中厅前院后配植，也可孤植或散植于小庭院内，也可作绿化点缀	
5	小叶女贞	*Ligustrum quihoui*	木犀科女贞属	小灌木；叶薄革质，长圆状椭圆形；圆锥花序顶生，花白色，香，无味；花冠筒和花冠裂片等长；花药超出花冠裂片。核果宽椭圆形，黑色，花期5~7月，果期8~11月	喜光，稍耐阴，较耐寒，华北地区可露地栽培；对二氧化硫、氯等有毒气体有较好的抗性。性强健，耐修剪，萌发力强	主要作绿篱栽植；其枝叶紧密、圆整，庭院中常栽植观赏，抗多种有毒气体，是优良的抗污染树种。为园林绿化中重要的绿篱材料	
6	木槿	*Hibiscus syriacus*	锦葵科木槿属	落叶灌木，叶菱形至三角状卵形，具深浅不同的3裂或不裂，木槿花单生于枝端叶腋间，花萼钟形，裂片5，三角形；花朵色彩有纯白、淡粉红、淡紫、紫红等。蒴果卵圆形，花期7~10月	对环境的适应性很强，较耐干燥和贫瘠，尤喜光和温暖湿润的气候，稍耐阴。喜温暖、湿润气候	夏、秋季的重要观花灌木，南方多作花篱、绿篱；很强的滞尘功能，是有污染工厂的主要绿化树种	
7	珍珠梅	*Sorbaria sorbifolia*	蔷薇科珍珠梅属	灌木，羽状复叶，小叶片对生，披针形至卵状披针形，顶生大型密集圆锥花序，蓇葖果长圆形，花期7~8月，果期9月	耐寒，耐半阴，耐修剪。在排水良好的砂质土中生长较好。生长快，易萌蘖	可孤植，列植，丛植效果最佳	
8	黄刺玫	*Rosa xanthina* Lindl.	蔷薇科蔷薇属	落叶灌木。小枝褐色具刺。奇数羽状复叶，近圆形或椭圆形，边缘有锯齿，无苞片；花黄色，单瓣或半重瓣，无花瓣5，边缘半重瓣。果球形，红黄色，花期5~6月，果期7~8月	喜光，稍耐阴，耐寒力强，耐干旱瘠薄，在盐碱土中也能生长，以疏松、肥沃土地为佳。不耐水涝，少病虫害	可供观赏。可作保持水土及园林绿化树种	
9	棣棠	*Kerria japonica* .	蔷薇科棣棠花属	灌木，小枝有棱，绿色无毛。叶卵形或三角状卵形，边缘有重锯齿，花单生于侧枝顶端，无毛；花瓣5，卵形，宽椭圆形，黄色，花期4~6月，果期6~8月	喜温暖湿润和半阴环境，耐寒性较差，对土壤要求不严，以肥沃、疏松的沙壤土生长最好	宜作花篱、花径，群植于常绿树丛之前、古木之旁，山石缝隙之中或池畔、水边、溪流及湖沼沿岸成片栽种，均甚相宜	

灌木

续表

序号	中文名	拉丁名	科属	特征	习性	景观应用	照片
10	火棘	*Pyracantha fortuneana*	蔷薇科 火棘属	常绿灌木，叶片倒卵形或倒卵状长圆形，边缘有钝锯齿，花集成复伞房花序，直径约5mm，橘红色或深红色。花期3~5月，果期8-11月	喜强光，耐贫瘠，抗干旱，不耐寒，对土壤要求不严，而以排水良好、湿润、疏松的中性或微酸性壤土为好	作绿篱，也适合栽植于护坡之上，是治理山区石漠化的良好植物	
11	红端木	*Swida alba Opiz*	山茱萸科梾木木属	落叶灌木。老干暗红色，枝桠血红色。叶对生，椭圆形。花聚伞花序顶生，花乳白色。花期5~6月。果实乳白色或蓝白色，成熟期8~10月	喜欢潮湿温暖的生长环境，光照充足。喜肥，在排水通畅、养分充足的环境，生长速度非常快	庭院观赏，丛植。观茎植物，也是良好的切枝材料	
12	金银木	*Lonicera maackii*	忍冬科 忍冬属	落叶灌木，叶纸质，通常卵状椭圆形至卵状披针形，花冠先白色后变黄色，花芳香，果实暗红色，圆形，花期5~6月，果熟期8~10月	喜光，耐半荫，耐旱，耐寒	常被丛植于草坪、山坡、林缘，路边或建筑周围观果，老桩可制作盆景	
13	海桐	*Pittosporum tobira*	海桐科 海桐花属	常绿灌木或小乔木，高达6m，叶生于枝顶，二年生，革质；伞形花序或伞房状伞形花序顶生或近顶生，花白色，有芳香，后变黄色。花期3~5月，果熟期9~10月	对气候的适应性较强，能耐寒冷，亦颇耐暑热，喜光，在半阴处也生长良好	通常可作绿篱栽植，也可孤植，丛植于草丛边缘、林缘或门旁、列植在路旁	
14	十大功劳	*Mahonia fortunei*	小檗科十大功劳属	灌木，叶倒卵形至倒卵状披针形，边缘每边具5~10刺齿，总状花序，花黄色，浆果球形，被白粉，紫黑色。花期7~9月，果期9~11月	喜温暖湿润，性强健，耐荫，忌烈日曝晒，有一定的耐寒性，较抗旱。怕水涝	由于二氧化硫的抗性较强，是工矿区的植物。可庭植，庭院，园林围墙作为基础种植	
15	大叶黄杨	*Buxus megistophylla*	卫矛科 卫矛属	灌木，高0.6~2m，小枝四棱形，光滑，无毛。叶革质，卵形、椭圆状或长圆披针形以至披针形，叶面光亮，仅叶面中脉基部及叶柄被微细毛，其余均无毛。花序腋生，蒴果近球形，花期3~4月，果期6~7月	喜光，稍耐荫，有一定耐寒力，对土壤要求不严	栽植绿篱及背景种植材料，也可单株栽植在花境内，更适合用于规则式的对称配植	

灌木

续表

	序号	中文名	拉丁名	科属	特征	习性	景观应用	照片
灌木	16	沙地柏	*Sabina vulgaris*	柏科圆柏属	匍匐灌木，枝皮灰褐色，裂成薄片脱落，剥叶与成鳞叶并存，叶二型，鳞叶交互对生，稀叶同株；雌雄异株。雄球花矩圆形或椭圆形，熟时褐色至紫蓝色，熟前蓝绿色	喜光、喜凉爽干燥的气候，耐寒、耐旱，耐瘠薄，对土壤要求不严，不耐涝	常植于坡地观赏及护坡，或作为常绿地被和基础种植，增加层次。作是良好的地被树种。水土保持及固沙造林用树种	
地被及藤本	1	白三叶	*Trifolium repens*	豆科车轴草属	全株无毛。掌状三出复叶；托叶卵状披针形，小叶倒卵形或近圆形，花序球形，顶生，花冠白色，乳黄色或淡红色，具香气。荚果矩圆形	喜欢黏土，耐酸性土壤，不耐荫蔽，具有一定的耐旱性，喜温暖湿润气候，不耐干旱和长期积水	可用于园林、公园、高尔夫球场等绿化草坪的建植	
	2	红豆草	*Onobrychis viciaefolia*	豆科红豆属	茎直立，第一片真叶单生，其余为奇数羽状复叶，叶边缘有长茸毛，总状花序，短茸毛，蝶形花，粉红色，红色或深红色，荚果扁平	红豆草性喜温凉、干燥气候，适应环境的可塑性广，耐干旱、深秋降水、寒冷、早霜，缺肥贫瘠等不利因素	很好的水土保持植物	
	3	百脉根	*Lotusc orniculatus*	豆科百脉根属	多年生草本，高 15~50cm，茎丛生，近四棱形。羽状复叶小叶 5 枚；叶柄长 4~8mm，疏被柔毛，顶端 3 小叶，基部 2 小叶呈托叶状，斜卵形至斜倒披针状卵形，纸质，伞形花序，花冠黄色或金黄色，干后常变蓝色，荚果直，线状圆柱形，花期 5~9 月，果期 7~10 月	喜温暖湿润气候，耐荫，可耐瘠薄，耐湿，在林果行间种植	散植于草坪中用来陪衬和点缀的草坪植物	
	4	紫花苜蓿	*Medicago sativa*	豆科苜蓿属	多年生草本，根粗壮，深入土层，根茎发达。茎直立、丛生以至平卧，四棱形，无毛或微被柔毛，枝叶茂盛。种子卵形，长 1~2.5mm，平滑，黄色或棕色。花期 5~7 月，果期 6~8 月	喜水，但不耐涝	可作绿级花草坪及地被	

续表

序号	中文名	拉丁名	科属	特征	习性	景观应用	照片
5	麦冬	*Liriope platyphylla*	百合科 山麦冬属	根较粗，中成椭圆形，中间或近末端常膨大成椭圆形或纺锤形的小块根，总梗很短，叶基生成丛，禾叶状，苞片披针形，先端渐尖，种子球形，花期5~8月，果期8-9月	喜温暖湿润，宜干土质疏松、肥沃湿润、排水良好的微碱性砂质壤土，喜光照充足	广泛应用于地被种植	
6	沿阶草	*Ophiopogon bodinieri*	百合科 沿阶草属	叶基生成丛，禾叶状，总状花序，具几朵至十几朵花，白色或稍带紫色，种子近球形或椭圆形。花期6~8月，果期8-10月	耐荫植物，耐热耐寒，耐湿性极强，耐旱	一种良好的地被植物，可成片栽于风景区的阴湿空地和水边湖畔做地被植物	
7	常夏石竹	*Dianthus plumarius*	石竹科 石竹属	宿根草本，高30cm，茎蔓状丛生，上部分枝，越年呈木质状，叶厚，光滑而被白粉，灰绿色，长线形，花2~3朵，顶生枝端，花色有紫、粉红、白色，具芳香。花期5~10月	喜温暖和充足的阳光，不耐寒，要求土壤深厚、肥沃，土壤疏松、排水良好	广泛用于点缀城市的大型绿地，广场，公园，街头绿地，庭院绿地和花坛，花境中，还可盆栽供室内，用做家庭赏花	
8	福禄考	*Phlox drummondii*	花荵科 天蓝绣球属	一年生草本，茎直立，下部叶对生，上部叶互生，宽卵形、长圆形和披针形，全缘，聚伞花序顶生，红、深红、紫、白、淡黄等色，裂片圆形，蒴果椭圆形	性喜温暖，稍耐寒，忌酷暑。在北一带可冷床越冬。宜排水良好、疏松的壤土，不耐旱，忌涝	可作花坛，花境及岩石园的栽植材料，可作盆栽供室内装饰	
9	费菜	*Phedimus aizoon*	景天科 费菜属	多年生草本植物，根状茎短，粗茎高可达50cm，直立。叶互生，叶坚实，近革质，伞花序多花，萼片肉质，瓣黄色，花柱长钻形。种子椭圆形，花果期6-9月	阳性植物，稍耐寒，稍耐荫，耐干旱瘠薄，在山坡岩石上和荒地上均能正盛生长	适宜用于城市中一些立地条件较差的裸露地面作绿化覆盖	
10	常春藤	*Hedera nepalensis*	五加科 常春藤属	多年生常绿攀援灌木，气生根，茎灰棕色或黑棕色，光滑，单叶互生；叶柄无托叶柄上有鳞片；花枝上的叶椭圆状披针形，花淡黄白色或淡绿色，花药紫色；花瓣隆起，黄色，果实圆球形，红色或黄色。花期9~11月，果期翌年3-5月	阴性藤本植物，也能生长在全光照的环境中，在温暖湿润的气候条件下生长良好，对土壤要求不严，喜湿润，疏松、肥沃的土壤，不耐盐碱	垂直绿化使用。多栽植于假山旁、墙根	

地被及藤本

图片来源

（注：未标明来源的图片均为作者供稿）

第 1 章

图 1-1　北京颐和园（赵琦摄）

图 1-2　苏州拙政园（薛晓飞摄）

图 1-3　法国凡尔赛宫苑（王一岚摄）

图 1-4　英国的斯驼园（薛晓飞摄）

图 1-5　意大利埃斯特庄园（薛晓飞摄）

图 1-6　日本桂离宫庭院（王天禹 . 古歌余韵—日本京都桂离宫景观特色 [J]. 林业科技情报，2008）

图 1-7　韩国雁鸭池（毛祎月摄）

图 1-8　美国纽约 9·11 国家纪念广场（薛晓飞摄）

图 1-9　华盛顿纪念碑景观（薛晓飞摄）

图 1-10　美国纽约高线公园（薛晓飞摄）

图 1-11　德国鲁尔地区北杜伊斯堡园（薛晓飞摄）

图 1-12　法国巴黎拉·维莱特公园（薛晓飞摄）

图 1-13　SEB 银行城市设计（佳图文化 . 景观中国 3[M]. 北京：中国林业出版社，2016.）

图 1-14　风景园林项目设计流程图

第 2 章

图 2-1　园景的平面、立面图（王晓俊 . 风景园林设计（增订本）[M]. 南京：江苏科学技术出版社，2000.）

图 2-2　平面图（李素英，刘丹丹 . 风景园林制图 [M]. 北京：中国林业出版社，2014.）

图 2-3　剖、断面图（李素英，刘丹丹 . 风景园林制图 [M]. 北京：中国林业出版社，2014.）

图 2-4　铺装详图（李素英，刘丹丹 . 风景园林制图 [M]. 北京：中国林业出版社，2014.）

图 2-5　自然驳岸构造材料做法（李素英，刘丹丹 . 风景园林制图 [M]. 北京：中国林业出版社，2014.）

图 2-6　园林透视效果图（李素英，刘丹丹 . 风景园林制图 [M]. 北京：中国林业出版社，014.）

图 2-7　横、立式幅面（李素英，刘丹丹 . 风景园林制图 [M]. 北京：中国林业出版社，2014.）

图 2-8　针管笔

图 2-9　圆珠笔

图 2-10　针管笔手绘（赵琦绘）

图 2-11　铅笔

图 2-12　铅笔手绘（毛祎月绘）

图 2-13　马克笔

图 2-14　马克手绘 1（梁怀月绘）

图 2-15　马克手绘 2（葛学朋 . 手绘景观：方案与细部设计（中文版）[M]. 华中科技大学出版社，2012.）

图 2-16　彩铅

图 2-17　彩铅手绘（葛学朋 . 手绘景观：方案与细部设计（中文版）[M]. 华中科技大学出版社，2012.）

图 4-9 地形和排水分析图（王晓俊 . 风景园林设计（增订本）[M]. 南京：江苏科学技术出版社，2000.）

图 4-10 地形对通风的影响分析图 1（王晓俊 . 风景园林设计（增订本）[M]. 南京：江苏科学技术出版社，2000.）

图 4-11 现状用地分析图（彼得沃克）

图 4-12 植被现状图（王晓俊 . 风景园林设计（增订本）[M]. 南京：江苏科学技术出版社，2000.）

图 4-13 地形对通风的影响分析图 2（王晓俊 . 风景园林设计（增订本）[M]. 南京：江苏科学技术出版社，2000.）

第 5 章

图 5-1 概念生成（（美）爱德华·T·怀特 . 建筑语汇 [M]. 林敏哲，林明毅译 . 大连理工大学出版社，2001.）

图 5-2 功能分区概念图（James A.Lagro Jr. Site Analysis Linking program and concept in landplanning and design[M]. Wiley & Sons, Incorporated, John, 2001.）

图 5-3 结合场地现状设置的开放空间管理利用分析图（James A.Lagro Jr. Site Analysis Linking program and concept in landplanning and design[M]. Wiley & Sons, Incorporated, John, 2001.）

图 5-4 道路交通分析图（步行道）（James A. Lagro Jr. Site Analysis Linking program and concept in landplanning and design[M]. Wiley & Sons, Incorporated, John, 2001.）

图 5-5 道路交通分析图（车行道）（James A. Lagro Jr. Site Analysis Linking program and concept in landplanning and design[M]. Wiley & Sons, Incorporated, John, 2001.）

图 5-6 框图法中常用图解符号（（美）里德，郑淮兵译，从概念到形式，中国建筑工业出版社）

图 5-7 功能分析图例（王晓俊 . 风景园林设计（增订本）[M]. 南京：江苏科学技术出版社，2000.）

图 5-8 功能分析图例（王晓俊 . 风景园林设计（增订本）[M]. 南京：江苏科学技术出版社，2000.）

图 5-9 从概念到形式（（美）里德，郑淮兵译，从概念到形式，中国建筑工业出版社）

图 5-10 从概念到设计演变图（（美）里德，郑淮兵译，从概念到形式，中国建筑工业出版社）

图 5-11 从概念到设计演变图（翻译自 BIG 官网）

第 6 章

图 6-1 构成地的各种材料（王晓俊 . 风景园林设计（增订本）[M]. 南京：江苏科学技术出版社，2000.）

图 6-2 空间的产生和构成（王晓俊 . 风景园林设计（增订本）[M]. 南京：江苏科学技术出版社，2000.）

图 6-3 设计空间构成的丰富性（王晓俊 . 风景园林设计（增订本）[M]. 南京：江苏科学技术出版社，2000.）

图 6-4 空间尺度的类型（（美）爱德华·T·怀特 . 建筑语汇 [M]. 林敏哲，林明毅译 . 大连理工大学出版社，2001.）

图 6-5 空间对比的几种形式（王晓俊 . 风景园林设计（增订本）[M]. 南京：江苏科学技术出版社，2000.）

图 6-6 华盛顿纪念碑（薛晓飞摄）

图 6-7 开敞空间（（日）Landscape Design 杂志社 . 日本最新景观设计 [M]. 大连理工大学出版社，辽宁科学技术出版社，2001.）

图 6-8 低矮灌木和地被形成的开敞空间（（美）诺曼 K. 布思 . 风景园林设计要素 [M]. 曹礼昆，曹德鲲译 . 孟兆祯校 . 北京：中国林业出版社，1989.）

图 6-9 半开敞空间（（日）Landscape Design 杂志社 . 日本最新景观设计 [M]. 大连理工大学出版社，辽宁科学技术出版社，2001.）

图 6-10 低矮灌木和地被形成的开敞空间（（美）诺曼 K. 布思 . 风景园林设计要素 [M]. 曹礼昆，曹德鲲译 . 孟兆祯校 . 北京：中国林业出版社，1989.）

图 6-11 利用地形和植物要素进行空间围合（Grant W. Reid Landscape Graphics: Plan, Section and Perspective Drawing of Landscape Spaces. Whitney Library of Design）

图 6-12 顶平面空间（（日）Landscape Design 杂志社 . 日本最新景观设计 [M]. 大连理工大学出版社，辽宁科学技术出版社，2001.）

图 6-13 利用树冠形成顶平面空间（（美）诺曼 K. 布思 . 风景园林设计要素 [M]. 曹礼昆，曹德鲲译 . 孟兆祯校 . 北京：中国林业出版社，1989.）

图 6-14 完全封闭空间（（美）诺曼 K. 布思 . 风景园林设计要素 [M]. 曹礼昆，曹德鲲译 . 孟兆祯校 . 北京：中国林业出版社，1989.）

图 6-15 封闭空间（施奠东 . 西湖园林景观艺术 [M]. 浙江科学技术出版社，2015.）

图 6-16 垂直空间（（美）诺曼 K. 布思 . 风景园林设计要素 [M]. 曹礼昆，曹德鲲译 . 孟兆祯校 . 北京：中国林业出版社，1989.、

图 6-17 地形边界封闭视线（（美）诺曼 K. 布思 . 风景园林设计要素 [M]. 曹礼昆，曹德鲲译 . 孟兆祯校 . 北京：中国林业出版社，1989.）

图 6-18 广场与道路的关系（《建筑设计资料集》编委会 . 建筑设计资料集 [M]. 中国建筑工业出版社，1994.）

图 6-19 广场与标志物、建筑的关系（《建筑设计资料集》编委会 . 建筑设计资料集 [M]. 中国建筑工业出版社，1994.）

图 6-20 建筑与广场的空间关系（《建筑设计资料集》编委会 . 建筑设计资料集 [M]. 中国建筑工业出版社，1994.）

图 6-21 空间序列（彭一刚 . 中国古典园林分析 [M]. 北京：中国建筑工业出版社，1986.）

图 6-22 空间引导与暗示（彭一刚 . 中国古典园林分析 [M]. 北京：中国建筑工业出版社，1986.）

图 6-23 俯视与仰视（彭一刚 . 中国古典园林分析 [M]. 北京：中国建筑工业出版社，1986.）

图 6-24 蜿蜒与曲折（彭一刚 . 中国古典园林分析 [M]. 北京：中国建筑工业出版社，1986.）

图 6-25 兰特庄园（马小淞摄）

图 6-26 兰特庄园水阶梯（薛晓飞摄）

图 6-27 兰特庄园顶层台地（薛晓飞摄）

图 6-28 雪铁龙公园平面图（郭湧 . 承载园林生活历史的空间艺术品解读法国雪铁龙公园 [J]. 风景园林 .2010.06:113-118.）

图 6-29 雪铁龙公园 1（薛晓飞摄）

图 6-30 雪铁龙公园 2（薛晓飞摄）

图 6-31 雪铁龙公园 3（薛晓飞摄）

图 6-33、图 6-33 作业范例:校园改造设计（董莎莎绘）

第 7 章

图 7-1 （（美）诺曼 K. 布思 . 风景园林设计要素 [M]. 曹礼昆，曹德鲲译 . 孟兆祯校 . 北京：中国林业出版社，1989.）

图 7-2 利用植物遮挡的几种形式（王晓俊 . 风景园林设计（增订本）[M]. 南京:江苏科学技术出版社，2000.）

图 7-3 植物与视线遮挡（王晓俊 . 风景园林设计（增订本）[M]. 南京：江苏科学技术出版社，2000.）

图 8-11 日本白百合女子大学地面铺装（（日）画报社编辑部.日本景观设计系列6地面铺装[M].唐建译.沈阳：辽宁科学技术出版社，2003.）

图 8-12 天坛祈年殿（张司晗摄）

图 8-13 仿古青砖（张司晗摄）

图 8-14 玻璃砖楼前（楼前摄）

图 8-15 地面拼花铺装（董莎莎摄）

图 8-16 网师园拼花铺地（马小淞摄）

图 8-17 日本县立高冈高校广场铺装（（日）画报社编辑部.日本景观设计系列6地面铺装[M].唐建译.沈阳：辽宁科学技术出版社，2003.）

图 8-18 东京都葛饰区小管东屋上庭院铺装（（日）画报社编辑部.日本景观设计系列6地面铺装[M].唐建译.沈阳：辽宁科学技术出版社，2003.）

图 8-19 文化石（（日）画报社编辑部.日本景观设计系列6地面铺装[M].唐建译.沈阳：辽宁科学技术出版社，2003.）

图 8-20 日本青森港栈桥铝制栏杆（（日）画报社编辑部.日本景观设计系列6地面铺装[M].唐建译.沈阳：辽宁科学技术出版社，2003.）

图 8-21 日本熊本县熊本市画图桥金属栏杆（（日）画报社编辑部.日本景观设计系列6地面铺装[M].唐建译.沈阳：辽宁科学技术出版社，2003.）

图 8-22 日本富山县新凑市神乐桥（（日）画报社编辑部.日本景观设计系列6地面铺装[M].唐建译.沈阳：辽宁科学技术出版社，2003.）

图 8-23 建筑亚克力外表皮（张司晗摄）

图 8-24 日本东京都大田区立峰町小学塑胶场地（（日）画报社编辑部.日本景观设计系列6地面铺装[M].唐建译.沈阳：辽宁科学技术出版社，2003.）

图 8-25 日本琦玉县寄居市寄居统合中学运动场（（日）画报社编辑部.日本景观设计系列6地面铺装[M].唐建译.沈阳：辽宁科学技术出版社，2003.）

图 8-26 日本东京港野鸟公园1（（日）画报社编辑部.日本景观设计系列6地面铺装[M].唐建译.沈阳：辽宁科学技术出版社，2003.）

图 8-27 日本东京港野鸟公园2（（日）画报社编辑部.日本景观设计系列6地面铺装[M].唐建译.沈阳：辽宁科学技术出版社，2003.）

图 8-28 广场铺装（（日）画报社编辑部.日本景观设计系列6地面铺装[M].唐建译.沈阳：辽宁科学技术出版社，2003.）

图 8-29 步行街铺装（（日）画报社编辑部.日本景观设计系列6地面铺装[M].唐建译.沈阳：辽宁科学技术出版社，2003.）

图 8-30 广场铺装1（（日）画报社编辑部.日本景观设计系列6地面铺装[M].唐建译.沈阳：辽宁科学技术出版社，2003.）

图 8-31 广场铺装2（（日）画报社编辑部.日本景观设计系列6地面铺装[M].唐建译.沈阳：辽宁科学技术出版社，2003.）

图 8-32 各类型铺装（（英）罗宾威廉姆斯.庭院设计与建造[M].乔爱民译.贵阳：贵州科技出版社，2001.）

图 8-33 健身场地铺装（（英）罗宾威廉姆斯.庭院设计与建造[M].乔爱民译.贵阳：贵州科技出版社，2001.）

图 8-34 瑞士铁力士山腰游戏场（梁怀月摄）

图 8-35 澳大利亚布里斯班春田初级学院（贝思出版有限公司.亚太景观2[M].武汉：华中科技大出版社，2006.）

图 8-36 澳大利亚布里斯班春田初级学院（贝思出版有限公司.亚太景观2[M].武汉：华中科技大出版社，2006.）

图 8-37 墨尔本卫理公会女子学校操场（贝思出版有限公司.亚太景观2[M].武汉：华中科技大出版

图 9-6 平面图、图 9-7 作业范例:景墙设计(魏一绘)

图 9-8 上海不夜城绿地种植池 1(刘圣辉.都市绿地 [M].沈阳:辽宁科学技术出版社,2003.)

图 9-9 上海不夜城绿地种植池 2(刘圣辉.都市绿地 [M].沈阳:辽宁科学技术出版社,2003.)

图 9-10 上海不夜城绿地种植池 3(刘圣辉.都市绿地 [M].沈阳:辽宁科学技术出版社,2003.)

图 9-11 上海静安公园结合挡土墙的种植池(刘圣辉.都市绿地 [M].沈阳:辽宁科学技术出版社,2003.)

图 9-12 上海人民广场种植池(刘圣辉.都市绿地 [M].沈阳:辽宁科学技术出版社,2003.)

图 9-13 日本名古屋生涯教育中心树池((日)画报社编辑部.日本景观设计系列 6 地面铺装 [M].唐建译.沈阳:辽宁科学技术出版社,2003.)

图 9-14 日本札幌森林公园树池((日)画报社编辑部.日本景观设计系列 6 地面铺装 [M].唐建译.沈阳:辽宁科学技术出版社,2003.)

图 9-15 北京植物园花坛(张司晗摄)

图 9-16 天安门花坛(张司晗摄)

图 9-17 种植钵 1(Garden Design)

图 9-18 种植钵 2(Garden Design)

图 9-19 种植钵 3(Garden Design)

图 9-20 种植钵 4((英)罗宾威廉姆斯.庭院设计与建造 [M].乔爱民译.贵阳:贵州科技出版社,2001.)

图 9-21 地形图

图 9-22 作业范例:办公空间种植池设计(康颖绘)

图 9-23 高杆灯((日)画报社编辑部.日本景观设计系列 6 地面铺装 [M].唐建译.沈阳:辽宁科学技术出版社,2003.)

图 9-24 道路灯((日)画报社编辑部.日本景观设计系列 6 地面铺装 [M].唐建译.沈阳:辽宁科学技术出版社,2003.)

图 9-25 庭院灯(董莎莎摄)

图 9-26 草坪灯 1(董莎莎摄)

图 9-27 草坪灯 2(董莎莎摄)

图 9-28 建筑外壁灯(张司晗摄)

图 9-29 地灯 1(董莎莎摄)

图 9-30 地灯 2(董莎莎摄)

图 9-31 太阳能 LED 灯 1(Landscape Design: Urban Furniture, 2007)

图 9-32 太阳能 LED 灯 2(Landscape Design: Urban Furniture, 2007)

图 9-33 木材桌椅 1(董莎莎摄)

图 9-34 木材桌椅 2(董莎莎摄)

图 9-35 石材桌椅 1(董莎莎摄)

图 9-36 石材桌椅 2(董莎莎摄)

图 9-37 混凝土园椅(董莎莎摄)

图 9-38 金属材料园椅 1(Garden Design)

图 9-39 金属材料园椅 2(Garden Design)

图 9-40 混合材料园桌园椅 1(Garden Design)

图 9-41 混合材料园桌园椅 2(Garden Design)

图 9-42 地形图

图 9-43 作业案例:学生作业

图 9-44 扬州何园湖石(高琪摄)

图 9-45 北海琼华岛北太湖石(张司晗摄)

图 9-46 扬州个园黄石假山(高琪摄)

图 9-47 北海濠濮间青石(张司晗摄)

图 9-48 英石(王沛永摄)

图 9-49 扬州馥园石笋 马小淞摄

图 9-50 灵璧石(王沛永摄)

图 9-51 人工山石材料所造的跌水景观(张司晗摄)

学出版社，2001.）

图 10-25 平面及立面图（高迪国际出版有限公司.城市景观小品 [M].大连：大连理工大学出版社，2001.）

图 10-26 Pinar De Perruquet 公园凉亭实景图 1（建筑文化中心.建筑文化中心.中外景观 [M].武汉：华中科技大出版社，2007.[M].武汉：华中科技大出版社，2007.）

图 10-27 Pinar De Perruquet 公园凉亭实景图 2（建筑文化中心.中外景观 [M].武汉：华中科技大出版社，2007.）

图 10-28 Pinar De Perruquet 公园凉亭实景图 3（建筑文化中心.中外景观 [M].武汉：华中科技大出版社，2007.）

图 10-29 概念图（建筑文化中心.中外景观 [M].武汉：华中科技大出版社，2007.）

图 10-30 Pinar De Perruquet 公园凉亭实景图 4（建筑文化中心.中外景观 [M].武汉：华中科技大出版社，2007.）

图 10-31 Pinar De Perruquet 公园凉亭实景图 5（建筑文化中心.中外景观 [M].武汉：华中科技大出版社，2007.）

图 10-32 广场小亭实景 1（高迪国际出版有限公司.城市景观小品 [M].大连：大连理工大学出版社，2001.）

图 10-33 广场小亭实景 2（高迪国际出版有限公司.城市景观小品 [M].大连：大连理工大学出版社，2001.）

图 10-34 平面图（高迪国际出版有限公司.城市景观小品 [M].大连：大连理工大学出版社，2001.）

图 10-35 广场小亭实景 3（高迪国际出版有限公司.城市景观小品 [M].大连：大连理工大学出版社，2001.）

图 10-36~ 图 10-40 广场小亭实景及细部（高迪国际出版有限公司.城市景观小品 [M].大连：大连理工大学出版社，2001.）

图 10-41 场地平面图（谢明洋供图）

图 10-42 范例透视图（谢明洋供图）

图 10-43~ 图 10-44 范例平面图及平面结构图（谢明洋供图）

图 10-45 范例剖面图（谢明洋供图）

图 10-46 片式花架（GARDEN DESIGN）

图 10-47 独立式花架 1（（赵世伟.园林植物种植设计与应用 [M].北京：北京出版社，2006.））

图 10-48 独立式花架 2（（赵世伟.园林植物种植设计与应用 [M].北京：北京出版社，2006.））

图 10-49 廊架 1（（赵世伟.园林植物种植设计与应用 [M].北京：北京出版社，2006.））

图 10-50 廊架 2（（赵世伟.园林植物种植设计与应用 [M].北京：北京出版社，2006.））

图 10-51 组合花架 1（（日）画报社编辑部.日本景观设计系列 2 植物景观 [M].唐建译.沈阳：辽宁科学技术出版社，2003.）

图 10-52 组合花架 2（（日）画报社编辑部.日本景观设计系列 2 植物景观 [M].唐建译.沈阳：辽宁科学技术出版社，2003.）

图 10-53 竹木花架（（日）画报社编辑部.日本景观设计系列 3 标识 [M].唐建译.沈阳：辽宁科学技术出版社，2003.）

图 10-54 砖石花架（（日）画报社编辑部.日本景观设计系列 2 植物景观 [M].唐建译.沈阳：辽宁科学技术出版社，2003.）

图 10-55 金属铁艺花架 1（（日）画报社编辑部.日本景观设计系列 2 植物景观 [M].唐建译.沈阳：辽宁科学技术出版社，2003.）

图 10-56 金属铁艺花架 2（（日）Landscape

Design 杂志社 . 日本最新景观设计 [M]. 大连理工大学出版社，辽宁科学技术出版社，2001.3）

图 10-57　钢筋混凝土花架（陈飞列摄）

图 10-58　钢筋混凝土花架（陈飞列摄）

图 10-59、图 10-60　平面图及区位图（佳图文化 . 城市生态景观 [M]. 广州：华南理工大学出版社，2013.）

图 10-61　鸟瞰图 1（佳图文化 . 城市生态景观 [M]. 广州：华南理工大学出版社，2013.）

图 10-62　鸟瞰图 2（佳图文化 . 城市生态景观 [M]. 广州：华南理工大学出版社，2013.）

图 10-63　积云状花架实景图 1（佳图文化 . 城市生态景观 [M]. 广州：华南理工大学出版社，2013.）

图 10-64　积云状花架实景图 2（佳图文化 . 城市生态景观 [M]. 广州：华南理工大学出版社，2013.）

图 10-65　积云状花架实景图 3（佳图文化 . 城市生态景观 [M]. 广州：华南理工大学出版社，2013.）

图 10-66　实景图（香港理工国际出版社 . 城市景观装饰 [M]. 武汉：华中科技大学出版社，2013.）

图 10-67　实景图（香港理工国际出版社 . 城市景观装饰 [M]. 武汉：华中科技大学出版社，2013.）

图 10-68~ 图 10-74　实景图及细部（香港理工国际出版社 . 城市景观装饰 [M]. 武汉：华中科技大学出版社，2013.）

图 10-75　拙政园廊桥（薛晓飞供图）

图 10-76　颐和园长廊（张司晗供图）

图 10-77　单面空廊（董莎莎供图）

图 10-78　复廊（薛晓飞供图）

图 10-79　双层廊（高琪供图）

图 10-80　西方的廊 1（薛晓飞供图）

图 10-81　西方的廊 2（薛晓飞供图）

图 10-82　现代廊范例（Chris Young. RHS Encyclopedia of Garden Design [M]. Dorling Kindersley Publishers Ltd,2009.）

图 10-83　一般游廊剖面（马炳坚 . 中国古建筑木作营造技术 [M]. 科学出版社，2003.）

图 10-84　90° 转角平面及木构平面（马炳坚 . 中国古建筑木作营造技术 [M]. 科学出版社，2003.）

图 10-85　场地平面图（高迪国际出版有限公司 . 城市景观小品 [M]. 大连：大连理工大学出版社，2001.）

图 10-86　实景图 1（高迪国际出版有限公司 . 城市景观小品 [M]. 大连：大连理工大学出版社，2001.）

图 10-87　实景图 2（高迪国际出版有限公司 . 城市景观小品 [M]. 大连：大连理工大学出版社，2001.）

图 10-88　实景图 3（高迪国际出版有限公司 . 城市景观小品 [M]. 大连：大连理工大学出版社，2001.）

图 10-89　实景图 4（高迪国际出版有限公司 . 城市景观小品 [M]. 大连：大连理工大学出版社，2001.）

图 10-90　实景图 5（高迪国际出版有限公司 . 城市景观小品 [M]. 大连：大连理工大学出版社，2001.）

图 10-91　实景图 6（高迪国际出版有限公司 . 城市景观小品 [M]. 大连：大连理工大学出版社，2001.）

图 10-92　实景图 7（高迪国际出版有限公司 . 城市景观小品 [M]. 大连：大连理工大学出版社，2001.）

图 10-93　场地平面图（谢明洋供图）

图 10-94　作业范例：鸟瞰图（谢明洋供图）

图 10-95　作业范例：平面图（谢明洋供图）

图 10-96~ 图 10-97　作业范例：立面图（谢明洋供图）

图 10-98　入口大门范例图 1（董莎莎供图）

图 10-99　入口大门范例图 2（（日）画报社编辑部 . 日本景观设计系列 3 标识 [M]. 唐建译 . 沈阳：辽宁科学技术出版社，2003.）

图 10-100、图 10-101　过渡园门范例图（马炳坚 . 中国古建筑木作营造技术 [M]. 科学出版社，2003.）

图 10-102　月洞门范例图（董莎莎供图）

图 10-103　牌楼（马炳坚.中国古建筑木作营造技术 [M].科学出版社，2003.）

图 10-104　四柱三间三楼出头牌楼（马炳坚.中国古建筑木作营造技术 [M].科学出版社，2003.）

图 10-105　鸟瞰图 1（佳图文化.城市生态景观 [M].广州：华南理工大学出版社，2013.）

图 10-106　鸟瞰图 2（佳图文化.城市生态景观 [M].广州：华南理工大学出版社，2013.）

图 10-107　庭门实景图 1（佳图文化.城市生态景观 [M].广州：华南理工大学出版社，2013.）

图 10-108　庭门实景图 2（佳图文化.城市生态景观 [M].广州：华南理工大学出版社，2013.）

图 10-109　庭门实景图 3（佳图文化.城市生态景观 [M].广州：华南理工大学出版社，2013.）

图 10-110　庭门实景图 4（佳图文化.城市生态景观 [M].广州：华南理工大学出版社，2013.）

图 10-111　平面图（佳图文化.城市生态景观 [M].广州：华南理工大学出版社，2013.）

图 10-112　庭门实景图 5（佳图文化.城市生态景观 [M].广州：华南理工大学出版社，2013.）

图 10-113　平面图（佳图文化.城市生态景观 [M].广州：华南理工大学出版社，2013.）

图 10-114　场地平面图（谢明洋供图）

图 10-115　范例平面图（谢明洋供图）

图 10-116　范例立面图（谢明洋供图）

图 10-117　范例效果图（谢明洋供图）

图 10-118　平面图（（美）苏珊·泽雯.建筑与环境 [M].韩靖译.中国轻工业出版社，2001.）

图 10-119　鸟瞰图（（美）苏珊·泽雯.建筑与环境 [M].韩靖译.中国轻工业出版社，2001.）

图 10-120~图 10-123　博物馆实景图 1~4（（美）苏珊·泽雯.建筑与环境 [M].韩靖译.中国轻工业出版社.2001.）

图 10-124~图 10-127　SCI—ARC 临时展馆图 1~4（香港理工国际出版社.城市景观装饰 [M].武汉：华中科技大学出版社，2013.）

图 10-128　场地平面图（谢明洋供图）

图 10-129　范例平面图（谢明洋供图）

图 10-130~图 10-133　范例分析图（谢明洋供图）

图 10-134　范例效果图（谢明洋供图）

图 10-135、图 10-136 千禧公园实景图 1、2（HKASP 佳图文化.休闲度假景观 [M].北京：中国林业出版社，2012.）

图 10-137　千禧公园实景图 3（郑曦供图）

图 10-138~图 10-143　室外剧场空间 1~6（王一岚供图）

图 10-144　场地平面图（谢明洋供图）

图 10-145　范例平面图（谢明洋供图）

图 10-146　范例剖面图（谢明洋供图）

图 10-147　范例鸟瞰图（谢明洋供图）

图 10-148~图 10-152　露开餐饮空间图 1~5（度本图书 Dopress Books.全球可持续景观佳作 [M].北京：中国林业出版社，2012.）

图 10-153　细部图（度本图书 Dopress Books.全球可持续景观佳作 [M].北京：中国林业出版社，2012.）

图 10-154　平面图（度本图书 Dopress Books.全球可持续景观佳作 [M].北京：中国林业出版社，2012.）

图 10-155~图 10-159　餐厅周边环境 1~5（度本图书 Dopress Books.全球可持续景观佳作 [M].北京：中国林业出版社，2012.）

图 10-160　平面图与剖面图（度本图书 Dopress Books.全球可持续景观佳作 [M].北京：中

图 11-47~ 图 11-50　澳大利亚某户外驿站实景图（梁怀月供图）

图 11-51、图 11-52　太阳神喷泉雕塑（薛晓飞供图）

图 11-53　流水示意图 1（北林教师规划作品）

图 11-54　流水示意图 2（北林教师规划作品）

图 11-55　观赏喷泉示意图（（日）画报社编辑部 . 日本景观设计系列 1 滨水景观 [M]. 唐建译 . 沈阳：辽宁科学技术出版社，2003.）

图 11-56　音乐喷泉示意图（（日）画报社编辑部 . 日本景观设计系列 1 滨水景观 [M]. 唐建译 . 沈阳：辽宁科学技术出版社，2003.）

图 11-57　游戏喷泉示意图（（日）画报社编辑部 . 日本景观设计系列 1 滨水景观 [M]. 唐建译 . 沈阳：辽宁科学技术出版社，2003.）

图 11-58　雾化喷泉示意图（彼得沃克）

图 11-59　波特兰大市的伊拉·凯勒广场（薛晓飞供图）

图 11-60~ 图 11-64　拉夫乔伊广场（薛晓飞供图）

图 11-65　案例示意图（Water Gardening）

图 11-66　案例平面图（（英）罗宾 . 威廉姆斯 . 庭院设计与建造 [M]. 贵阳：贵州科技出版社，2001.）

图 11-67　场地地形图（谢明洋供图）

图 11-68　作业范例：四季泉（谢明洋供图）

图 11-69、图 11-70　雨水花园示意图（Peter Robinson. The Practical Rock and water Garden[M]. Hermes House，2003.）